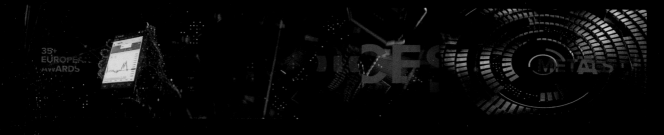

U0336402

Fx Pro Director's Cut
Form Loop

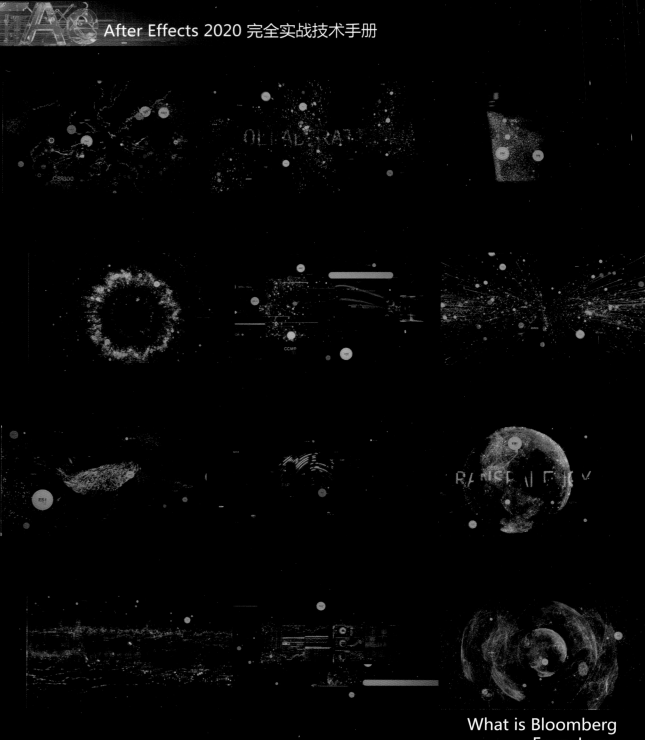

What is Bloomberg
Form Loop

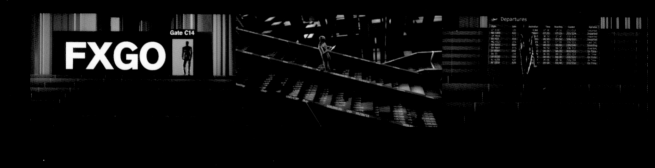

FXGO　Gate C14

Departures

Bloomberg
Form Loop

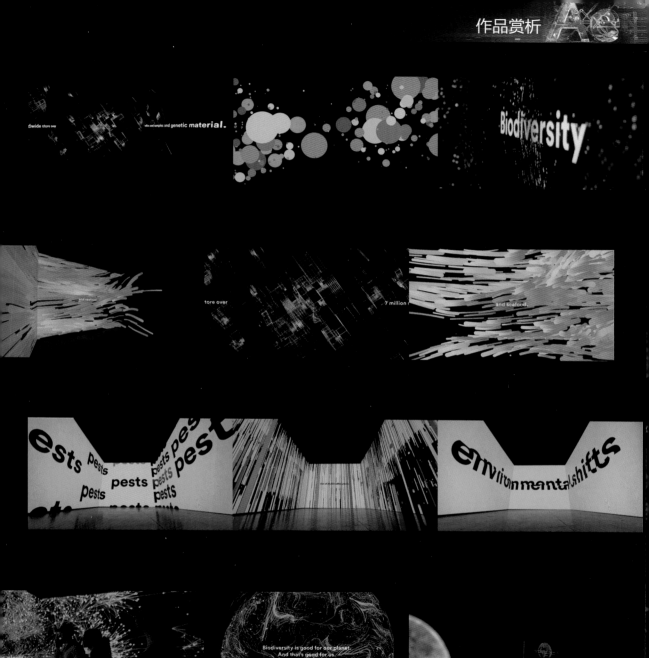

SXSW '19 _ Copernicus Project
Form Loop

Boeing 100 Director's Cut
Form Loop

East

4%

60% <50%

G7 60% <50% 1980 2017 China 3% 15% 1980 2017

Global GDP 0.5% $440 billion by 2020

Jing-Jin-Ji 100 Million

West • • East

New Economy Forum Singapore
Form Loop

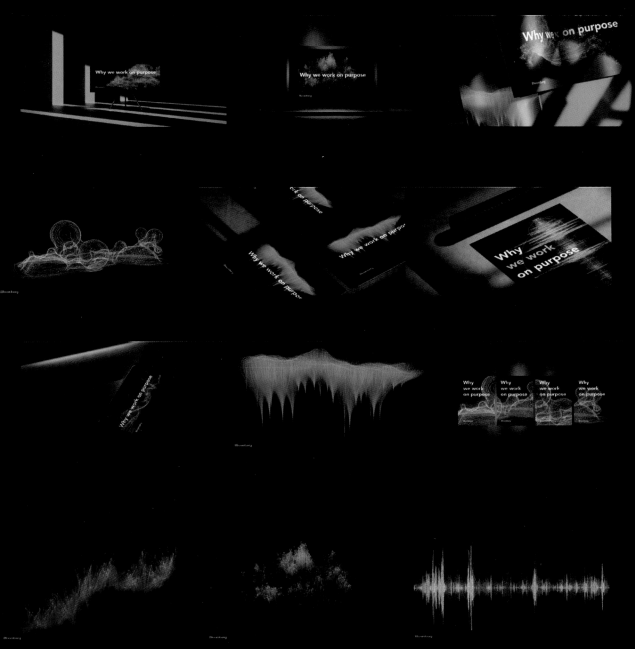

Bloomberg RCRT Data Viz
Form Loop

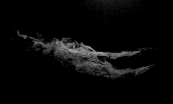

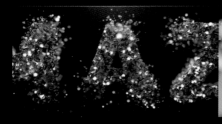
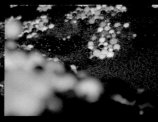
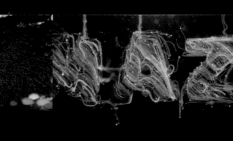
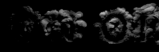

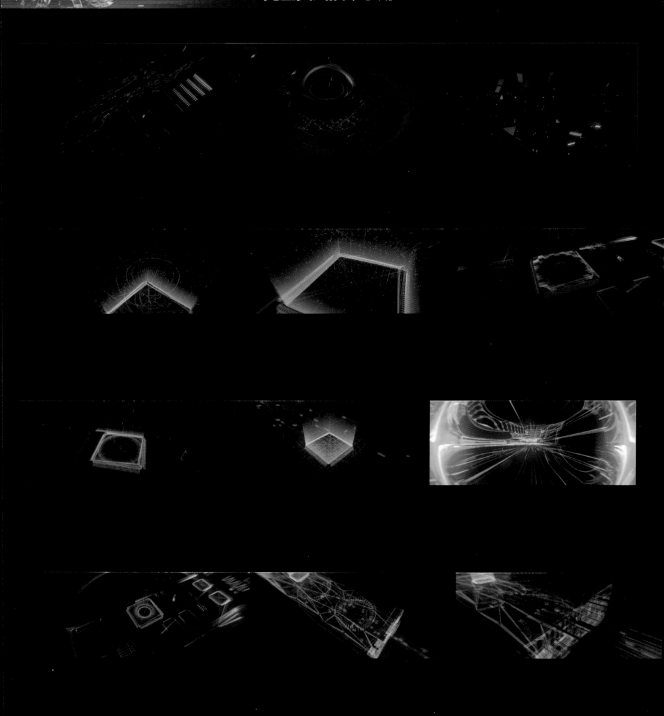

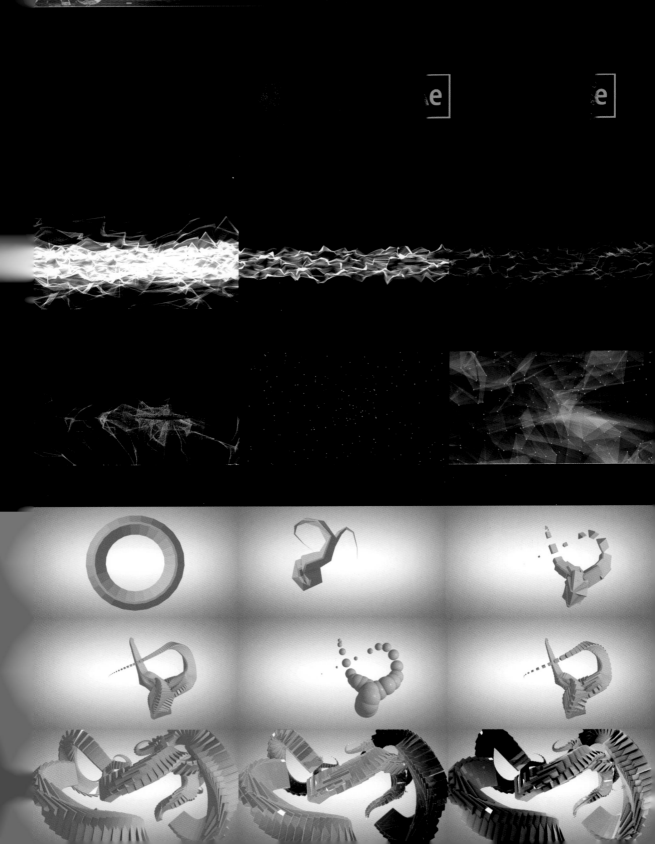

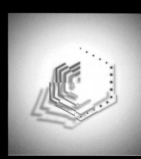

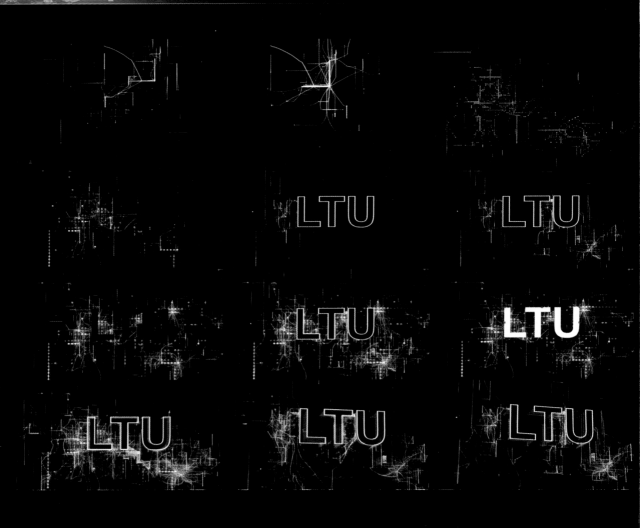

铁钟 沈洁 / 编著

After Effects 2020
完全实战技术手册

清华大学出版社

北京

内 容 简 介

本书编写目的是让使用者尽可能地全面掌握After Effects CC 2020软件的应用。书中深入地分析了软件的主要功能和命令，同时将Trapcode效果插件最新版本Particular 4.1和FORM4.1的英文命令进行了逐一讲解，读者可以把其作为工具书随时查询。实例部分由易到难、由浅入深，步骤清晰简明、通俗易懂，适用于不同层次的制作，并且深入地讲解了Trapcode系列插件的应用案例。本书收录了大量视频素材，读者可以根据需要进行练习和使用。

本书适合从事短视频制作、自媒体栏目包装、电视广告编辑与合成的广大初、中级从业人员作为自学用书，也适合作为相关院校非线性编辑、媒体创作和视频合成专业的教材。

图书在版编目(CIP)数据

After Effects 2020 完全实战技术手册 / 铁钟，沈洁编著 . —北京：清华大学出版社，2020.9
ISBN 978-7-302-56239-9

Ⅰ．① A…　Ⅱ．①铁…②沈…　Ⅲ．①图像处理软件－技术手册　Ⅳ．① TP391.413-62

中国版本图书馆 CIP 数据核字 (2020) 第 151613 号

责任编辑：陈绿春
封面设计：潘国文
版式设计：方加青
责任校对：徐俊伟
责任印制：沈　露

出版发行：清华大学出版社
　　　　网　　　址：http://www.tup.com.cn，http://www.wqbook.com
　　　　地　　　址：北京清华大学学研大厦 A 座　　　邮　　编：100084
　　　　社 总 机：010-62770175　　　　　　　　邮　　购：010-83470235
　　　　投稿与读者服务：010-62776969，c-service@tup.tsinghua.edu.cn
　　　　质 量 反 馈：010-62772015，zhiliang@tup.tsinghua.edu.cn
印 装 者：三河市龙大印装有限公司
经　　销：全国新华书店
开　　本：188mm×260mm　　　印　张：18.5　　　插　页：8　　字　数：547 千字
版　　次：2020 年 11 月第 1 版　　印　次：2020 年 11 月第 1 次印刷
定　　价：99.00 元

产品编号：086002-01

前言

　　近年来新视频生态圈逐渐建立，人们更习惯于通过视频来扩充知识并且与他人交流。虽然有很多可以帮助用户制作和剪辑的手机APP，但是随着自媒体的队伍中加入了更多的专业人士，从业者的资质也在不断提升，同时作品的质量也在不断提高。短视频从业人员也不再满足于通过手机进行视频的编辑与制作，After Effects CC 2020这款软件正好适合这些视频行业的人员。作为一款用于高端视频特效系统的专业合成软件，After Effects经过不断的发展，在众多的后期动画软件中独具特性。

　　全书共分为7章，内容概括如下所述。

　　第1章：讲解After Effects新增功能和相关基础知识，读者可以对软件有一个整体性的认识。

　　第2章：讲解After Effects中如何制作二维动画，时间轴面板的使用方法与设置，以及蒙版和文字动画的功能。

　　第3章：讲解After Effects 中三维空间的基本概念，灯光图层的相关应用，以及构造VR环境等。

　　第4章：讲解After Effects的常用内置效果，主要讲解了经常被使用到的效果命令。

　　第5章：基于上一章节讲解的内置效果，深入讲解了实践中效果应用案例的制作。

　　第6章：讲解After Effects的Trapcode效果插件，其中深入全面地剖析了Particular 4.1与FORM4.1两款插件。

　　第7章：讲解After Effects综合案例的制作。通过案例使读者深入了解软件的使用技巧，案例倾向于将多款特效组合在一起，创作更具吸引力的画面效果，通过练习读者可以融会贯通软件的应用。

　　本书由铁钟、沈洁编著，并得到了上海工程技术大学教材建设项目J201907001支持。鉴于编者水平有限，书中难免有不当之处，希望读者不吝赐教。

　　本书的工程文件和视频素材请扫描下面的二维码进行下载。如果在下载过程中碰到问题。请联系陈老师，联系邮箱为chenlch@tup.tsinghua.edu.cn。

　　如果有技术性的问题。请扫描下面的技术支持二维码，联系相关技术人员进行处理。

工程文件

视频素材

技术支持

作者
2020年8月于上海

目录

第7章 ▶ 综合案例

1.1 短视频的时代

近几年短视频行业高速发展，在碎片化的时代需求下，新视频生态圈逐渐建立，人们更习惯于通过视频来扩充知识并且与他人交流。虽然有很多可以帮助用户制作和剪辑的手机APP，但是随着自媒体的队伍中加入了更多的专业人士，从业者的资质也在不断提升，同时作品的质量也在不断提高。短视频从业人员也不再满足于通过手机进行视频的编辑与制作，After Effects这款软件正是适合这些视频行业的人员，如图1.1.1所示。

图1.1.1

After Effects这款软件对于熟悉Adobe公司软件的用户界面非常友好，与Photoshop类似的操作模式，可以让用户快速熟悉软件。其与Cinema 4D Lite R21等多款软件深度融合，在短视频制作上有着不可比拟的优势，如图1.1.2所示。

首先我们需要了解一下After Effects是一款什么样的软件，直白一点说它可以用来干什么。如果你

图1.1.2

只是需要将手机拍好的视频简单拼接在一起，那么一款简单的视频APP就可以做到，这些APP一般都提供简单的片头模板。如果你需要将专业设备拍摄的视频剪辑在一起，你可以使用Adobe Premiere软件，我们看到的大部分电视剧都是使用这款软件最终剪辑完成的。而如果你需要对自己的视频进行精细处理，例如添加特殊的字体效果，以及对于画面进行精细，调整就需要After Effects了。需要注意的是After Effects并不适合制作较长时间的视频素材，如拍摄大段的素材进行调色，一般使用Premiere来进行，或者使用其他调色软件，如达芬奇（Davinci）

等。After Effects主要用来精细地制作后期特效，从某种程度上讲，After Effects类似于可以处理视频的Photoshop，我们在制作MG动画时，90%的操作都是在After Effects中完成的。同时，After Effects也能完成影视级的后期特效的影片，但大多数电影会使用其他高级后期软件来进行编辑。在影视后期行业飞速发展的今天，影视后期合成软件也有很多，比如Fusion、Nuke等。

现在后期合成软件主流的操作模式分两种，分别是基于节点模式和基于图层模式的操作。两种操作模式都有自己的优点和缺点，其中图层模式的操作是比较传统的，通过图层的叠加与嵌套，来对画面进行控制，易于上手，很多软件都是采用这种工作方式的，比如大家所熟知的Photoshop、Premiere等软件，当然也包括After Effects，而节点模式的操作方式是通过各个节点传递功能属性，这要求使用者在工作时，必须保持非常清晰的思路，否则会越用越乱。After Effects可以在 Premiere Pro 中创建合成。使用 Dynamic Link 消除各应用程序之间的中间渲染。从 Photoshop、Illustrator、Character Animator、Adobe XD 和 Animate 中导入，如图1.1.3所示。

图1.1.3

使用After Effects来进行后期编辑要比其他同类型软件更好入门，因为大部分后期制作人员都有一定的Photoshop基础，After Effects几乎可以共享所有PSD的工程文件属性，这包括图层融合模式等属性，你可以在Photoshop中制作一张分镜头，导入After Effects中就可以直接制作动画了，如图1.1.4所示。

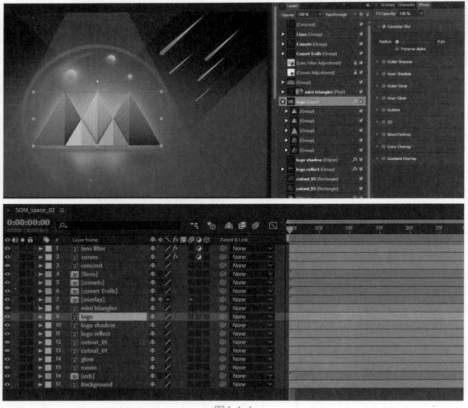

图1.1.4

因为After Effects是最为流行的后期特效软件，所以有很多商业模板可以使用，最有名的就是Envato的模板，这些商业模板操作简单，动画和特效都已经做好，只需要有简单的After Effects操作能力就可以进行编辑。同时，也可以使用移动终端作为创意的收集来源，通过Creative Cloud这样一个载体，共享和使用相关的素材，并最终由桌面工具进行制作。

1.2 After Effects CC 2020 新功能

After Effects CC 2020是这个软件的第17个版本了，由于Adobe的更新模式已经可以通过云技术随时更新，所以针对于新的版本，我们简单了解一下比较大的更新内容即可，这些内容我们会在后面的章节陆续提到。

1.2.1 预览和播放性能提升

预览和播放性能的提升如图1.2.1所示，After Effects通过线程改进和全新的 GPU 加速显示系统核心，让预览回放变得非常稳定。用户可查看准确的设计，而无须打断创意流程。GPU 渲染可增强预览回放的性能，并提供更清晰、具有更多细节的项目实时预览。用户可以在【文件】菜单中的【项目设置】和【编辑】菜单中的【首选项】设置中调整GPU相关的参数。利用 Mercury GPU 加速，After Effects 可使用 GPU 渲染

图1.2.1

受支持的效果，从而大幅缩短渲染时间，如图1.2.2所示。

很多 After Effects 功能需要使用 GPU 以加速渲染。After Effects 为 OpenGL、OpenCL、CUDA 和 Metal 提供不同程度的支持。某些第三方效果（例如 Video Copilot 推出的 Element 3D）也会独立于 After Effects 使用 GPU，如图1.2.3所示。

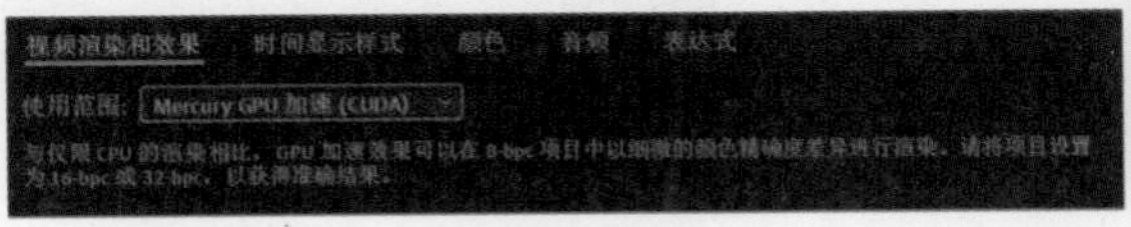

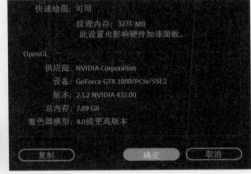

图1.2.2

图1.2.3

1.2.2 增强了 EXR 工作流程

新版软件增强了EXR工作流程，如图1.2.4所示，在处理多通道 EXR 文件（一种开放标准的高动态范围图像格式）时，软件性能可以加快 12 倍。同时可将分层EXR文件作为合成导入，并更快地开始合成。现在，用户可以将分层 EXR（OpenEXR位图）文件作为合成导入到 After Effects 中，以加快合成处理速度。利用导

图1.2.4

入EXR文件的功能，可将多种效果应用于合成图层，无须先执行复杂的设置过程。用户可以单独处理每个图层并应用效果，以使渲染看起来更加自然。这样既提升了性能，也加快了处理大型文件的速度，如图1.2.5所示。

图1.2.5

技巧与提示 OpenEXR的多级分辨率和任意数据通道存储使其非常适合用于合成，它能把高光（specular）、漫射（diffuse）、阴影、Alpha通道、RGB、法线和其他对后期合成有用的数据存储于一个文件里，如果对三维渲染出来的图像画面高光或漫射不满意，合成师可以根据导演要求，在合成软件里对指定的通道进行调整。

1.2.3　形状处理加快

　　新版软件的形状处理性能也大大提升了，如图1.2.6所示，用户可以更加快捷地创建和编辑形状。它提供了更多可访问的分组控件，从而让界面保持条理。After Effects 2020提升了在处理形状时的响应能力，以加快创意迭代。它通过改进对于分组控件的访问，可以更轻松地导航和管理大量形状。用户可以通过鼠标右击

图1.2.6

对形状图层进行编组或取消编组。在【时间轴】面板中选择多个形状，右击并选择【编组】和【取消编组】选项。另一个选项是在【预览】窗口中右击，并从【蒙版和形状】路径中选择多个形状，然后执行【编组】和【取消编组】命令。

1.2.4　图形和文本增强功能

　　图形和文本增强功能如图1.2.7所示，用户可以使用下拉菜单一次性调整大量表达式设计出更方便用户在Premiere Pro 中更新的模板。创建动态图形模板时，可以使用下拉菜单【控件】效果，将项目中的图层属性与下拉列表挂钩。

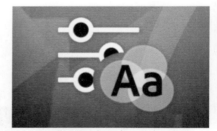

图1.2.7

1.2.5　表达式改进

　　新版软件对表达式功能进行了全面改进，如图1.2.8所示。对于不会随时间变化的表达式，After Effects 会将它们一次性应用到所有帧，使用表达式对项目中的文本属性进行全局更改。处理速度最多可提升40%。应用于主属性的表达式，其速度也会大幅提升。使用任何文本表达式和mogrt时，都可利用新的表达式控制文本样式和文本本身。

图1.2.8

1.2.6　扩展了支持的格式并提供更佳的回放支持

新版软件扩展了支持的格式，并提供更佳的回放支持，如图1.2.9所示。支持的新格式包括 Canon XF-HEVC。处理10位H.265 HD/UHD和HEVC HD/UHD文件时的回放体验得到了提升，同时还提升了ProRes解码性能。此外，新版本还为带德尔塔帧的 MJPEG和Animation编解码器文件提供了原生支持，以便访问旧版 QuickTime文件。

图1.2.9

1.2.7　新的Cineware渲染器和Cinema 4D Lite R21

After Effects 2020引入了新的 Cineware 渲染器和 Cinema 4D Lite R21，如图1.2.10所示。After Effects安装程序会在磁盘上的通用应用程序位置安装"Maxon Cinema 4D R21"文件夹。该文件夹包含 Cinema 4D Lite R21。首次启动时，用户需要按照屏幕上的说明创建Maxon用户账户。当通过Cineware启动时，用户还可以在试用模式下启动完整版的Cinema 4D。启动 Cinema 4D时需要账户，但不能在After Effects中使用Cineware或Cinema 4D 3D渲染器进行渲染。

图1.2.10

1.2.8　视频的内容识别填充改进

视频的内容识别填充改进如图1.2.11所示，通过新的性能改进，可更快、更高效地从视频中移除不需要的对象，同时还减少了内存的占用。使用增强后的内容识别填充，可更快地移除不需要的对象，现在的速度加快了两倍，且内存占用量降低了一半，如图1.2.12所示。

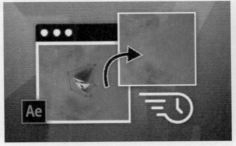
图1.2.11

图1.2.12

1.2.9　其他增强功能

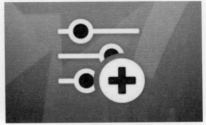

新版软件的其他增强功能如图1.2.13所示。After Effects 2020增强了兼容性问题。比如Mac不再支持OpenCL，以及不再支持光线追踪 3D 渲染器。在系统方面，对于WIN和MAC提高了对最低系统的要求。值得注意的是对于VR系统有了一定的要求。其支持的三类HMD设备包括：Oculus Rift、Mixed Reality和HTC Vive。

图1.2.13

在After Effects中可以编辑360全景素材，也可以在项目中使用大量动态转场、效果和标题来编辑和增强沉浸式视频体验。 可以在After Effects中尝试不同的VR工具，所得出的场景将会形成无缝衔接。同时，其也支持使用者佩戴头盔操控镜头方向。新版本改进了VR平面到球面效果的整体输出质量，因此将支持更平滑且更锐化的图形边缘渲染，如图1.2.14所示。

图1.2.14

1.3　After Effects CC 2020 工作区介绍

1.3.1　工作界面介绍

在本节中，我们将一起系统地认识After Effects软件的工作界面，熟悉不同模块的工作流程与工作方式。使用过Photoshop等软件的用户对于该流程将不会陌生，而对于刚开始接触这类软件的用户，将会发现After Effects的流程十分易学易理解。通过初步的了解使读者对After Effects有一个宏观上的认识，为以后的深入学习打下基础，如图1.3.1所示。

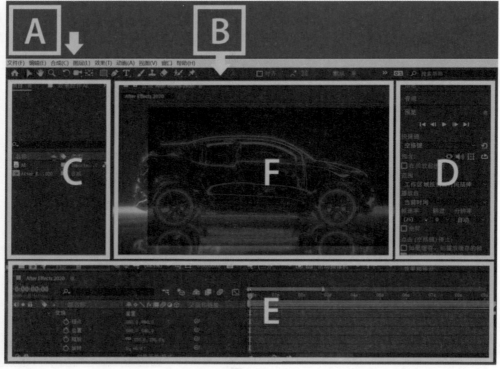

图1.3.1

- A——菜单栏：大多数命令都在这里，我们将在后面的章节详细讲解。
- B——工具栏：同Photoshop的工具箱一样，其中大多数工具的使用方法也都一样。
- C——项目：所有导入的素材都在这里管理。
- D——其他功能面板：After Effects有众多控制面板，用于不同的功能，随着工作环境的变化，这里的面板也可以进行调整（如果用户不小心关闭了这些面板，可以在执行菜单【窗口】中找到需要的面板）。
- E——时间轴：After Effects主要的工作区域，动画的制作主要在这个区域完成。
- F——视图观察编辑：包括多个面板，最经常使用的就是【合成】面板，在上方可以切换为【图层】视图模式，这里主要用于观察编辑最终所呈现的画面效果。

After Effects 中的窗口按照用途不同分别包含在不同的框架内，框架与框架间用分隔条分离。如果一个框架同时包含多个面板，将在其顶部显示各个面板的选项卡，但只有处于前端的选项卡所在面板的内容是可见的。单击选项卡，将对应面板显示到最前端。下面我们将以After Effects默认的【标准】工作区为例，来对After Effects各个界面元素进行详细介绍，如图1.3.2所示。

图1.3.2

1.3.2　项目面板介绍

在After Effects中，【项目】面板提供给用户一个管理素材的工作区，用户可以很方便地把不同的素材导入，并对它们进行替换、删除、注解、整合等管理操作。After Effects这种项目管理方式与其他软件不同。例如，用户使用Photoshop将文件导入后，生成的是Photoshop文档格式。而After Effects则是利用项目来保存导入素材所在硬盘的位置，这样使得After Effects的文件非常小。当用户改变导入素材所在硬盘的保存位置时，After Effects将要求用户重新确认素材的位置。建议用户使用英文来命名保存素材的文件夹和素材文件名，以避免After Effects识别中文路径和文件名时产生错误，如图1.3.3所示。

在【项目】面板中选择一个素材，在素材的名称上右击，就会弹出素材的设置菜单，如图1.3.4所示。

右击【项目】面板中素材名称后面的小色块，会弹出用于选择颜色的菜单栏。每种类型的素材都有特定的默认颜色，主要用来区分不同类型的素材，如图1.3.5所示。

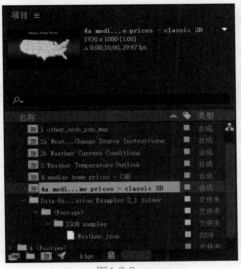

图1.3.3

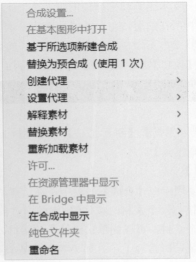

图1.3.4

图1.3.5

在【项目】面板的空白处右击，会弹出关于【新建合成】和【导入】的菜单栏。用户也可像Photoshop一样，在空白处双击鼠标左键，直接导入素材，如图1.3.6所示。

右击，弹出的菜单命令介绍如下：

- 新建合成：创建新的合成项目。
- 新建文件夹：创建新的文件夹，用来分类装载素材。
- 新建Adobe Photoshop文件：创建一个新的保存为Photoshop的文件格式。
- 新建MAXON CINEMA 4D文件：创建C4D文件，这是After Effects CC新整合的文件模式。
- 导入：导入新的素材。
- 导入最近的素材：导入最近使用过素材。

【项目】面板中的其他图标介绍如下。

- 【查找】图标 ：用于查找项目面板中的素材，在素材比较复杂的情况下，能够比较方便快捷地找到自己需要的文件。
- 【解释素材】图标 ：用于打开【解释素材】面板，在面板中可以调整素材的相关参数，如帧速率、通道和场等。
- 【新建文件夹】图标 ：用于打开【新建文件夹】面板，其位于【项目】面板左下角的第二个，它的功能是建立一个新的文件夹，用于管理【项目】面板中的素材，用户可以把同一类型的素材放入一个文件夹中。管理素材与制作是同样重要的工作，当用户在制作大型项目时，将要同时面对大量视频素材、音频素材和图片。合理分配素材将有效提高工作效率，增强团队协作能力。
- 【新建合成】图标 ：用于打开【新建合成】面板，建立一个新的【合成】，单击该图标会弹出【合成设置】面板。也可以直接将素材拖动到这个图标上创建一个新的合成。
- 【删除】图标 ：用于打开【删除】面板，删除【项目】面板中所选定的素材或项目。

1.3.3　工具介绍

After Effects的工具箱类似于Photoshop工具栏，通过使用这些工具，可以对画面进行修改、缩放、擦除等操作。这些工具都在【合成】面板中完成操作。按照功能不同分为六大类：操作工具、视图工具、遮罩工具、绘画工具、文本工具和坐标轴模式工具。使用工具时单击【工具】面板中的工具图标即可，有些工具必须选中素材所在的层，工具才能被激活。单击工具右下角的小三角图标可以展开"隐藏"工具，将鼠标放在该工具上方不动，系统会显示该工具的名称和对应的快捷键。如果用户不小心关掉了工具箱，可以执行菜单【窗口】>【工作区】选择相应的工作区模式恢复所有的面板，如图1.3.7所示。

图1.3.7

前3个工具：【选取工具】【手形工具】和【缩放工具】是最通用工具，我们选择和移动图层或者形状都需要使用【选取工具】。

1）　【选取工具】

【选取工具】主要用于在【合成】面板中选择、移动和调节素材的层、Mask、控制点等。【选取工具】每次只能选取或控制一个素材，按住Ctrl键的同时单击其他素材，可以同时选择多个素材。如果需要选择连续排列的多个素材，可以先单击最开头的素材，然后按住Shift键，再单击最末尾的素材，这样中间连续的多个素材就同时被选上了。如果要取消某个层的选取状态，也可以通过按住Ctrl键单击该层来完成。

【选取工具】可以在操作时切换为其他工具，使用【选取工具】时，按住Ctrl键不放可以将其改变为【画笔工具】，松开Ctrl键又回到【选取工具】状态。

2）【手形工具】

【手形工具】主要用于调整面板的位置。与移动工具不同，【手形工具】不移动物体本身的位置，当面板放大后造成的图像在面板中显示不完全，为了方便用户观察，使用【手形工具】来对面板显示区域进行移动，而对素材本身位置不会受任何影响。

【手形工具】在实际使用时一般不会直接选择该工具，在使用其他任何工具时，只要按住空格键不放，就能够快速切换为【手形工具】。

3）🔍【缩放工具】

【缩放工具】主要用于放大或者缩小画面的显示比例，对素材本身不会有任何影响。选择【缩放工具】，然后在【合成】面板中按住Shift键，再单击鼠标左键，在素材需要放大的部分划出一个灰色区域，松开鼠标，该区域将被放大。如果需要缩小画面比例，按住Alt键再单击鼠标左键。【缩放工具】的图标由带"+"号的放大镜变成带"-"号放大镜。也可以通过修改【合成】面板中的弹出菜单 100% ∨ ，来改变图像显示的大小。

【缩放工具】的组合使用方式非常多，熟练掌握会提高操作效率。按住Ctrl键不放，系统会切换为【缩放工具】，放开Ctrl键又切换回【缩放工具】。与Alt键结合使用，可以在【缩放工具】的缩小与放大功能之间切换。使用Alt+<或者Alt+>键，可以快速放大或缩小图像的显示比例，双击工具面板内的缩放工具，可以使素材恢复到100%的大小，这些操作在实际制作中都使用得非常频繁。

其他工具都是针对部分功能的工具，我们会在对应的章节加以讲解。

1.3.4　合成面板介绍

【合成】面板主要用于对视频进行可视化编辑。对影片做的所有修改，都将在这个窗口显示出来，【合成】面板显示的内容是最终渲染效果最主要的参考。【合成】面板不仅可以用于预览源素材，在编辑素材的过程中也是不可或缺的。【合成】面板不仅用于显示效果，同时也是最重要的工作区域。用户可以直接在【合成】面板中使用【工具】面板中的工具在素材上进行修改，实时显示修改的效果。用户还可以建立快照方便对比观察影片。

【合成】面板主要用来显示各个层的效果，而且通过这里可以对层做出直观的调整，包括移动、旋转和缩放等，对层使用的滤镜都可以在这个面板中显示出来，如图1.3.8所示。

其中【合成】面板上方可以对【合成】面板、【固态层】面板、【素材】面板和【流程图】面板进行来回的切换，【合成】面板为默认面板，双击

图1.3.8

【时间轴】中的素材，会自动切换到素材面板中，如图1.3.9所示。

图1.3.9

下面为【合成】面板的相关功能图标。

● 【缩放比例】图标(65.3%)▼：用于打开【缩放比例】面板，控制合成的缩放比例，单击这个图标
就弹出一个下拉菜单，可以从中选择需要的比例大小，如图1.3.10所示。

● 【安全区域】图标⊞：用于打开【安全区域】面板，因为我们在计算机上所做影片在电视上播
出时会将边缘切除一部分，这样就有了安全区域，只要图像中的元素在安全区中，就不会被剪
掉。这个图标就可以用于显示或隐藏网格、向导线、安全线等，如图1.3.11所示。

图1.3.10   图1.3.11

● 【显示状态】图标▢：用于显示或隐藏遮罩【显示状态】面板，如图1.3.12和1.3.13所示。

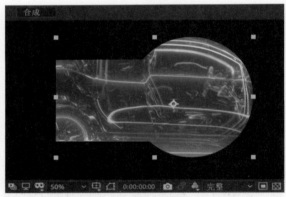

图1.3.12

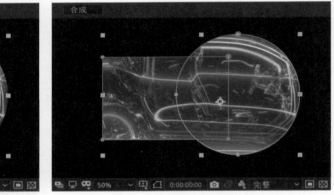

图1.3.13

● 【时间】图标0:00:00:29：用于显示合成的当前时
间，如果单击这个图标，会弹出【转到时间】
面板，在这里可以输入精确的时间，如图1.3.14
所示。

图1.3.14

● 【拍摄快照】图标◙：用于打开【拍摄快照】面
板，可以暂时保存当前时间的图像，以便在更改
后进行对比。暂时保存的图像只会存在于内存中，并且一次只能暂存一张。

- 【显示快照】图标：用于打开【显示快照】面板，不管在哪个时间位置，只要按住这个图标不放，就可以显示最后一次快照的图像。

如果想要拍摄多个快照，可以按住Shift键不放，然后在需要快照的地方按F5、F6、F7、F8键，就可以进行多次快照，要显示快照只按F5、F6、F7、F8键就可以了。

- 【通道色彩】图标：用于打开【通道色彩】面板，可以显示通道及色彩管理设置，单击它会弹出下拉菜单，选择不同的通道模式，显示区就会显示出这种通道的效果，从而检查图像的各种通道信息，如图1.3.15所示。
- 【显示】图标：用于打开【显示】面板，可以选择以何种分辨率来显示图像，通过降低分辨率，能提高计算机的运行效率，如图1.3.16所示。

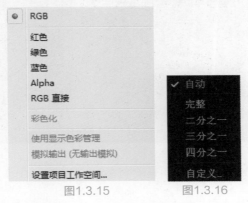

| 图1.3.15 | 图1.3.16 |

执行【合成】>【分辨率】命令也可以设置分辨率。分辨率的大小会影响到最后影像渲染输出的质量。也可以在【合成】面板随时修改，如果整个项目很大，建议使用较低的分辨率，这样可以加快预览速度，在输出影片时再调整为【完整】类型分辨率。【合成】的4种分辨率图像质量依次递减，用户也可以选择【自定义】项自定义分辨率。

- 【矩形】图标：用于打开【矩形】面板，可以在显示区中自定义一个矩形区域，只有矩形区域中的图像才能显示出来。它可以加速影片的预览速度，只显示需要看到的区域，如图1.3.17所示。
- 【透明背景】图标：用于打开【透明背景】面板，在默认的情况下，背景为黑色（这并不影响最终素材的输出），单击按钮则可以显示透明的部分，如图1.3.18所示。

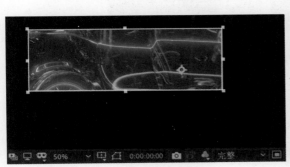
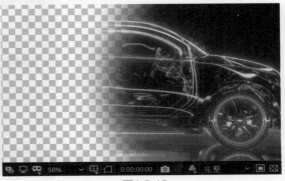

图1.3.17   图1.3.18

- 【活动摄像机】图标 活动摄像机 ▼ ：用于打开【活动摄像机】面板，在建立了摄像机并打开了3D图层时，可以通过这个图标来进入不同的摄像机视图，它的下拉菜单如图1.3.19所示。
- 【1个视图】图标 1个视图 ▼ ：用于打开【1个视图】面板，可以使【合成】面板中显示多个视图。单击该图标弹出下拉菜单，如图1.3.20所示。

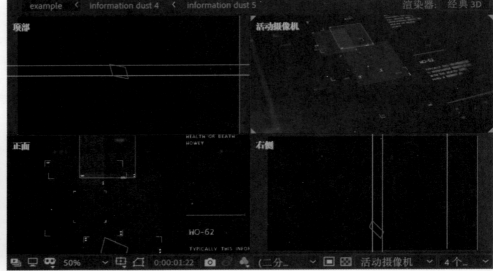

图1.3.19   图1.3.20

在【合成】面板的空白处右击，可以弹出一个下拉菜单，如图1.3.21所示。
- 新建：可以用来新建一个合成、固态层、灯光、摄像机层等。
- 合成设置：可以打开【合成设置】窗口。
- 在项目中显示合成：可以把合成层显示在【项目】面板中。
- 预览：预览动画。
- 切换3D视图：切换到不同的视图角度。
- 重命名：重命名。
- 在基本图形中打开：打开【基本图形】面板，创建自定义控件。
- 合成流程图：打开节点式合成显示模式。
- 合成微型流程图：打开详细节点合成显示模式，如图1.3.22所示。

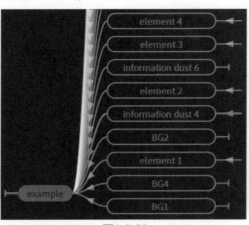

图1.3.21   图1.3.22

同时显示在【合成】面板的还有【素材】面板，【素材】面板可以对素材进行编辑，比较常用的就是切入与切出时间的编辑。导入【项目】面板的素材，双击该素材就可以在【素材】面板中打开，如图1.3.23所示。

图1.3.23

1.3.5　时间轴面板介绍

【时间轴】面板是用来编辑素材最基本的面板，主要功能有管理层的顺序、设置关键帧等。大部分关键帧特效都在这里完成。在这个面板里，素材的时间长短、在整个影片中的位置等，都在该面板中显示，特效应用的效果也会在这个面板中得以控制，所以说【时间轴】面板是After Effects中用于组织各个合成图像或场景的元素最重要的工作窗口。在后面的章节我们会详细介绍该面板的使用方式，如图1.3.24所示。

图1.3.24

其中左下角几个图标 能展开或折叠【时间轴】相关属性。

- 【图层开关】图标 ：用于打开【图层开关】面板，可以展开或折叠"图层开关"面板，如图1.3.25所示。

图1.3.25

- 【转换控制】图标 ：用于打开【转换控制】面板，可以展开或折叠"转换控制"面板。需要注意的是，这两个界面是可以用快捷键切换的，快捷键为F4键，反复按下F4键，可以在两个面板间进行切换，如图1.3.26所示。

图1.3.26

- 【时间伸缩】图标 ：用于打开【时间伸缩】面板，可以展开或折叠"出点/入点/持续时间/伸缩"面板。在这里可以直接调整素材的播放速度，如图1.3.27所示。

图1.3.27

1.3.6 其他功能面板介绍

After Effects界面的右侧，折叠了多个功能面板，这些功能面板都可以在【窗口】菜单栏下显示或者隐藏，可以根据不同的项目，自由选择调换相关功能面板，下面我们将介绍一些常用的功能面板。

- 【预览】面板：【预览】面板的主要功能是控制播放素材的方式，用户可以以RAM方式预览，使画面变得更加流畅，但一定要保证有很大的内存作为支持，如图1.3.28所示。
- 【信息】面板：【信息】面板会显示鼠标指针所在位置图像的颜色和坐标信息，默认状态下【信息】面板为空白，只有鼠标在【合成】面板和【图层】面板中时才会显示，如图1.3.29所示。
- 【音频】面板：显示音频的各种信息。该面板没有太多设置，包括对声音的级别控制和级别单位，如图1.3.30所示。

图1.3.28

图1.3.29

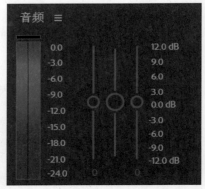

图1.3.30

- 【效果和预设】面板：该面板中包括了所有的滤镜效果，如果给某层添加滤镜效果可以直接在这里选择使用，和【效果】菜单的滤镜效果相同。【效果和预设】面板中有【动画预设】选项，是After Effects自带的一些成品动画效果，可以供用户直接使用。【效果和预设】面板为我们提供了上百种滤镜效果，通过滤镜，我们能对原始素材进行各种方式的变幻调整，创造出惊人的视觉效果，如图1.3.31所示。
- 【字符】面板：该面板中包含了文字的相关属性，包括设定文字的大小、字体、行间距、字间距、粗细、上标和下标等，如图1.3.32所示。
- 【对齐】面板：主要功能是按某种方式来排列多个图层，如图1.3.33所示。

图1.3.31

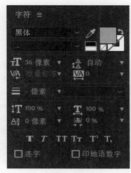

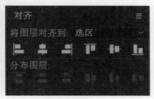

图1.3.32　　　　　　　　　　图1.3.33

【对齐】工具主要针对【合成】内的物体，下面我们来看一下对齐工具是如何使用的。首先在Photoshop中建立3个图层，分别绘制出3个不同颜色的图形，如图1.3.34所示。

将文件存成PSD格式，然后导入After Effects中，导入种类选择【合成】，在图层选项中选择【可编辑的图层样式】，如图1.3.35所示。

图1.3.34　　　　　　　　　　图1.3.35

在【项目】面板中双击导入的合成文件，可以在【时间轴】面板看到3个层，我们在【合成】面板中选中3个图层，然后执行【对齐】面板中的命令按钮就可以了，如图1.3.36所示。

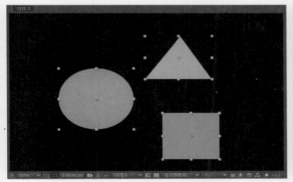

图1.3.36

1.4　After Effects 2020 工作流程介绍

在本节中，我们将系统地了解After Effects CC 2020这款软件的基本运用，包括素材的导入、合成设置、图层与动画的概念、视频的导出，和一些能够优化工作环境的相关步骤。通过本节的学习，大家能够初步熟悉软件的操作，为深入学习后续内容奠定基础。

1.4.1 素材导入

执行【文件】下的【导入】命令，主要用于导入素材，二级菜单中有5种不同的导入素材形式。After Effects并不是真的将源文件复制到项目中，只是在项目与导入文件之间创建一个文件替身。After Effects允许用户导入素材的范围非常宽广，对常见视频、音频和图片等文件格式支持率很高。特别是对Photoshop的PSD文件，After Effects提供了多层选择导入。我们可以针对PSD文件中的层关系，选择多种导入模式，如图1.4.1所示。

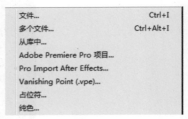

图1.4.1

- 文件：导入一个或多个素材文件。执行【文件】命令，弹出【导入文件】对话框，选中需要导入的文件，单击【导入】按钮，文件将被作为一个素材导入项目，如图1.4.2所示。
- 多个文件：多次性导入一个或多个素材文件。单击【导入】按钮，用户可以完成导入过程，如图1.4.3所示。

图1.4.2

图1.4.3

当用户导入Photoshop的PSD文件、Illustrator的AI文件等，系统会保留图像的所有信息。用户可以将PSD文件以合并层的方式导入到After Effects项目中，也可以单独导入PSD文件中的某个图层。这也是After Effects的优势所在，如图1.4.4所示。

用户也可以将一个文件夹导入项目。单击面板右下角的【导入文件夹】图标导入整个文件夹，如图1.4.5所示。

图1.4.4

图1.4.5

有时素材以图像序列帧的形式存在，这是一种常见的视频素材保存形式，文件由多个单帧图像构成，快速浏览时可以形成流动的画面，这是视频播放的基本原理。图像序列帧的命名是连续的，用户在导入文件时不必要选中所有文件，只需要选中首个文件，激活面板左下角的导入序列选项（如JEPG 序列、Targa 序列等），如图1.4.6所示。

图像序列帧的命名是有一定规范的，对于不是非常标准的序列文件来说，用户可以按字母顺序导入序列文件，勾选【强制按字母顺序排列】复选框即可，如图1.4.7所示。

图1.4.6 图1.4.7

技巧与提示　在向After Effects 导入序列帧时，请留意导入面板右方的【序列】命令前是否被执行，如果【序列】命令为未执行状态，After Effects 将只导入单张静态图片。用户多次导入图片序列都取消【序列】被执行状态，After Effects将记住用户这一习惯，保持【序列】处于未执行状态。【序列】选项下还有一个【强制按字母顺序排列】选项。该选项是强制按字母顺序排序命令。默认状态下为非勾选状态，如果执行该命令，After Effects CC将使用占位文件来填充序列中缺失的所有静态图像。例如，一个序列中的每张图像序列号都是奇数号，执行【强制按字母顺序排列】命令后，偶数号静态图像将被添加为占位文件。

【占位符】：导入占位符。

当需要编辑的素材还没制作完成，用户可以建立一个临时素材来替代真实素材进行处理。执行【文件】>【导入】>【占位符】命令，弹出【新占位符】对话框，用户可以设置占位符的名称、大小、帧速率以及持续时间等，如图1.4.8所示。

图1.4.8

图1.4.9

当用户打开在After Effects中的一个项目时，如果素材丢失，系统将以占位符的形式来代替素材，占位符以静态的颜色条显示。用户可以对占位符应用遮罩、滤镜效果和几何属性进行各种必要的编辑工作，当用实际的素材替换占位符时，对其进行的所有编辑操作都将转移到该素材上，如图1.4.9所示。

在【项目】面板中双击占位符，弹出【替换素材文件】对话框。在该对话框中查找并选择所需的真实素材，然后单击【确定】按钮。在【项目】面板中，占位符被指定的真实素材替代。

1.4.2 合成设置详解

After Effects的正式编辑工作必须在一个【合成】里进行。合成类似于Premiere中的序列，我们需要新建一个【合成】，并且设定一些相关的设置，才能真正开始编辑工作。需要注意的是，当我们打开After Effects时，系统会默认建立一个项目，也就是APE格式的项目文件，一个项目就是一段完整的影片，如果新建一个项目，当前项目就会被关闭。

一个项目下可以创建多个【合成】，一个【合成】内也可以再次创建多个【合成】，【合成】就是带有文件夹属性的影片形式，所有的层都被包含在一个个【合成】中。执行【合成】>【新建合成】命令（快捷键Ctrl+N）即可创建合成，会弹出【合成设置】对话框，如图1.4.10所示。

图1.4.10

- 合成名称：对合成进行命名，可以方便后期合成的管理。
- 预设：针对一些特定的平台做了一系列的预先设置，在这里可以根据自己视频需要投送的平台选择相应的预设，当然也可以不选择预设，自定义合成设置。目前各国的电视制式不尽相同，制式的区分主要在于其帧频（场频）的不同、分辨率的不同、信号带宽以及载频的不同、色彩空间的转换关系不同等。世界上现行的彩色电视制式有3种：NTSC（National Television System Committee，简称N制）制、PAL（Phase Alternation Line）制和SECAM制，如图1.4.11所示。
- 宽度：设置视频的宽度，单位是像素。
- 高度：设置视频的高度，单位是像素。
- 锁定长宽比：勾选后，调整视频的宽度或者高度时，另外一个参数会根据长宽比进行相应的变化。
- 像素长宽比：这里设置像素的长宽比，计算机默认的像素是方形像素，但是电视等其他平台的像素并不是方形像素而是矩形的，这里要根据自己影片的最终投放平台来选择相应的长宽比。不同制式的像素比是不一样的，在计算机显示器上播放像素比是1∶1，而在电视上，以PAL制式为例，像素比是1∶1.07，这样才能保持良好的画面效果。如果用户在After Effects中导入的素材是由Photoshop等其他软件制作的，一定要保证像素比一致。在建立Photoshop文件时，可以对像素比进行设置，如图1.4.12所示。
- 帧速率：单位时间内视频刷新的画面数，我们国家试用的电视制式是PAL制，默认帧速率是25帧，欧美地区用的是NTSC制，默认帧速

图1.4.11

率为29.97帧。我们在三维软件中制作动画时就要注意影片的帧速率，After Effects中如果导入素材与项目的帧速率不同，会导致素材的时间长度变化。

● 分辨率：这里指预览的画质，通过降低分辨率，可以提高预览画面的效率，如图1.4.13所示。

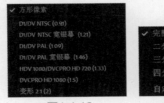 

图1.4.12　　　　　　　　　　图1.4.13

● 开始时间码：合成开始的时间点，这里默认是0，如图1.4.14所示。

● 持续时间：合成的长度，这里的数字从右到左依次表示帧、秒、分、时，如图1.4.15所示。

图1.4.14　　　　　　　　　　　　　图1.4.15

单击【确定】按钮，【合成】创建完毕，之后【时间轴】窗口会被激活，用户可以开始进行编辑合成工作，如图1.4.16所示。

图1.4.16

1.4.3　图层的概念

Adobe公司发布的图形软件中，都对【图层】的概念有着很好的诠释，大部分读者都有使用Photoshop或Illustrator的经历，在After Effects中层的概念与之大致相同，只不过Photoshop中的层是静止的，而After Effects的层大部分用来实现动画效果，所以与层相关的大部分命令都在为了使层的动画更加丰富。After Effects的层所包含元素远比Photoshop的层所能包含丰富，不仅是图像素材，还包括了声音、灯光、摄影机等。即使读者是第一次接触到这种处理方式，也能很快上手。我们在生活中见过一张完整的图片，放到软件中处理时都会将画面上不同元素分到不同层上面去。

比如一张人物风景图，远处山是远景，放在远景层，中间湖泊是中景，放到中景层，近处人物是近景，放在近景层。为什么要把不同的元素分开而不是统一到一个层呢？这样的好处在于能给作者更大空间去调整素材间的关系。当作者完成一幅作品后，发现人物和背景位置不够理想时，传统绘画只能重新绘制，而不可能把人物部分剪下来贴到另一边去。而在After Effects软件中，各种元素是分层的，当发现元素位置搭配不理想时，是可以任意调整的。特别是在影视动画制作过程中，如果将所有元素放在一个图层里，工作量是十分巨大的。传统的动画片制作是将背景和角色都绘制在一张透明塑料片上，然后叠加上去拍摄，软件中【图层】的概念就是从这里来的，如图1.4.17所示。

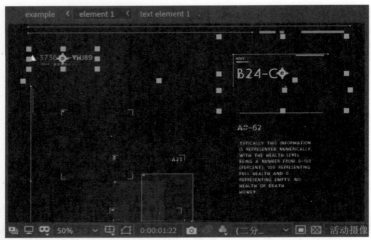

图1.4.17

在After Effects中层相关的操作都在【时间轴】面板中进行，所以层与时间是相互关联的，所有影片的制作都是建立在对素材的编辑上。After Effects中包括素材、摄像机、灯光和声音都以层的形式在【时间轴】面板中出现，层以堆栈的形式排列，灯光和摄像机一般会在层的最上方，因为它们要影响下面的层，位于最上方的摄像机将是视图的观察镜头，如图1.4.18所示。

图1.4.18

1.4.4 关键帧动画的概念

动画是基于人的视觉原理创建的运动图像。当我们观看一部电影或电视剧时，会看到画面中的人物或场景都是顺畅自然的，而仔细观看，看到的画面却是一格格的单幅画面。之所以会看到顺畅的画面，是因为人的眼睛会产生视觉暂留，对上一个画面的感知还没消失，下一个画面又会出现，就会给人以动的感觉。人眼在短时间内观看一系列相关联的静止画面时，就会将其视为连续的动作。

关键帧是一个从动画制作中引入的概念，即在不同的时间点对对象属性进行调整，而时间点间的变化由计算机生成。我们制作动画的过程中，要首先制作能表现出动作主要意图的关键动作，这些关键动作所在的帧，就叫做动画关键帧。在二维动画制作时，由动画师画出关键动作，助手则填充关键帧之间的动作。在After Effects中是由系统帮助用户完成这一烦琐的过程，如图1.4.19所示。

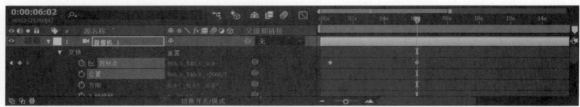

图1.4.19

1.4.5　视频导出设置

当视频编辑制作完成之后，就需要进行视频导出工作，After Effects支持多种常用格式的输出，并且有详细的输出设置选项，通过合理的设置，能输出高质量的视频。执行【合成】>【添加到渲染列队】命令（快捷键Ctrl+M），将做好的【合成】添加到渲染列队中，准备进行渲染导出工作。【时间轴】面板会跳转成【渲染列队】，如图1.4.20所示。

图1.4.20

单击【输出模块】旁的蓝色文字【无损】，会弹出输出模块设置，如图1.4.21所示。

● 格式：这里可以选择输出的视频格式。我们经常输出的是AVI和QuickTime两种格式。如果After Effects中制作的内容还需要导入到其他软件中进行编辑，一般会选用AVI无压缩、TGA序列、Quick Time的【动画】模式，如图1.4.22所示。

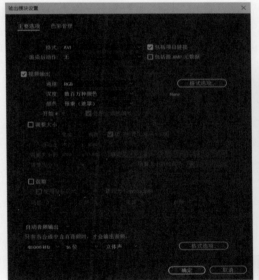

图1.4.21

图1.4.22

熟悉常见的视频格式是后期制作的基础，下面我们介绍一下After Effects相关的视频格式。

1. AVI格式

英文全称为（Audio Video Interleaved），即音频视频交错格式。它于1992年被Microsoft公司推出，随Windows 3.1一起被人们所认识和熟知。所谓"音频视频交错"，就是可以将视频和音频交织在一起进行同步播放。这种视频格式的优点是图像质量好，可以跨多个平台使用，但是其缺点是体积过于庞大，而且压缩标准不统一。这是一种After Effects常见的输出格式。

2. MPEG格式

英文全称为（Moving Picture Expert Group），即运动图像专家组格式。MPEG文件格式是运动图像压缩算法的国际标准，它采用了有损压缩方法，从而减少运动图像中的冗余信息。MPEG的压缩方法说得更加深入一点就是保留相邻两幅画面绝大多数相同的部分，而把后续图像中和前面图像有冗余的部分去除，从而达到压缩的目的。目前常见的MPEG格式有3个压缩标准，分别是MPEG-1、MPEG-2和MPEG-4。

①MPEG-1：制定于1992年，它是针对1.5Mb/s以下数据传输率的数字存储媒体运动图像及其伴音编码而设计的国际标准。也就是我们通常所见到的VCD制作格式。这种视频格式的文件扩展名包括.mpg、.mlv、.mpe、.mpeg及VCD配套资源中的.dat文件等。

②MPEG-2：制定于1994年，设计目标为高级工业标准的图像质量以及更高的传输率。这种格式主要应用在DVD/SVCD的制作（压缩）方面，同时在一些HDTV（高清晰电视广播）和一些高要求视频编辑处理上面也有相当的应用。这种视频格式的文件扩展名包括.mpg、.mpe、.mpeg、.m2v及DVD配套资源上的.vob文件等。

③MPEG-4：制定于1998年，MPEG-4是为了播放流式媒体的高质量视频而专门设计的，它可以利用很窄的带宽，通过帧重建技术，压缩和传输数据，以求使用最少的数据获得最佳的图像质量。MPEG-4最有吸引力的地方在于它能够保存接近于DVD画质的小体积视频文件。这种视频格式的文件扩展名包括.asf、.mov和DivX、AVI等。

3. MOV格式

美国Apple公司开发的一种视频格式，默认的播放器是苹果的QuickTime Player。其具有较高的压缩比率和较完美的视频清晰度等特点，但其最大的特点还是跨平台性，即不仅能支持MAC，同样也能支持Windows系列。这是一种After Effects常见的输出格式。可以得到文件很小但画面质量很高的影片。

4. ASF格式

英文全称为（Advanced Streaming Format），即高级流格式。它是微软为了和现在的Real Player竞争而推出的一种视频格式，用户可以直接使用Windows自带的Windows Media Player对其进行播放。由于它使用了MPEG-4的压缩算法，所以压缩率和图像的质量都很不错。

 After Effects除了支持WAV的音频格式，也已经支持我们常见的MP3格式，可以将该格式的音乐素材导入使用。在选择影片储存格式时，如果影片要播出使用，一定要保存无压缩的格式。

● 渲染后动作：这里可以将渲染完的视频作为素材或者作为代理带入After Effects里，如图1.4.23所示。
● 通道：这里可以设置视频是否带有Alpha通道，但只有特定的格式才能设置，如图1.4.24所示。

图1.4.23　　　　　图1.4.24

● 格式选项：这里可以详细设置视频的编码、码率等，如果你安装了H.264视频编解码器就可以在这里选择，优秀的视频编解码器可以输出高质量而文件尺寸非常小的视频，如图1.4.25所示。
● 调整大小：这里可以设置视频输出后的尺寸，这里默认输出的是合成原大小，勾选后可以详细设置，如图1.4.26所示。
● 裁剪：这里可以裁剪画面尺寸，如图1.4.27所示。
● 自动音频输出：这里能输出音频的相关设置，如图1.4.28所示。

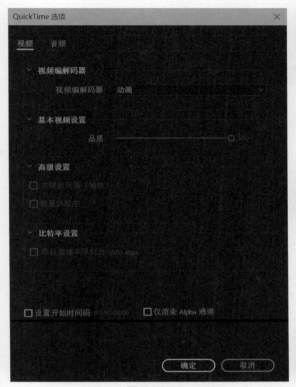

图1.4.25

图1.4.26

图1.4.27

图1.4.28

● 完成视频输出模块设置后，单击【确定】按钮，回到渲染列队；单击 输出到：　尚未指定 尚未指定设置输出位置。单击【渲染】按钮，即可开始渲染工作，在渲染结束时会出现声音作为提示，如图1.4.29所示。

图1.4.29

 在选择输出模式后，要轻易改变输出格式，除非你非常熟悉该格式的设置，必须修改设置才能满足播放的需要，否则细节上的修改可能影响到播出时的画面质量。每种格式都对应相应的播出设备，各种参数的设定也都是为了满足播出的需要。不同的操作平台和不同的素材都对应不同的编码解码器，在实际的应用中选择不同的压缩输出方式，将会直接影响到整部影片的画面效果。所以选择解码器一定要注意不同的解码器对应不同的播放设备，在共享素材时，一定要确认对方可以正常播放。最彻底的解决方法就是连同解码器一起传送过去，可以避免因解码器不同而造成的麻烦。

1.4.6　高速运行

After Effects的运行对计算机有比较高的要求，制作工程项目过于复杂，计算机配置相对较差，都会影响工作效率。通过一些简单的设置，则可以提高计算机运行的效率。

执行【编辑】>【首选项】>【媒体和磁盘缓存】命令，弹出首选项对话框（这个菜单的设置可以更改软件的默认选项，请谨慎修改），这里可以设置After Effects的缓存目录，建议缓存文件夹设置在C盘之外的一个空间较大的磁盘里，如图1.4.30和图1.4.31所示。

图1.4.30

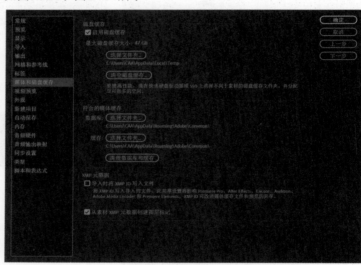

图1.4.31

After Effects工作一段时间之后会产生大量的缓存文件，从而影响计算机的工作效率，经常清理缓存，能提高计算机的工作效率；执行【编辑】>【清理】>【所有内存与磁盘缓存】命令，能清理After Effects运行产生的缓存文件，释放内存与磁盘缓存。如果正在预览内存渲染中的画面，则不要清理，如图1.4.32所示。

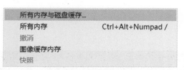

图1.4.32

1.5　After Effects 2020 操作流程实例

下面讲解一个简单的操作流程——素材导入，制作简单的动画效果，最后文件输出。通过这个实例，让初学者对后期制作软件有一个基本的认识。任何一个复杂操作都不能回避这一过程，因此掌握After Effects的导入、编辑和输出，将为我们的具体工作打下坚实的基础。

01 执行【文件】>【新建】>【新建项目】命令，创建一个新的项目，与旧版本不同，当After Effects打开时，默认建立了一个【新建项目】，不过该【项目】内为空。

02 执行【合成】>【新建合成】命令，弹出【合成设置】对话框，我们对【新建合成】进行设置。一般需要对合成视频的尺寸、帧数、时间长度做预设置。在【预设】右侧的下拉菜单中选中PAL D1/DV选项，相关的参数设置也会跟随改变，如图1.5.1所示。

03 单击【合成设置】对话框中的【确定】按钮，就建立了一个新的合成影片。

04 执行【文件】>【导入】>【文件】命令，选择3张图片素材（也可以使用视频文件，但需要注意视频长度，在After Effects中默认图片素材的时间长度和合成时长一致）。将其导入到【项目】面板中，如图1.5.2所示。

图1.5.1

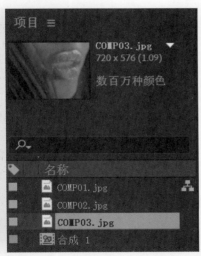

图1.5.2

05 我们看到在【项目】面板中添加了3个图片文件，按下Shift键选中这3个文件，将其拖入【时间轴】面板，图像将被添加到合成影片中，如图1.5.3所示。

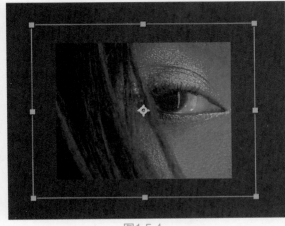

图1.5.3

06 有时导入的素材和合成影片的尺寸大小不一样，我们要把它调整到适合的画面大小，选中需要调整的素材，按下Ctrl＋Alt＋F快捷键，图像会自动和【合成】的尺寸相匹配，但同时也会拉伸素材。按下Ctrl＋Alt＋Shift＋G快捷键，将素材强制性地与【合成】的高度对齐。对于日常的软件操作来说快捷键是十分必要的，可以使你的工作效率事半功倍，如图1.5.4和图1.5.5所示。

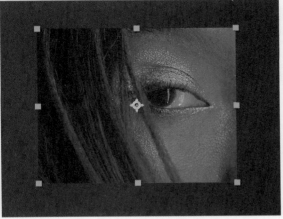

图1.5.4　　　　　　　　　　　　　　　　图1.5.5

07 在【合成】面板中单击██（安全区域）图标，弹出下拉菜单，如图1.5.6所示。

08 执行【标题／动作安全】命令，打开安全区域，如图1.5.7所示。

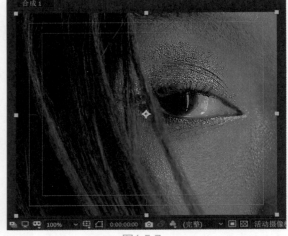

图1.5.6　　　　　　　　　图1.5.7

技巧与提示　无论是初学者还是专业人士，打开安全区域都是一个非常重要且必须的过程。两个安全框分别是【标题安全】和【动作安全】，影片的内容一定要保持在【动作安全】框以内，因为在电视播放时，屏幕将不会显示安全框以外的图像，而画面中出现的字体一定要保持在【标题安全】框内。

09 我们要做一个幻灯片播放的简单效果，每秒播放一张，最后一张渐隐淡出。为了准确设置时间，按下Alt＋Shift+J快捷键，弹出【转到时间】面板，将数值改为0：00：01：00，如图1.5.8所示。

10 单击【确定】按钮，【时间轴】面板中的时间指示器会调整到01s（秒）的位置，如图1.5.9所示。

图1.5.8

图1.5.9

技巧与提示　这一步也可以用鼠标完成，选中时间指示器移动到合适的位置，但是在实际的制作过程中，对时间的控制是需要相对准确的，所以在【时间轴】面板中的操作尽量使用快捷键，这样可以使画面与时间准确对应。

11 选中素材COMP01.jpg所在的层，按下快捷键【] 】（右中括号）键，需要注意的是按下快捷键的时候不要使用中文输入法，这样会造成按键无效，必须使用英文输入法。设置素材的出点在时间指示器所在的位置，用户也可以使用鼠标完成这一操作，选中素材层，拖动鼠标调整到时间指示器所在的位置，如图1.5.10所示。

图1.5.10

12 依照上述步骤，每间隔1s，将素材依次排列，COMP03.jpg不用改变其位置，如图1.5.11所示。

图1.5.11

13 将时间指示器调整到3s的位置，选中素材COMP03.jpg，单击COMP03.jpg文件前的小三角图标■，展开素材的【变换】属性。单击【变换】旁的小三角图标■，可以展开该素材的各个属性（每个属性都可以制作相应的动画），如图1.5.12所示。

图1.5.12

14 下面我们要使素材COMP03.jpg渐渐消失，也就是改变其【不透明度】属性。单击【不透明度】属性前的码表小图标■，这时时间指示器所在的位置会在【不透明度】属性上添加一个关键帧，如图1.5.13所示。

图1.5.13

15 移动时间指示器到0：00：04：00的位置，然后调整【不透明度】属性的数值到0%，同样时间指示器所在的位置会在【不透明度】属性上添加另一个关键帧，如图1.5.14所示。

27

图1.5.14

 当我们按下码表小图标后，After Effects 将自动记录我们对该属性的调整为关键帧。再次单击码表小图标将取消关键帧设置。调整属性里的数值有两种方式，第一种，直接单击数值，数值将可以被修改，在数值窗口中输入需要的数字；第二种，当鼠标指针移动到数值上时，按住鼠标右键，拖动鼠标就可以以滑轮的方式调整数值。

16 单击【预览】面板中的▶图标，预览影片。在实际的制作过程中，制作者会反复地预览影片，以保证每一帧都不会出现错误。

17 预览影片没有什么问题就可以输出了。执行【合成】>【添加到渲染队列】命令，或者按下Ctrl＋M快捷键，弹出【渲染队列】面板。如果用户是第一次输出文件，After Effects将要求用户指定输出文件的保存位置，如图1.5.15所示。

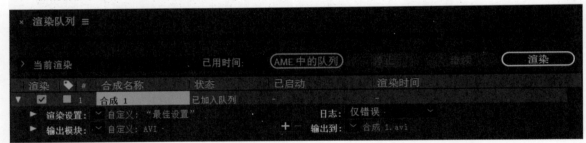

图1.5.15

18 单击【输出到】选项旁边的文件名 输出到：▼ 尚未指定 ，可以选择保存路径，然后单击【渲染】按钮，完成输出。【渲染队列】面板中的其他设置我们会在以后的章节详细讲解。

19 输出的影片文件有各种格式，但都不能保存After Effects里编辑的所有信息，我们以后还需要编辑该文件，要保存成After Effects软件本身的格式——【AEP】（After Effects Project）格式，但这种格式只是保存了After Effects对素材编辑的命令和素材所在位置的路径，也就是说如果把保存好的AEP文件改变了路径，再次打开时，软件将无法找到原有素材。如何解决这个问题呢？【收集文件】命令可以把所有的素材收集到一起，非常方便。下面我们就把基础实例的文件收集保存一下。执行【文件】>【整理工程（文件）】>【收集文件】命令，如果你没有保存文件，会弹出警告对话框，提示用【项目】必须要先保存，单击【保存】按钮同意保存，如图1.5.16所示。

20 弹出【收集文件】对话框，收集后的文件大小会显示出来，要注意自己存放文件的硬盘是否有足够的空间，这点很重要，因为编辑后的所有素材会变得很多，一个30秒的复杂特效影片文件将会占用1G左右的硬盘空间，高清影片或电影将会更为庞大，准备一块海量硬盘是很必要的。对话框设置如下，如图1.5.17所示。

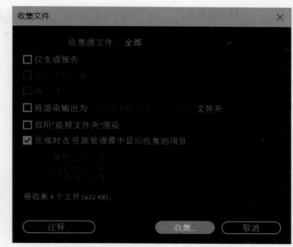

图1.5.17

图1.5.16

- 收集源文件
  - ➤ 全部：收集所有的素材文件，包括未曾使用到的素材文件以及代理人。
  - ➤ 对于所有合成：收集应用于任意项目合成影像中的所有素材文件以及代理人。
  - ➤ 对于选定合成：收集应用于当前所选定的合成影像（在【项目】面板内选定）中的所有素材文件以及代理人。
  - ➤ 对于队列合成：收集直接或间接应用于任意合成影像中的素材文件以及代理人，并且该合成影像处于【渲染队列】中。
  - ➤ 无（仅项目）：将项目复制到一个新的位置，而不收集任何源素材。
- 仅生成报告：是否在收集的文件中复制文件和代理人。
- 服从代理设置：是否在收集的文件中包括当前的代理人设置。
- 减少项目：是否在收集的文件中直接或者间接地删除所选定合成影像中未曾使用过的项目。
- 将渲染输出为：指定渲染输出的文件夹。
- 启用"监视文件夹"渲染：是否启动监视文件夹在网上进行渲染。
- 完成时在资源管理器中显示收集的项目：设置渲染模块的数量。
- 注释：弹出【注释】面板，为项目添加注解。注解将显示在项目报表的终端。

最终系统会创建一个新文件夹，用于保存项目的新副本、所指定素材文件的多个副本、所指定的代理人文件、渲染项目所必需的文件、效果以及字体的描述性报告。只有这样的文件夹被复制到别的硬盘上才可以被编辑，如果只是将【AEP】文件复制到其他计算机上将无法使用。

通过这个简单的实例，我们学习了如何将素材导入After Effects，编辑素材的属性，预览影片效果，以及最后输出成片。

在本章会详细介绍After Effects中的二维类型动画创建的概念与应用。而创建动画一切的操作都围绕【图层】展开，【图层】不仅仅和动画时间紧密相连，也是调整画面效果的关键。遮罩是控制画面效果的必要手段，灵活地运用【遮罩】可以制作出复杂的动画。还有对于【操控点】工具的使用，这些都是我们制作MG（Motion Graphics）动画的关键。我们也会详细讲解如何把制作好的动画和特效通过【基本图形】工具传递给Premiere来调整。熟悉和掌握相关的二维概念是读者学习After Effects的基础。

2.1 图层的基本概念

Adobe公司发布的图形软件中，都对【图层】的概念有着很好的诠释，大部分读者都有使用Photoshop或Illustrator的经历，在After Effects中层的概念与之大致相同，只不过Photoshop中的图层是静止的，而After Effects的图层大部分用来实现动画效果，所以与图层相关的大部分命令都在为了使层的动画更加丰富。After Effects的图层所包含元素远比Photoshop的图层所能包含丰富，不仅是图像素材，还包括了声音、灯光、摄影机，等等。即使读者是第一次接触到这种处理方式，也能很快上手。我们在生活中见到一张完整的图片，放到软件中处理时，都会将画面上不同元素分到不同图层上面去，如图2.1.1所示。

图2.1.1

比如一张人物风景图，远处山是远景放在远景层，中间湖泊是中景放到中景层，近处人物是近景放在近景层。为什么要把不同元素分开，而不是统一到一个层呢？这样的好处在于给作者更大的空间去调整素材间的关系。当作者完成一幅作品后，发现人物和背景位置不够理想时，传统绘画只能重新绘制，而不可能把人物部分剪下来贴到另外一边去。而在After Effects软件中，各种元素是分层的，当发现元素位置搭配不理想时，是可以任意调整的。特别是在影视动画制作过程中，如果将所有元素放在一个图层里，工作量是十分巨大的。传统制作动画片是将背景和角色都绘制在一张透明塑料片上，然后叠加上去拍摄，软件中使用【图层】layer的概念就是从这里来的，如图2.1.2和图2.1.3所示。

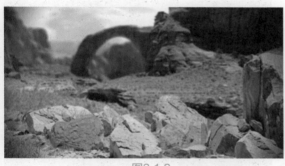

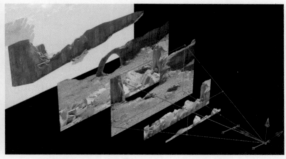

图2.1.2

图2.1.3

【图层】的概念在After Effects中具有核心的位置，一切的操作都围绕层展开，【图层】不仅仅和动画时间紧密相连，也是调整画面效果的关键。遮罩是控制画面效果的必要手段，灵活地运用【遮罩】可制作出复杂的动画。层与遮罩是密不可分的，【遮罩】的效果是建立在层的基础之上的，熟悉和掌握这一概念是学习After Effects的基础。

在After Effects中层相关的操作都在【时间轴】面板中进行，所以图层与时间是相互关联的，所有影片的制作都是建立在对素材的编辑，After Effects中包括素材、摄像机、灯光和声音都以图层的形式在【时间轴】面板中出现，图层以堆栈的形式排列，灯光和摄像机一般会在图层的最上方，因为它们要影响下面的层，位于最上方的摄像机将是视图的观察镜头。我们也可以拖动图层调整其在【时间轴】面板中的顺序，如图2.1.4所示。

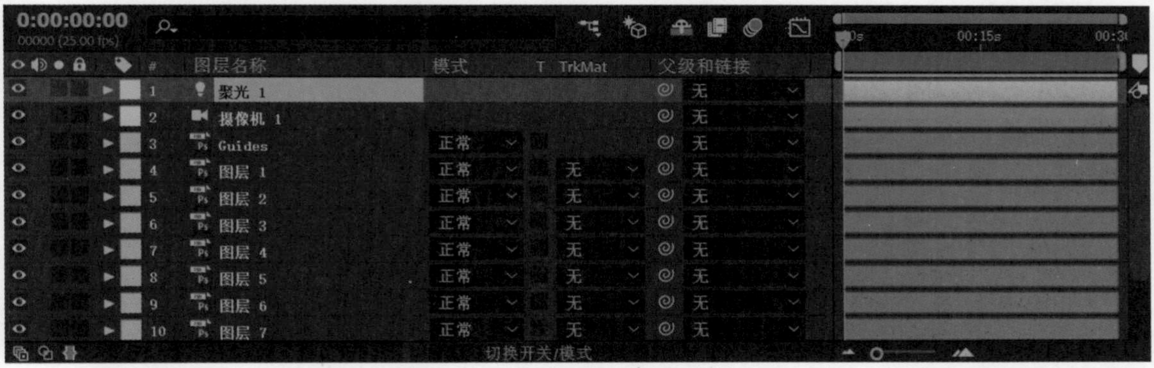

0:00:00:00
00000 (25.00 fps)
图层名称
模式
T TrkMat
父级和链接
聚光 1
摄像机 1
Guides
图层 1
图层 2
图层 3
图层 4
图层 5
图层 6
图层 7
正常
无
00:15s
切换开关/模式

图2.1.4

2.1.1 图层的类型

文本(T) Ctrl+Alt+Shift+T
纯色(S)... Ctrl+Y
灯光(L)... Ctrl+Alt+Shift+L
摄像机(C)... Ctrl+Alt+Shift+C
空对象(N) Ctrl+Alt+Shift+Y
形状图层
调整图层(A) Ctrl+Alt+Y
内容识别填充图层...
Adobe Photoshop 文件(H)...
MAXON CINEMA 4D 文件(C)...

图2.1.5

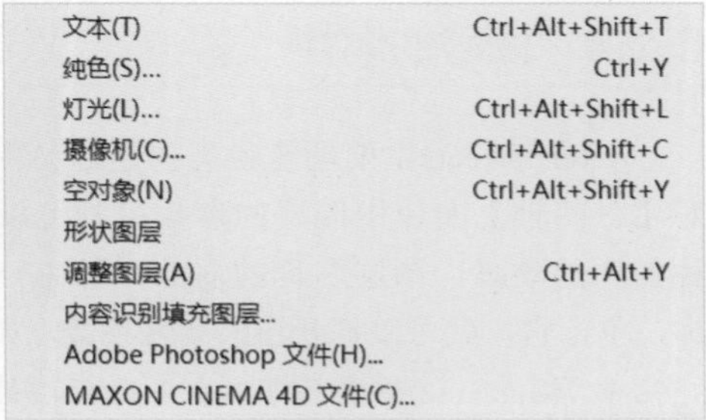

用户可以在【图层】菜单创建新的图层，但必须激活【时间轴】面板，否则菜单的选项是灰色的。执行【图层】>【新建】>…命令，可以看到所有的图层类型，如图2.1.5所示。

最为常用的就是【纯色】图层，可以创建任何纯色和任何大小（最大30000×30000像素）的图层。大部分图形、色彩和特效都是依附于【纯色】图层进行的，快捷键为Ctrl+Y，我们也可以通过【图层】>【图层设置】命令对于创建好的各类图层进行修改。每种类型的图层我们都会在后面的章节逐一介绍。

2.1.2　导入PSD文件

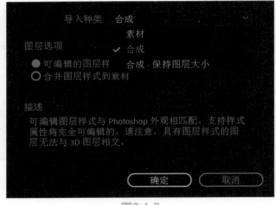

图2.1.6

　　首先在Photoshop中创建一张PSD文件，需要将不同的图层都分割好（涉及到Photoshop的操作在这里就不再复述了），我们可以使用Photoshop的图层融合模式，以及调整其各种属性，包括不透明度等。将文件存为PSD格式。在After Effects的【项目】面板空白处双击鼠标，打开PSD文件，会弹出导入面板。在面板中一般选择【导入种类】>【合成】选项，将文件作为一个合成导入，如图2.1.6所示。

　　在【项目】面板中双击导入的合成项目，就可以在【时间轴】面板看到每一个图层了。单击图层左侧的小三角图标，可以将图形的属性展开，会看到我们在Photoshop中相关的属性设置都可以在After Effects中显示出来，并加以调整。

2.1.3　合成的管理

　　在制作复杂的项目时，经常在一个项目中出现多个【合成】，在【时间轴】面板中，我们要养成习惯整理好【合成】的顺序与命名。首先会建立一个总的镜头，每一个镜头和特效都会在其下面，我们也可以来回调整其在【时间轴】面板的前后顺序，但是无论用什么样的命名方法，清晰的文件结构形式都会使操作事半功倍。如果在【时间轴】面板不小心将某一个【合成】关掉，可以在【项目】面板中双击该【合成】，就可以在【时间轴】面板中看到该【合成】了，如图2.1.7所示。

图2.1.7

2.1.4　图层的属性

图2.1.8

　　After Effects主要功能就是创建运动图像，通过对【时间轴】面板中图层的参数控制可以给层做各种各样的动画。图层名称的前面，都有一个小图标，单击它，就可以打开层的属性参数，如图2.1.8所示。

- 锚点：这个参数可以在不改变层的中心的同时移动层。它后面的数值可以通过鼠标单击后输入数值，也可以用鼠标直接拖动来改变。
- 位置：这个参数就可以给层做位移。
- 缩放：它可以控制层的放大缩小。在它的数值前面有一个图标，这个图标可以控制层是否按比例来缩放。
- 旋转：控制图层的旋转。
- 不透明度：控制层的透明度。

在每个属性名称上右击，可以打开一个下拉菜单，在菜单中执行【编辑值】命令，就可以打开这个属性的设置面板，在面板中可以输入精确的数字，如图2.1.9所示。

图2.1.9

在设置图层的动画时，给图层打关键帧是一个重要的手段，下面我们来看一下怎样给图层设置关键帧。

01 打开一个要做动画的图层的参数栏，把【时间指示器】移动到要设置关键帧的位置，如图2.1.10所示。

图2.1.10

02 在【位置】属性有一个图标，单击它，就会看到在【时间指示器】位置出现了一个关键帧，如图2.1.11所示。

图2.1.11

03 然后改变【时间指示器】的位置，再拖动【位置】的参数，前面的参数可以修改层在横向的移动，后面的参数可以修改层在竖直方向上的移动。修改了参数后，会发现在【时间指示器】的位置自动打上了一个关键帧，如图2.1.12所示。

图2.1.12

这样就做好了一个完整的层移动的动画，别的参数都可以这样去打关键帧来建立动画。在后面的章节我们会详细介绍动画的制作。

> **技巧与提示** 在关键帧上双击，可以打开【位置】面板，在这里可以精确地设置该属性，从而改变关键帧的位置。可以通过许多方法来查看【时间轴】和【图表编辑器】中元素的状态，大家可以根据不同情况来选择。我们可以使用快捷键，来将时间标记停留的当前帧的视图放大和缩小。如果用户的鼠标带有滚轮的话，我们只需要按住键盘上的Shift键，再滚动鼠标上的滚轮，就可以快速缩放视图。按住Alt键再滚动鼠标上的滚轮，将动态放大或缩小时间线。

2.1.5 图层的分类

在【时间轴】面板中我们可以建立各种类型的层，执行【图层】>【新建】命令，在弹出的菜单中，用户可以选择新建层的类型，如图2.1.13所示。

文本(T)	Ctrl+Alt+Shift+T
纯色(S)…	Ctrl+Y
灯光(L)…	Ctrl+Alt+Shift+L
摄像机(C)…	Ctrl+Alt+Shift+C
空对象(N)	Ctrl+Alt+Shift+Y
形状图层	
调整图层(A)	Ctrl+Alt+Y
内容识别填充图层…	
Adobe Photoshop 文件(H)…	
MAXON CINEMA 4D 文件(C)…	

图2.1.13

- 文本：建立一个文本层，也可以直接用【文字工具】直接在【合成】面板中建立。【文本】层是最常用图层，在后期软件中添加文字效果比在其他三维软件或图形软件中制作有更大的自由度和调整空间。

- 纯色：纯色层是一种含有固体颜色形状的层。这是我们经常要用的一种层，在实际的应用中，我们会经常为【纯色】层添加效果、遮罩，以达到我们需要的画面效果。当执行【纯色】命令时，会弹出【纯色设置】面板。通过该面板，我们可以对【纯色】层进行设置，层的【大小】最大可以建立到32000×32000像素，也可以为【纯色】层设置各种颜色，并且系统会为不同的颜色自动命名，名字与颜色相关，当然用户也可以自己命名。

- 灯光：建立灯光。（在After Effects中，灯光都是以层的形式存在的，并且会一直在堆栈层的最上方。）

- 摄像机：建立摄像机。（在After Effects中，摄像机都是以层的形式存在的，并且会一直在堆栈层的最上方。）

- 空对象：建立一个虚拟物体层。当用户建立一个【空像素】层时，除了【透明度】属性，【空像素】层拥有其他层的一切属性。该类型层主要用于在编辑项目时，当需要为一个层指定父层级时，但又不想在画面上看到这个层的实体，而建立的一个虚拟物体，可以对它实行一切操作，但在【合成】面板中是不可见的，只有一个控制层的操作手柄框。

- 形状图层：允许用户使用【钢笔工具】和【几何体创建工具】来绘制实体的平面图形。如果用户直接在素材上使用【钢笔工具】和【几何体创建工具】，绘制出的将是针对该层的遮罩效果。

- 调整图层：建立一个调整层。【调整图层】主要用来整体调整一个【合成】项目中的所有层，一般该层位于项目的最上方。用户对层的操作，如添加【效果】时，只对一个层起作用，【调整图层】的作用就是用来对所有层统一调整。

- 内容识别填充图层：内容识别填充图层可以从视频中移除不想要的对象或区域。此功能由Adobe Sensei提供技术支持，具备即时感知能力，可自动移除选定区域，并分析时间轴中的关联帧，通过拉取其他帧中的相应内容来合成新的像素点。只需环绕某个区域绘制蒙版，After Effects即可马上将该区域的图像内容替换成根据其他帧相应内容生成的新图像内容。

- Adobe Photoshop文件：建立一个PSD文件层。建立该类型层的同时会弹出一个面板，让用户指定PSD文件保存的位置，该文件可以通过Photoshop来编辑。
- MAXON CINEMA 4D文件：建立一个C4D文件层。建立该类型层的同时会弹出一个面板，让用户指定C4D文件保存的位置，该文件可以通过CINEMA 4D来编辑。

2.1.6 图层的混合模式

After Effects中图层的混合模式控制每个图层如何与它下面的图层混合或交互。After Effects 中的图层的混合模式与Adobe Photoshop中的混合模式相同。如果在【时间轴】面板中没有找到【模式】栏，可以按下F4键切换显示，如图2.1.14所示。

图2.1.14

大多数混合模式仅修改源图层的颜色值，而非Alpha通道。【Alpha 添加】混合模式影响源图层的Alpha 通道，而轮廓和模板混合模式影响它们下面的图层的 Alpha 通道。用户无法通过使用关键帧来直接为混合模式制作动画。

- 【正常类别】选项包括：正常、溶解、动态抖动溶解。除非不透明度小于源图层的100%，否则像素的结果颜色不受基础像素的颜色影响。"溶解"混合模式使源图层的一些像素变成透明的。
- 【减少类别】选项包括：变暗、相乘、颜色加深、经典颜色加深、线性加深、深色。这些混合模式往往会使颜色变暗，其中一些混合颜色的方式与在绘画中混合彩色颜料的方式大致相同。
- 【添加类别】选项包括：相加、变亮、滤色、颜色减淡、经典颜色减淡、线性减淡、浅色。这些混合模式往往会使颜色变亮，其中一些混合颜色的方式与混合投影光的方式大致相同。
- 【复杂类别】选项包括：叠加、柔光、强光、线性光、亮光、点光、实色混合。这些混合模式对源和基础颜色执行不同的操作，具体取决于颜色之一是否比50%灰色浅。
- 【差异类别】选项包括：差值、经典差值、排除、相减、相除。这些混合模式基于源颜色和基础颜色值之间的差异创建颜色。
- 【HSL类别】选项包括：色相、饱和度、颜色、明度。这些混合模式将颜色的 HSL 表示形式的一个或多个组件（色相、饱和度和发光度）从基础颜色传递到结果颜色。
- 【遮罩类别】选项包括：模板 Alpha、模板亮度、轮廓 Alpha、轮廓亮度。这些混合模式实质上将源图层转换为所有基础图层的遮罩。模板和轮廓混合模式使用图层的 Alpha 通道或亮度值来影响该图层下面所有图层的 Alpha 通道。使用这些混合模式不同于使用轨道遮罩，后者仅影响一个图层。模板模式断开所有图层，以便您可以通过模板图层的 Alpha 通道显示多个图层。轮廓模式封闭图层下面应用了混合模式的所有图层，以便您可以同时在多个图层中剪切一个洞。要阻止轮廓和模板混合模式断开或封闭下面的所有图层，请预合成要影响的图层，并将它们嵌套在你的合成中。

2.1.7 图层的样式

Photoshop提供了各种图层样式（例如阴影、发光和斜面）来更改图层的外观。在导入 Photoshop图层时，After Effects可以保留这些图层样式。用户也可以在After Effects中应用图层样式，并为其属性制作动画。可以在After Effects中复制并粘贴任何图层样式，包括以PSD文件形式导入After Effects中的图层样式。

　　用户要将合并的图层样式转换为可编辑图层样式，请选择一个或多个图层，然后执行【图层】>【图层样式】>【转换为可编辑样式】命令。要将图层样式添加到所选图层中，请执行【图层】>【图层样式】命令，然后从菜单中选择图层样式。要删除图层样式，可以在【时间轴】面板中选择它，然后按Delete键。

2.1.8　图层的遮罩

　　在【时间轴】面板中，我们还可以使用图层相互进行【遮罩】，拖动图层以将其用作轨道遮罩，并位于用作填充图层的图层正上方。通过从填充图层的TrkMat菜单中选择下列选项之一，为轨道遮罩定义透明度。

　　我们打开【图层遮罩】项目，在【时间轴】面板可以看到我们有3个图层，如图2.1.15所示。

　　执行Track Matte命令，主要用于将【合成】中某个素材层前面或【时间轴】面板的素材层中某素材层上面的层设为透明的轨道遮罩层。一般我们

图2.1.15

使用上面的图层作为【遮罩】。在【时间轴】面板中，我们先关闭【纯色】层左侧的 ◉ 图标，先来观察ink_1.mov和GREENLAKE ONE.mp4两个层，有很多素材公司提供了带有透明通道的水墨或者转场视频素材，我们可以使用【遮罩】功能添加转场之类的特效，如图2.1.16和图2.1.17所示。

图2.1.16

图2.1.17

　　单击GREENLAKE ONE.mp4图层右侧的TrkMat菜单，执行下列选项，如果读者没有看到这一栏，可以按下F4键切换到这个面板，如图2.1.18所示。

图2.1.18

我们选中【Alpha遮罩 "ink_1.mov"】，可以看到水墨以外的区域被去除，如图2.1.19所示。

当我们添加一个白色的背景时，可以看到只有水墨部分的画面被显示出来，如图2.1.20所示。

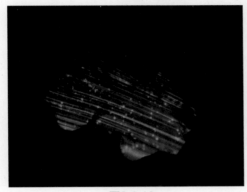

图2.1.19

图2.1.20

使用同样的方法，我们也经常使用【纯色】图层进行画面遮罩。如果对【纯色】设置动画，遮罩也会出现动画效果。在实际制作中会经常用到这个方法，如图2.1.21所示。

TrkMat菜单中的5个选项分别如下所述。

- 没有轨道遮罩：底层的图像以正常的方式显示出来。
- Alpha遮罩：利用素材的Alpha通道创建轨迹遮罩，通道像素值为100%时不透明。
- Alpha反转遮罩：反转Alpha通道遮罩，通道像素值为0%时不透明。（也就是反向进行遮罩）画面中水墨部分就会变成透明，如图2.1.22所示。

图2.1.21

图2.1.22

- 亮度遮罩：利用素材层的亮度创建遮罩，像素的亮度值为100%时不透明。

建立一个黑白色的上层遮罩，如果执行【亮度遮罩】命令，遮罩只对亮度参数起作用，黑色的素材不会影响画面，如图2.1.23和图2.1.24所示。

图2.1.23

图2.1.24

● 亮度反转遮罩：反转亮度遮罩，像素的亮度值为 0% 时不透明，如图2.1.25所示。

图2.1.25

图层的遮罩是After Effects中经常用到的命令，在后面的实例中我们会经常涉及，读者将会学到如何灵活使用该功能。

2.2　时间轴面板

After Effects中关于图层的大部分操作都是在【时间轴】面板中进行的。它以图层的形式把素材逐一摆放，同时可以对每个图层进行位移、缩放、旋转、打关键帧、剪切、添加效果等操作。【时间轴】面板在默认状态下是空白，只有在导入一个合成素材时才会显示出来。

2.2.1　时间轴面板的基本功能

【时间轴】面板的功能主要是控制合成中各种素材之间的时间关系，素材与素材之间是按照层的顺序排列的，每个层的时间条长度代表了这个素材的持续时间。用户可以对图层设置关键帧和动画属性。我们先从它的基本区域入手，如图2.2.1所示。

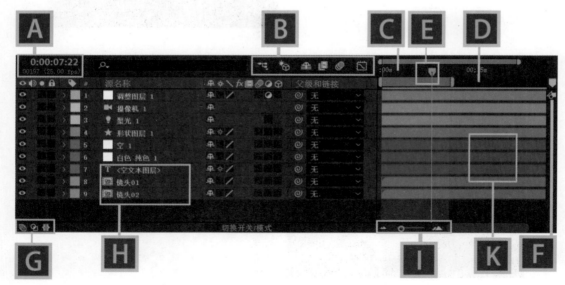

图2.2.1

A区域——这里显示的是【合成】中【时间指示器】所在的时间位置，通过单击此处直接输入【时间指示器】所要指向的时间节点，可以输入一个精确的数字来移动【时间指示器】的位置；后面显示的是【合成】的帧数以及帧速率，如图2.2.2所示。

图2.2.2

B区域——这个区域主要是一些功能图标。

● 【查找】图标 ：用于在【时间轴】面板中查找素材，用户可以通过名字直接搜索到素材。

● 【合成微型流程图】图标 ：用于打开迷你【合成微型流程图】面板。每一个图层以节点的形式显示，可以快速地看清图层之间的结构形式，如图2.2.3所示。

● 【草图3D】图标 ：用于打开【草图3D】面板，可以控制是否显示【草图3D】功能。

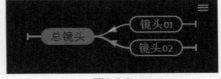

图2.2.3

● 【消隐】图标 ：该图标可以用来显示或隐藏【时间轴】面板中处于【消隐】状态的图层。【消隐】状态是After Effects给层的显示状态定的一种拟人化的名称。通过显示和隐藏层功能来限制显示层的数量，简化工作流程，提高工作效率。下面我们来看怎样隐藏消隐层，如图 2.2.4 和图2.2.5所示。

图2.2.4（小人缩下去的层为消隐层）

图2.2.5（按下隐藏消隐层图标）

在一些商用After Effects模板中会经常使用该功能，将一些不需要修改的层进行隐藏，如果想调整这些层，可以显示消隐的层。

● 【帧混合】图标 ：用于打开【帧混合】总图标面板，它可以控制是否在图像刷新时启用【帧混合】效果。一般情况下，我们应用帧混合时，只会在需要的层中打开帧混合图标，因为打开总的【帧混合】图标会降低预览的速度。

当执行【时间伸缩】命令后，可能会使原始动画的帧速率发生改变，而且会产生一些意想不到的效果，这时就可以使用【帧混合】对帧速率进行调整。

● 【运动模糊】图标 ：用于打开【运动模糊】面板，可以控制是否在【合成】面板中应用【运动模糊】效果。在素材层后面单击 图标，这样就给这个层添加了运动模糊。用来模拟电影中摄影机使用的长胶片曝光效果。

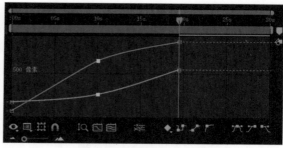

- 【曲线编辑】图标 ：用于打开【曲线编辑】面板，可以快速地进入【曲线编辑】面板，十分方便地对关键帧进行属性操作，如图2.2.6所示。

图2.2.6

C区域——这里的两个小箭头用来指示时间导航器的起始和结束位置，通过拉动小点，可以将【时间指示器】进行缩放，该操作会被经常使用，如图2.2.7所示。

D区域——这里属于工作区域，它前后的蓝色矩形标记可以拖动，用来控制预览或渲染的时间区域，如图2.2.8所示。

图2.2.7

图2.2.8

- 【显示缓存指示器】：这一项可以显示或隐藏时间标尺下面的缓存标记，它为绿色，到我们按下空格键对画面进行预渲染时，系统就会将画面渲染出来，绿色的部分就代表已经渲染完成的部分，如图2.2.9所示。

E区域——这里是【时间指示器】，它是一个蓝色的小三角，下面连接一条红色的线，可以很清楚地辨别【时间指示器】在当前时间标尺中的位置。在蓝色小三角的上面还有一个蓝色的小线条，它表示当前时间在导航栏中的位置，如图2.2.10所示。

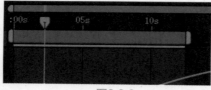

图2.2.9

图2.2.10

导航栏中的蓝色标记都是可以用鼠标拖动的，这样就很方便我们控制时间区域的开始和结束；对【时间指示器】的操作，可以用鼠标直接拖动，也可以直接在时间标尺的某个位置单击，使【时间指示器】移动到新的位置。

当我们选中一段素材时，按下字母I键，可以将【时间指示器】移动到该段素材的第一帧，按下字母O键，可以将【时间指示器】移动到素材的最后一帧。当按下快捷键【[】时（就在键盘字母P的右边），可以将这段素材的第一帧移动到【时间指示器】的位置，而按下快捷键【]】时，可以将这段素材的最后一帧移动到【时间指示器】的位置。这4个快捷键都在键盘的一排，这是为了方便用户操作，因为通过这4个快捷键操作，用户就可以不使用鼠标移动每一段素材的位置，并精准对齐。

除了这些快捷键操作，当在【时间轴】面板需要将多段没有对齐的素材进行对齐时，可以通过执行命令来直接完成。首先按下快捷键Ctrl，按排列顺序选中需要进行排列的图层，如图2.2.11所示。

图2.2.11

　　选中多段素材后，如果需要融合素材，可以执行【过渡】模式并设定过渡时间，如果只是重新排列，需要将【重叠】命令取消执行，如图2.2.12所示。

图2.2.12

　　按下确认键，可以看到【时间轴】面板中的图层按执行顺序进行了排列，而起始位置则是【时间指示器】的位置所在，如图2.2.13所示。

图2.2.13

除了鼠标拖动外，最有效且最精准移动【时间指示器】的方法是使用对应的快捷键。下面将这些常用控制指针快捷键介绍给大家。Home键是将【时间指示器】移动到第一帧，End键是将【时间指示器】移动到最后一帧；Page Up键是将【时间指示器】移动到当前位置的前一帧，Page Dow键是将【时间指示器】移动到当前位置的后一帧；Shift+Page Up键是将【时间指示器】移动到当前位置的前10帧，Shift+Page Down键是将【时间指示器】移动到当前位置的后10帧；Shift+Home键是将【时间指示器】移动到【工作区】的【工作区开头】In点上，Shift+Home键是将【时间指示器】移动到【工作区】的【工作区结尾】Out点上。

　　F区域——该图标是用来打开【时间轴】面板所对应的【合成】面板。
　　G区域——是【时间轴】面板左下角的 图标，是用来打开或关闭一些常用的面板。当将这些开关都打开时，【时间轴】中显示大部分用户需要的数据，这非常直观，但是却牺牲了宝贵的操作空间，时间条的显示几乎全部给覆盖了。我们将在后面章节具体介绍如何按照需要合理安排这些开关。

- 【图层开关】图标 ：用于打开或关闭【图层开关】面板，如图2.2.14所示。
- Modes图标 ：用于打开或关闭Modes面板，按下F4键，也可以快速切换到该面板，如图2.2.15所示。

图2.2.14 　　　　　　　　　　　　　　　　图2.2.15

- 【时间伸缩】图标 ：用于打开或关闭【入】、【出】、【持续时间】和【伸缩】面板。【时间伸缩】最主要的功能是对图层进行时间反转，产生条纹效果，如图2.2.16所示。

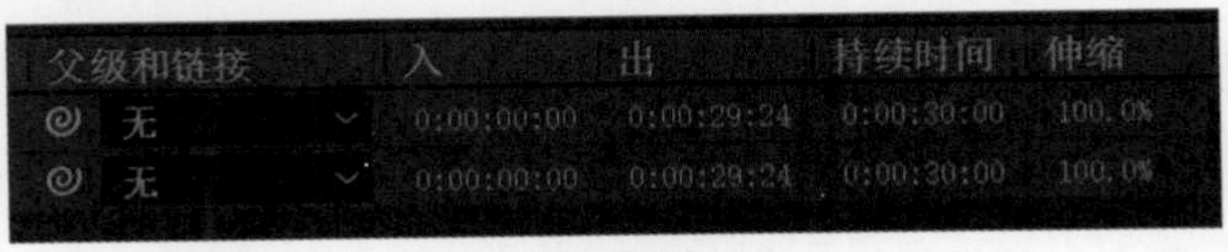

图2.2.16

　　H区域——是【时间轴】面板的功能面板，共有13个面板，在默认状态下，只显示了几个常用面板，并没有完全显示，如图2.2.17所示。

图2.2.17

在每个面板的上方右击，执行【列数】命令，或者用面板菜单都可以打开控制功能面板显示的下拉菜单，如图2.2.18所示。下面对这些面板逐一进行介绍。

图2.2.18

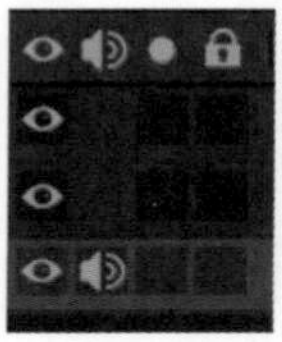

- A/V功能：这个面板可以对素材进行隐藏、锁定等操作，如图2.2.19所示。

  ➢ 【显示/隐藏】图标█：用于打开【显示/隐藏】面板，可以控制素材在【合成】中的显示或隐藏。

  ➢ 【音频】█：这个图标可以控制音频素材在预览或渲染时是否起作用，如果素材没有声音，就不会出现该图标。

图2.2.19

  ➢ 【独奏】█：这个图标可以控制素材的单独显示。

  ➢ 【锁定】█：这个图标用来锁定素材，锁定的素材是不能进行编辑的。

- 标签：该功能显示素材的标签颜色，它与【项目】面板中的标签颜色相同。当我们处于一个合作项目时，合理使用标签颜色就变得非常重要，一个小组往往会有一个固定标签颜色对应方式，比如红色用于非常重要的素材，绿色是音频，能很快找到我们需要的素材大类，然后很快从中找出我们需要的素材名。在使用颜色标签时，

图2.2.20

不同类素材请尽量使用对比强烈的颜色，同类素材可以使用相近的颜色，如图2.2.20所示。

- #：这个面板显示的是素材在【合成】中的编号。After Effects中的图层索引号一定是连续的数字，如果出现前后数字不连贯，则说明在这两个层之间有隐藏图层。当我们知道需要图层编号时，只需要按数字键盘上对应的数字键，就能快速切换到对应图层上。例如按数字键盘上的9号键，将直接选择编号为9的图层。如果图层的编号为双数或3位数，则只需要连续按对应的数字，就可以切换到对应的图层上。例如编号为13的图层，先按下数字键盘上的1，After Effects先响应该操作，切换到编号为1的图层上，然后按下3，After Effects将切换到编号中有1但随后数字为3的图层。需要注意的是，输入两位和两位以上的图层编号时，输入连续数字时间间隔不能少于1s，否则After Effects将认为第二次输入数次为重新输入。例如，我们输入数字键上的1，然后隔3s再输入5，After Effects将切换到编号为5的图层，而不是切换到编号为15的图层，如图2.2.21所示。

图2.2.21

- 源名称：该面板是【源名称】面板，它用来显示素材的图标、名字和类型，如图2.2.22所示。
- 注释：该面板是【注解】面板，单击可以在其中输入要注解的文字，如图2.2.23所示。
- 开关：该面板是【转换】面板，它可以控制图层的显示和性能，如图2.2.24所示。

图2.2.22 图2.2.23 图2.2.24

> 【消隐层】图标■：用于打开【消隐层】面板，它可以设置图层的消隐属性，通过【时间轴】面板上方的■图标来隐藏或显示该层。只是把需要隐藏图层的【消隐】开关图标激活是无法产生隐藏效果的，必须要在激活【时间轴】面板上方的Shy开关总图标的情况下，单击图层的【消隐】Shy功能才能产生效果。

> 【矢量编译】图标■：用于打开【矢量编译】面板，它是矢量编译功能的开关，可以控制【合成】中的使用方式和嵌套质量，并且可以将Adobe Illustrator矢量图像转化为像素图像。

> 【草图】图标■：用于打开【草图】面板，可以来控制素材的现实质量，■为草图，■为最好质量。特别是对大量素材同时缩放和旋转时，调整质量开关能有效地提高效率。

> 【滤镜效果】图标ƒx：用于打开【滤镜效果】面板，可以关闭或打开层中的滤镜效果。当我们给素材添加滤镜效果时，After Effects将对素材滤镜效果进行计算，这将占用大量的CPU资源。为提高效率，减少处理时间，我们有时需要关闭一些层的滤镜效果。

> 【帧混合】图标■：用于打开【帧混合】面板，可以为素材添加帧混合功能。

> 【运动模糊】图标■：用于打开【运动模糊】面板，可以为素材添加动态模糊效果。

> 【调整层】图标■：用于打开【调整层】面板，可以打开或关闭调整层，打开可以将原素材转化为调整层。

> 【3D图层】图标■：用于打开【3D图层】面板，可以转化该层为3D层。转化为3D层后，将能在三维空间中移动和修改。

● 模式：该面板可以设置图层的叠加模式和轨迹遮罩类型。【模式】栏下的是叠加模式；T栏下可以设置保留该层的不透明度；TrkMat栏下的是轨迹遮罩菜单，如图2.2.25所示。

● 父级：该面板可以指定一个层为另一个层的父层，在对父层进行操作时，子层也会相应地变化，如图2.2.26所示。

图2.2.25 图2.2.26

在这个面板中有两栏，分别有两种父子连接的方式。第一种是拖动一个层的■图标到目标层，这样原层就成为目标层的父层。第二种是在后面的下拉菜单中执行一个层作为父层。

● 键：这个面板可以为用户提供一个关键帧操纵器，通过它可以为层的属性打关键帧，还可以使【时间指示器】快速跳到下一个或上一个关键帧处，如图2.2.27所示。

图2.2.27

在【时间轴】面板中不显示Keys面板时，打开素材的属性折叠区域，在A/V Features面板下方也会出现关键帧操纵器。

- 入：该面板可以显示或改变素材层的切入时间，如图2.2.28所示。
- 出：该面板可以显示或改变素材层的切出时间，如图2.2.29所示。
- 持续时间：该面板可以来查看或修改素材的持续时间，如图2.2.30所示。

入	出	持续时间	伸缩		出	持续时间	伸缩
0;00;00;00	0;00;14;29	0;00;15;00	100.0%		0;00;14;29	0;00;15;00	100.0%
0;00;00;00	0;00;14;29	0;00;15;00	100.0%		0;00;14;29	0;00;15;00	100.0%
0;00;00;00	0;00;14;29	0;00;15;00	100.0%		0;00;14;29	0;00;15;00	100.0%

图2.2.28   图2.2.29   图2.2.30

在数字上单击，会弹出【时间伸缩】面板，在这个面板中可以精确地设置层的持续时间，如图2.2.31所示。

图2.2.31

- 伸缩：该面板可以用来查看或修改素材的延迟时间，如图2.2.32所示。

在数字上单击，也会弹出【时间伸缩】面板，在这里可以精确地改变素材的持续时间。

I区域——该面板是时间缩放滑块，它和导航栏的功能差不多，都可以对【合成】的时间进行缩放，只是它的缩放是以【时间指示器】为中轴来缩放的，而且它没有导航栏准确，如图2.2.33所示。

J区域——该面板是用来放置素材堆栈的，当把一个素材调入【时间轴】面板中后，该区域会以层的形式显示素材，用户可以直接从【项目】面板中把需要的素材拖拽到【时间轴】面板中，并且任意摆放它们的上下顺序，如图2.2.34所示。

图2.2.32   图2.2.33   图2.2.2.34

显示／隐藏层

用户可以通过各种手段暂时把层隐藏起来，这样做的目的是为了方便操作，当用户项目中的层越来越多时，这些操作是很有必要的。特别是给层做动画时，过多层会影响需要调整的素材效果，并且降低预览速度。适当减少不必要的层的显示，能够大大提高制作效率。

当用户想要隐藏某一个层时，单击【时间轴】面板中该层最左边的■图标，眼睛图标会消失，该层在【合成】面板中将不能被观察到，再次单击，眼睛图标出现，层也将被显示出来。

这样虽然能在【合成】面板中隐藏该层，但在【时间轴】面板中该层依然存在，一旦层的数目非常多时，一些暂时不需要编辑的层在【时间轴】面板中隐藏起来是很有必要的。我们可以使用【消隐】工具来隐藏层。在【时间轴】面板中查到【独奏】栏，单击想要隐藏层对应的●开关图标，会发现该层以下的层都被隔离了起来，不在【合成】面板中显示。

2.2.2　时间轴面板中的图层操作

在【时间轴】面板中针对图层的操作是After Effects操作的基础，初学者要认真掌握这个小节的操作，这会使你的工作事半功倍。我们可以在【编辑】菜单中找到这些命令。

1. 移动

【移动】命令位于最上方的层将被显示在画面的最前面，在【时间轴】面板中，用户可以用鼠标拖动层，调整位置，也可以通过快捷键操作。层的位置决定了层的优先级，上面层的元素遮挡下面层里的元素。比如背景元素一定是在最下面层里的，角色一般在中间层或最上面的层。

2. 重复

【重复】（快捷键为Ctrl+D）命令主要用于将所执行的对象直接复制，与【复制】命令不同，【重复】命令是直接复制，并不将复制对象存入剪贴板。用户执行【重复】命令复制层时，会将被复制层的所有属性，包括关键帧、遮罩，效果等一同复制，如图2.2.35所示。

图2.2.35

3. 拆分

【拆分图层】命令主要用于分裂层，在【时间轴】面板中，用户可以执行该命令将层任意切分，从而创建出两个完全独立的层，分裂后的层中仍然包含着原始层的所有关键帧。在【时间轴】面板中用户可以使用【时间指示器】来指定分裂的位置，把【时间指示器】移动到你想要分裂的时间点，执行【编辑】>【拆分图层】命令，就可以分裂选中的层。该操作的快捷键是Ctrl+Shift+D，如图2.2.36和图2.2.37所示。

图2.2.36

图2.2.37

2.2.3　动画制作

动画是基于人的视觉原理来创建的运动图像。当我们观看一部电影或电视画面时，会看到画面中的人物或场景都是顺畅自然的，而仔细观看，看到的画面却是一格格的单幅画面。之所以看到顺畅的画面，是因为人的眼睛会产生视觉暂留，对上一个画面的感知还没消失，下一个画面又会出现，就会给人以动的感觉。在短时间内观看一系列相关联的静止画面时，就会将其视为连续的动作。

关键帧（Key frame）是一个从动画制作中引入的概念，即在不同时间点对对象属性进行调整，而时间点间的变化由计算机生成。我们制作动画的过程中，要首先制作能表现出动作主要意图的关键动作，这些关键动作所在的帧，就叫做动画关键帧。二维动画制作时，由动画师画出关键动作，助手填充关键帧间的动作。在After Effects中是由系统帮助用户完成这一烦琐的过程。

After Effects的动画关键帧制作主要是在【时间轴】面板中进行的，不同于传统动画，After Effects可以帮助用户制作更为复杂的动画效果，可以随意控制动画关键帧，这也是非线性后期软件的优势所在。

1. 创建关键帧

关键帧的创建都是在【时间轴】面板中进行的，所谓创建关键帧就是对图层的属性值设置动画，展开层的【变换】属性，每个属性的左侧都有一个⏱钟表图标，这是关键帧记录器，是设定动画关键帧的关键。 单击该图标，激活关键帧记录，从这时开始，无论是在【时间轴】面板中修改该属性的值，还是在【合成】面板中修改画面中的物体，都会被记录下关键帧。被记录的关键帧在时间线里出现一个◆关键帧图标，如图2.2.38所示。

在【合成】面板物体移动轨迹会形成一条控制线，如图2.2.39所示。

图2.2.38

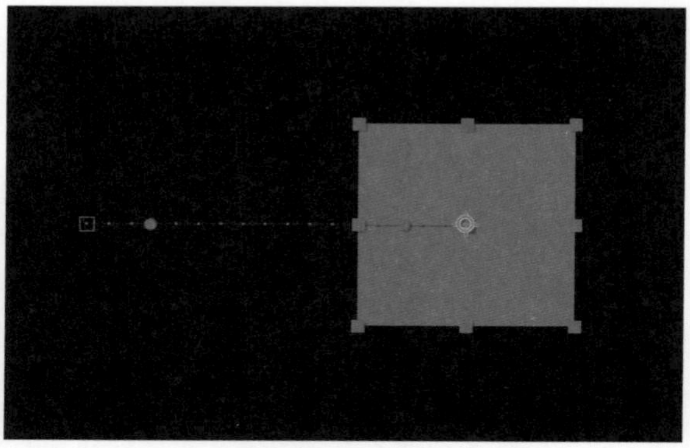

图2.2.39

单击【时间轴】面板中的◙【图表编辑器】图标，激活曲线编辑模式，如图2.2.40所示。

把【时间指示器】移动到两个关键中间的位置，修改【位置】属性的值，时间线上又添加了一个关键帧，如图2.2.41所示。

图2.2.40

图2.2.41

在【合成】面板中可以观察到物体的运动轨迹线也多出了一个控制点。也可以使用钢笔工具直接在【合成】面板动画曲线上添加一个控制点，如图2.2.42所示。

再次在【时间轴】面板中右击切换到编辑速度图表模式，关键帧图标发生了变化。在【合成】面板中调节控制器的手柄，【时间轴】面板中的关键帧曲线也会随之变化，如图2.2.43所示。

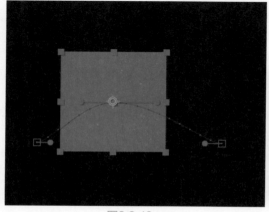

图2.2.42

图2.2.43

2. 选择关键帧

在【时间轴】面板中，单击要执行的关键帧，如果要执行多个关键帧，按住Shift键，单击选中要执行的关键帧，或者在【时间轴】面板中用鼠标拖画出一个选择框，选取需要的关键帧，如图2.2.44所示。

图2.2.44

【时间指示器】是设置关键帧的重要工具，准确地控制【时间指示器】是非常必要的。在实际制作过程中，一般使用快捷键来控制【时间指示器】。快捷键字母I和O用来调整【时间指示器】到素材的起始和结尾处，按住Shift键移动【时间指示器】，指示器会自动吸附到邻近的关键帧上。

3. 复制&删除关键帧

选中需要复制的关键帧，执行【编辑】>【复制】命令，将【时间指示器】移动至被复制的时间位置，执行【编辑】>【粘贴】命令，粘贴关键帧到该位置。关键帧数据被复制后，可以直接转化成文本，在Word等文本软件中直接粘贴，数据将以文本的形式展现。

Adobe After Effects 8.0 Keyframe Data

Units Per Second	25
Source Width	1920
Source Height	1080
Source Pixel Aspect Ratio	1
Comp Pixel Aspect Ratio	1

Transform	*Anchor Point*		
Frame	*X pixels*	*Y pixels*	*Z pixels*
	960	540	0

Transform	*Position*		
Frame	*X pixels*	*Y pixels*	*Z pixels*
0	960	540	0
7	1025.68	504	0
17	1119.5	540	0

End of Keyframe Data

这些操作都可以通过快捷键实现，删除关键帧也很简单，选中需要删除的关键帧，按下Delete键，就可以删除该关键帧。

2.2.4 动画路径的调整

在After Effects中，动画的制作可以通过各种手段来实现，而使用曲线控制的制作动画是常见的手法。在图形软件中常用Bezier手柄来控制曲线，熟悉Illustrator的用户对这个工具并不陌生，这是计算机艺术家用来控制曲线的最佳手段。在After Effects中，用Bezier曲线来控制路径的形状。在【合成】面板中，用户可以使用 ✐【钢笔工具】来修改路径曲线。

Bezier曲线包括带有控制手柄的点。在【合成】面板中可以观察到，手柄控制着曲线的方向和角度，左边的手柄控制左边的曲线，右边的手柄控制右边的曲线，如图2.2.45所示。

在【合成】面板中，使用 ✐【添加"顶点"工具】，为路径添加一个控制点，可以轻松改变物体的运动方向，如图2.2.46所示。

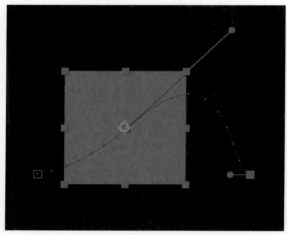

图2.2.45 　　　　　　　　　　　　　　　　图2.2.46

用户可以使用 ▶【选取工具】来调整曲线的手柄和控制点的位置。如果使用 ✐【钢笔工具】工具可以直接按下Ctrl键，将【钢笔工具】切换为【选取工具】。控制点间的虚线点的密度对应了时间的快慢，也就是点越密物体运动得越慢。控制点在路径上的相对位置主要靠调整【时间轴】面板中关键帧在时间线上的位置，如图2.2.47所示。

按下空格键，播放动画，可以观察到蜜蜂在路径上的运动一直朝着一个方向，并没有随着路径的变化改变方向。这是因为没有执行【自动方向】命令。执行【图层】>【变换】>【自动定向】命令，弹出【自动方向】对话框，如图2.2.48所示。

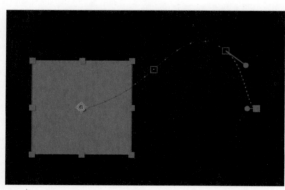

图2.2.47 　　　　　　　　　　　　　　　　图2.2.48

选中【沿路径定向】选项，单击【确定】按钮。按下数字键0，播放动画，可以观察到物体在随着路径的变化而运动，如图2.2.49和图2.2.50所示。

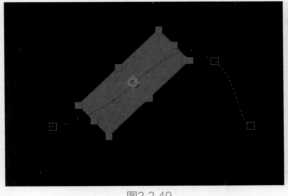

图2.2.49

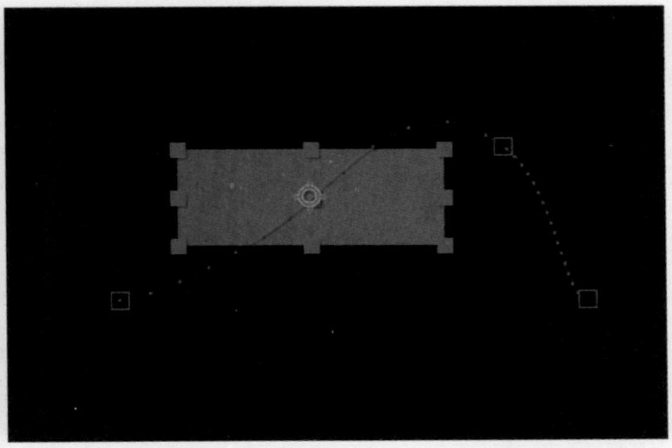

图2.2.50

在动画制作完成以后，可以通过按下快捷键空格键预览动画效果，也可以打开【预览】控制面板，按下播放键进行播放，在【预览】面板上还可以设置对应的快捷键和缓存范围。预览的动画会被保存在缓存区域，再次预览时会覆盖。【时间轴】面板会显示预览的区域，绿色的线条就是渲染完成的部分，如图2.2.51所示。

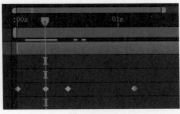

图2.2.51

2.2.5　清理缓存

【清理】命令主要用于清除内存缓冲区域的暂存设置。执行【编辑】>【清理】命令，就会弹出相关命令菜单，该命令非常实用，在实际制作过程中由于素材量不断加大，一些不必要的操作和预览影片时留下的数据残渣会大量占用内存和缓存，制作中不时的清理是很有必要的。建议在渲染输出之前进行一次对于内存的全面清理，如图2.2.52所示。

图2.2.52

- 所有内存与磁盘缓存：将内存缓冲区域中的所有储存信息与磁盘中的缓存清除。
- 所有内存：将内存缓冲区域中的所有储存信息清除。
- 撤销：清除内存缓冲区中保存的操作过的步骤。
- 图像缓存内存：清除RAM预览时系统放置在内存缓冲区的预览文件，如果你在预览影片时无法完全播放整个影片，可以通过执行这个命令来释放缓存的空间。
- 快照：清除内存缓冲区中的快照信息。

2.2.6　动画曲线的编辑

调整动画曲线是作为一个动画师的关键技能，【图表编辑器】是After Effects中编辑动画的主要平台，曲线的调整大大提高了动画制作的效率，使关键帧的调整直观化，操作简易，功能强大。对于使用过三维动画软件或二维动画软件的读者，应该对【图表编辑器】功能并不陌生，而对于初次接触该功能的读者，可以通过该小节，了解【图表编辑器】面板的各项功能。

【图表编辑器】是一种曲线编辑器，在许多动画软件中都配备有【图表编辑器】。当没有执行任何一个已经设置关键帧的属性时，【图表编辑器】内将不显示任何数据和曲线。当用户对层的某个属性设置了关键帧动画以后，单击【时间轴】面板中的□按钮，就可以进入【图表编辑器】面板，如图2.2.53所示。

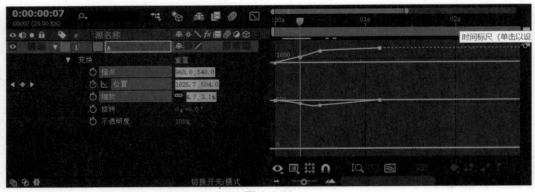

图 2.2.53

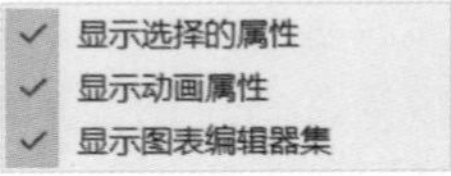

👁 ：可以用不同的方式来显示【图表编辑器】面板中的动画曲线，单击这个按钮会弹出下拉菜单，如图2.2.54所示。

图 2.2.54

- 显示选择的属性：在【图表编辑器】面板中只显示已执行的动画的素材属性。
- 显示动画属性：在【图表编辑器】面板中同时显示一个素材中所有的动画曲线。
- 显示图表编辑器集：显示曲线编辑器的设定。

【辅助】图标⬛：用于打开【辅助】面板，可以来执行动画曲线的类型和辅助命令。单击该图标会弹出下拉菜单。当我们在任意图层中设置图层属性的多个关键帧时，该功能帮助过滤当前不需要显示的曲线，使我们直接找到需要修改的关键帧的点，如图2.2.55所示。

- 自动选择图表类型：是自动显示动画曲线的类型。
- 编辑值图表：编辑数值曲线。
- 编辑速度图表：编辑速率曲线。
- 显示参考图表：显示参考类型的曲线。

图 2.2.55

当我们执行【自动选择图表类型】和【显示参考图表】命令时，【图表编辑器】中常出现两种曲线：一种是带有可编辑定点（在关键帧处出现小方块）的曲线，一般为白色或浅洋红色；另一种是红色和绿色，但不带有编辑点的曲线。

下面以【位置】的X、Y属性设置关键帧动画为例，向大家解释这两种曲线的区别。当我们对图层在X、Y属性上设置关键帧后，After Effects将自动计算出一个速率数值，并绘制出曲线。在默认状态【自动选择图表类型】被激活的情况下，After Effects认为在【图表编辑器】中速率调整对整体调整更有用，而X、Y的关键帧调整则应该在合成图像中进行。因此大多数情况下，【速度图表】被After Effects作为默认首选曲线显示出来。

我们可以通过直接执行【编辑值图表】命令来调整设置关键帧的属性的曲线。这样一般是为了清楚控制单个属性的变化。当我们只是调整一个轴上某个关键帧点时，对应曲线上的关键帧点也会被执行。如果只是改变当前关键帧的数值，对应轴上的关键帧控制点不受影响。但移动某个轴上关键帧控制点在时间轴上的位置时，对应另一个轴上的关键帧控制点将随之改变在时间轴上的位置。这告诉我们在After Effects中，是不支持对某个空间轴独立引用关键帧的。

- 显示音频波形：显示音频的波形。
- 显示图层的入点/出点：显示切入点和切出点。

- 显示图层标记：显示层的标记。
- 显示图表工具技巧：显示曲线上的工具信息。
- 显示表达式编辑器：显示表达式编辑器。
- 允许帧之间的关键帧：允许关键帧在帧之间切换的开关。如果关闭该属性，拖动关键帧时，将自动与精确的帧的数值对齐。如果激活这个开关，则可以将该关键帧拖动到任意时间点上。但是当我们使用【变换盒子】缩放一组关键帧时，无论该属性是否激活，被缩放的关键帧都将落在帧之间。

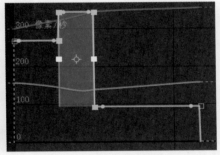

图2.2.56

【多个关键帧】图标：用于打开【多个关键帧】面板，启用在同时执行多个关键帧时，显示转换方框工具，利用此工具可以同时对多个关键帧进行移动和缩放操作，如图2.2.56所示。

可以通过移动【变换盒子】的中心点位置来改变缩放的方式。首先移动中心点的位置后，再按住Ctrl键，并拖动鼠标。缩放框将按照中心点新的位置来缩放关键帧。

如果想反转关键帧，只需要将其拖到缩放框的另一侧即可。

按住Shift键拖动其一角，将按比例对框进行缩放操作。

按住Ctrl+Alt快捷键再拖动其一角，将让框的一端逐渐减少。

按住Ctrl+Alt+Shift快捷键再拖动其一角，将在上下方向上移动框的一边。

按住Alt键再拖动角手柄使框变斜。

- ：用于打开或关闭吸附功能。
- ：用于打开或关闭使曲线自动适应【图表编辑器】面板。
- ：用于调整关键帧，使之适应【图表编辑器】面板的大小。
- ：用于调整全部的动画曲线，使之适应【图表编辑器】面板的大小。
- ：用于编辑所执行的关键帧。单击它弹出下拉菜单，如图2.2.57所示。

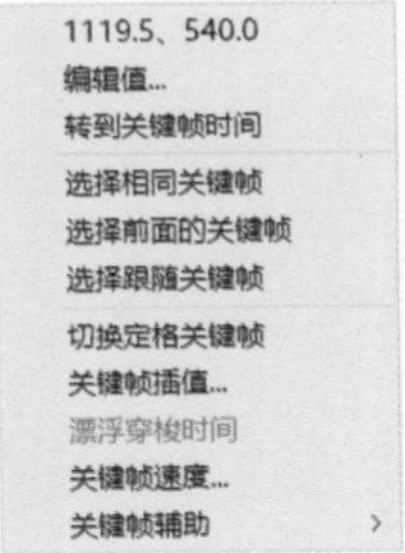

关键帧节点的编辑图标如下：

- ：该图标可以使关键帧保持现有的动画曲线。
- ：该图标可以使关键帧前后的控制手柄变成直线。
- ：该图标可以使关键帧的手柄转变为自动的贝塞尔曲线。
- ：该图标可以使所执行的关键帧前后的动画曲线快速变得平滑。
- ：该图标可以使所执行的关键帧前的动画曲线变得平滑。
- ：该图标可以使所执行的关键帧后的动画曲线变得平滑。

图2.2.57

2.3　蒙版

2.3.1　蒙版的创建

当一个素材被合成到一个项目里时，需要将一些不必要的背景去除掉，但并不是所有素材的背景都是非常容易被分离出来的，这时必须使用蒙版将背景遮罩。蒙版被创建时也会作为图层的一个属性显现在属性列表里。我们只需要在【时间轴】面板中选中需要建立【蒙版】的层，使用工具栏中的【矩形工具】【椭圆工具】等工具，直接在画面上绘制就可以了。也可以使用【钢笔工具】随意创建蒙版，使用Photoshop或Illustrator等软件，把建好的路径文件导入项目，也可以作为蒙版使用，如图2.3.1和图2.3.2所示。

图2.3.1

图2.3.2

蒙版是一个用路径绘制的区域，用以控制透明区域和不透明区域的范围。在After Effects中，用户可以通过遮罩绘制图形，控制效果范围等各种富于变化的效果。当一个蒙版被创建后，位于蒙版范围内的区域是可以被显示的，区域范围外的图像将不可见。当要移动蒙版时，可以使用【工具栏】中第一个工具【选取工具】 来移动或者选取蒙版，这些操作同样对形状图层起作用，如图2.3.3所示。

图2.3.3

技巧与提示
需要注意的是，如果在【时间轴】面板中没有选中某个图层，直接绘制路径，创建出的会是独立的形状图层，所以蒙版一定是依附在某一个图层上的。

2.3.2 蒙版的属性

每当一个蒙版被创建后，所在层的属性中就会多出一个蒙版属性，通过对这些属性的操作，可以精确地控制蒙版。下面就介绍一下这些属性，如图2.3.4所示。

● 蒙版路径：控制蒙版的外型。可以通过对【蒙版】的每个控制点设置关键帧，对层中的物体做动态的遮罩。单击右侧的 形状... 图标，弹出【蒙版形状】面板，可以精确调整蒙版的外型，如图2.3.5所示。

图2.3.4

图2.3.5

- 蒙版羽化：控制蒙版范围的羽化效果。通过修改值可以改变蒙版控制范围内外间的过渡范围。两个数值分别控制不同方向上的羽化，单击右侧的 ⚭ 图标，可以取消两组数据的关联。如果单独羽化某一侧边界可以产生独特的效果，如图2.3.6所示。
- 蒙版不透明度：控制蒙版范围的不透明度。
- 蒙版扩展：控制蒙版的扩张范围。在不移动蒙版本身的情况下，扩张蒙版的范围，有时也可以用来修改转角的圆化，如图2.3.7所示。

图2.3.6   图2.3.7

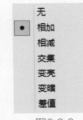

图2.3.8

　　默认建立的蒙版的颜色是淡蓝色的，如果层的画面颜色和蒙版的颜色一致，可以单击该遮罩名称左边的彩色方块图标修改不同的颜色。蒙版名称右侧的 相加 ▾ 遮罩混合模式图标，单击会弹出下拉菜单，可以执行不同的蒙版混合模式。当绘制多个蒙版时，并且相互交叠混合模式就会起作用，如图2.3.8所示。

- 无：蒙版没有添加混合模式，如图2.3.9所示。
- 相加：蒙版叠加在一起时，添加控制范围。对于一些能直接绘制出的特殊曲面遮罩范围，可以通过多个常规图形的遮罩效果相加计算后获得。其他混合模式也可以使用相同的思路来处理，如图2.3.10所示。
- 相减：蒙版叠加在一起时，减少控制范围，如图2.3.11所示。

图2.3.9   图2.3.10   图2.3.11

- 交集：蒙版叠加在一起时，相交区域为控制范围，如图2.3.12所示。
- 变亮&变暗：蒙版叠加在一起时，相交区域加亮或减暗控制范围。（该功能必须作用在不透明度小于100%的蒙版上，才能显示出效果）如图2.3.13所示。
- 差值：蒙版叠加在一起时，相交区域以外的控制范围，如图2.3.14所示。

混合模式图标右侧的【反转】选项如果被执行，蒙版的控制范围将被反转，如图2.3.15所示。

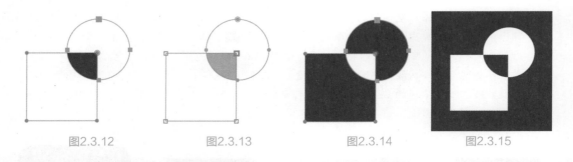

图2.3.12　　　　　　　图2.3.13　　　　　　　图2.3.14　　　　　　　图2.3.15

技巧与提示

在蒙版绘制完成后，用户还可以继续修改蒙版，使用【选取工具】在蒙版边缘双击鼠标左键，蒙版的外框将会被激活，用户就可以再次调整蒙版。如果用户想绘制正方形或正圆形蒙版，可以按住Shift键的同时拖动鼠标。在【时间轴】面板中选中蒙版层，双击工具箱里的【矩形工具】或【椭圆工具】，可以使被选中遮罩的形状调整到适应合成影片的有效尺寸大小。

2.3.3　蒙版插值

　　【蒙版插值】面板可以为遮罩形状的变化创建平滑的动画，从而使遮罩的形状变化更加自然。执行【窗口】>【蒙版插值】命令，可以将该面板打开，如图2.3.16所示。

图2.3.16

- 关键帧速率：设置每秒添加多少个关键帧。
- "关键帧"字段：设置在每个场中是否添加关键帧。
- 使用"线性"顶点路径：设置是否使用线性顶点路径。
- 抗弯强度：设置最易受到影响的蒙版的弯曲值的变量。
- 品质：设置两个关键帧之间蒙版外形变化的品质。
- 添加蒙版路径顶点：设置蒙版外形变化的顶点的单位和设置模式。
- 配合法：设置两个关键帧之间蒙版外形变化的匹配方式。
- 使用1：1顶点匹配：设置两个关键帧之间蒙版外形变化的所有顶点一致。
- 第一顶点匹配：设置两个关键帧之间蒙版外形变化的起始顶点一致。

2.3.4　形状图层

　　使用路径工具绘制图形时，当选中某个图层时，绘制出来的是【蒙版】，当不选中任何图层时，绘制出的图形将成为形状图层。形状图层的属性和蒙版不同，其属性类似于Photoshop的形状属性，如图2.3.17所示。

　　用户可以在After Effects中绘制形状，亦可以使用AI等矢量软件进行绘制，然后将路径导入After Effects再转换为形状，首先将AI文件导入项目，将其拖动到【时间轴】面板，在该图层上右击，在弹出的快捷菜单中选择【从矢量图层创建形状】选项，即将AI文件转换为形状。可以看到矢量图层变成了可编辑模式，如图2.3.18所示。

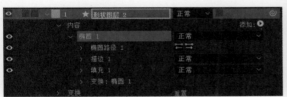

图2.3.17　　　　　　　　　　　　　　　　　　　　图2.3.18

在After Effects中，蒙版、形状、绘画描边、动画图表都是依赖于路径形成的，所以绘制时基本的操作是一致的。【路径】包括【段】和【顶点】。【段】是连接顶点的直线或曲线。【顶点】定义路径的各段开始和结束的位置。一些Adobe公司的应用程序使用术语【锚点】和【路径点】来引用顶点。通过拖动路径顶点、每个顶点的方向线（或切线）末端的方向手柄，或路径段自身，更改路径的形状。

要创建一个新的形状图层，在【合成】面板中进行绘制之前，请按F2键，取消选择所有图层。我们可以使用下面任何一种方法创建形状和形状图层。

● 使用【形状工具】或【钢笔工具】绘制一个路径。通过使用【形状工具】进行拖动创建形状或蒙版，使用【钢笔工具】创建贝塞尔曲线形状或蒙版。

● 执行【图层】>【从文本创建形状】命令，将文本图层转换为形状图层上的形状。

● 将蒙版路径转换为形状路径。

● 将运动路径转换为形状路径。

我们也可以首先建立一个形状图层，通过执行【图层】>【新建】>【形状图层】命令创建一个新的空形状图层。当选中图2.3.19所示路径类型工具时，在工具栏的右侧会出现相关的工具调整选项。在这里可以设置【填充】和【描边】等参数，这些操作在形状图层的属性中也可以修改，如图2.3.20所示。

图2.3.19　　　　　　　　　　　　　　　　　　　图2.3.20

被转换的形状也会将原有的编组信息保留下来，每一个组里的【路径】【填充】属性都可以单独进行编辑，并设置关键帧。

由于After Effects并不是专业绘制矢量图形的软件，我们并不建议在After Effects中绘制复杂的形状，还是建议读者在Adobe Illustrator这类矢量软件中进行绘制，再导入After Effects中进行编辑。但是在导入路径时也会出现许多问题，并不是所有的Illustrator文件功能都被保留。示例包括：不透明度、图像和渐变。包含数千个路径的文件可能导入非常缓慢，且不提供反馈。

技巧与提示　该菜单命令一次只对一个选定的图层起作用。如果我们将某个Illustrator文件导入为合成（即多个图层），则无法一次转换所有这些图层。不过，也可以将文件导入为素材，然后执行该命令，将单个素材图层转换为形状。所以在导入复杂图形时建议分层导入。

2.3.5　绘制路径

在After Effects中绘制形状离不开【钢笔工具】，其使用方法与Adobe其他软件的路径工具没有太大的区别。

【钢笔工具】图标 ✐ 主要用于绘制不规则蒙版、形状或开放的路径。

- ✐ 添加 "顶点" 工具：添加节点工具。
- ✐ 删除 "顶点" 工具：删除节点工具。
- ▶ 转换 "顶点" 工具：转换节点工具。
- ✐ 蒙版羽化工具：羽化蒙版边缘的遮罩的硬度。

这些工具在实际的制作中，使用的频率非常高，除了用于绘制蒙版、形状以外，该工具还可以用来在【时间轴】面板中调节属性值曲线。

使用【钢笔工具】绘制贝塞尔曲线，通过拖动方向线来创建弯曲的路径段。方向线的长度和方向决定了曲线的形状。在按住Shift键的同时拖动，可将方向线的角度限制为 45° 的整数倍。在按住Alt键的同时拖动，可以仅修改引出方向线。将【钢笔工具】放置在希望开始曲线的位置，然后按下鼠标按键，如图2.3.21所示。

将出现一个顶点，并且【钢笔工具】指针将变为一个箭头，如图2.3.22所示。拖动以修改顶点的两条方向线的长度和方向，然后释放鼠标按键，如图2.3.23所示。

图2.3.21

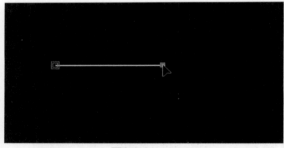

图2.3.22

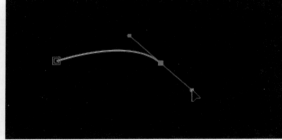

图2.3.23

贝塞尔曲线的绘制并不容易掌握，建议读者反复练习，在大多数图形设计软件中，曲线的绘制都是基于这一模式，所以必须熟练掌握，直到能自由地绘制出自己需要的曲线为止。

2.3.6　遮罩实例

下面我们通过一个简单的实例来熟悉遮罩功能的应用。

01　执行【合成】>【新建合成】命令，创建一个新的合成影片，【预设】设置为【HDV 1080 25】，其他设置为默认，时间长度为0：00：05：00，命名为【遮罩】，设置如图2.3.24所示。

02　执行【文件】>【导入】>【文件】命令，导入【背景】和【光线】图片，在【项目】面板中选中图片，拖动鼠标，把文件拖入【时间轴】面板。

03　在【项目】面板中选中【背景】和【光线】图片，拖动鼠标，把文件拖入【时间轴】面板。调整【光线】图层的混合模式为【相加】模式。如果你的【时间轴】面板没有【模式】一栏，可按下F4

键切换出来。通过图层混合模式把光线图片中的黑色部分隐藏。在网上搜索到的一些不带有透明通道的光线效果，都可以通过这种方式在画面中显现出来，如图2.3.25和图2.3.26所示。

图2.3.24

图2.3.25

图2.3.26

04 选中【光线】所在的图层，在【合成】面板中调整光线至合适的位置，选择 ▦▦【钢笔工具】绘制一个封闭的蒙版，如图2.3.27所示。

05 在【时间轴】面板中展开光线所在的图层的属性，选中【蒙版1】，修改【蒙版羽化】值为（222.0，222.0）像素，如图2.3.28所示。

图2.3.27

图2.3.28

06 我们观察到【蒙版】遮挡的光线部分有了平滑的过渡，如图2.3.29所示。

07 在【合成】面板中移动蒙版到光线的最右边，可以使用工具栏中的【缩放工具】缩小画面操作区域，如图2.3.30所示。

图2.3.29

图2.3.30

08 在【时间轴】面板中，把【时间指示器】调整到起始位置，单击【蒙版路径】属性左边的 ◎钟表图标，为蒙版的外形设置关键帧，如图2.3.31所示。

09 【蒙版形状】属性的关键帧动画主要通过修改蒙版控制点在画面中的位置而设定。把【时间指示器】调整到0：00：00：05的位置，使用工具栏中的 ▶ 【选取工具】，选中蒙版左边的控制点，向左侧移动，可以看到，路径动画如图2.3.32所示。

图2.3.31

图2.3.32

10 把【时间指示器】调整到0：00：00：10的位置，选中【蒙版】的控制点继续向左侧移动，如图2.3.33所示。

11 把【时间指示器】调整到0：00：00：15的位置，选中【蒙版】的控制点继续向左侧移动。光线将完全被显示出来，然后按下空格键，播放动画观察效果，可以看到光线从无到有划入画面，如图2.3.34所示。

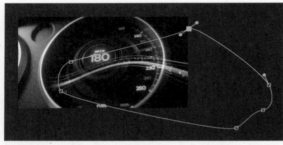

图2.3.33

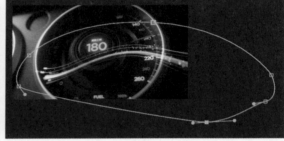

图2.3.34

12 为了让图片产生光线飞速划过的效果，在光线被划入的同时，又要出现划出的效果。把【时间指示器】调整到0：00：00：10的位置，选中蒙版右侧的控制点向左侧移动，如图2.3.35所示。

13 把【时间指示器】调整到0：00：00：15的位置，选中蒙版右侧的控制点继续向左侧移动，如图2.3.36所示。

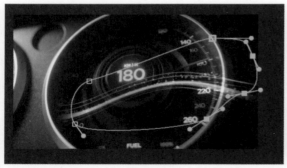

图2.3.35

图2.3.36

14 把【时间指示器】调整到0：00：00：20的位置，选中蒙版左侧的控制点继续向右侧移动，直到完全遮住光线，如图2.3.37所示。

15 按下空格键，播放动画观察效果，可以看到光线划过画面。我们使用一张静帧图片，利用【蒙版工具】，制作出光线划过的动画效果。如果想加快光线的节奏，直接调整关键帧的位置即可。

图2.3.37

2.3.7 预合成

【预合成】命令主要用于建立合成中的嵌套层。当我们制作的项目越来越复杂时，用户可以利用该命令执行合成影像中的层，再建立一个嵌套合成影像层，这样可以方便用户管理。在实际的制作过程中，每一个嵌套合成影像层用于管理一个镜头或效果，创建的嵌套合成影像层的属性可以重新编辑，如图2.3.38所示。

● 保留 'XXX' 中的所有属性：创建一个包含选取层的新的嵌套合成影像，在新的合成影像中替换原始素材层，并且保持原始层在原合成影像中的属性和关键帧不变。

● 将所有属性移动到新合成：将当前执行的所有素材层都一起放在新的合成影像中，原始素材层的所有属性都转移到新的合成影像中，新合成影像的帧尺寸与原合成影像的一样。

● 打开新合成：创建后打开新的合成面板。

通过下面这个实例应用，我们会了解预合成命令的基本使用方法。在实际应用中，我们会经常使用预合成来重新组织合成的结构模式。

01 执行【合成】>【新建合成】命令，弹出【合成设置】面板，创建一个新的合成面板，命名为"预合成"，如图2.3.39所示。

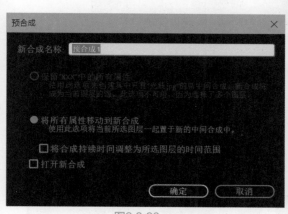

图2.3.38

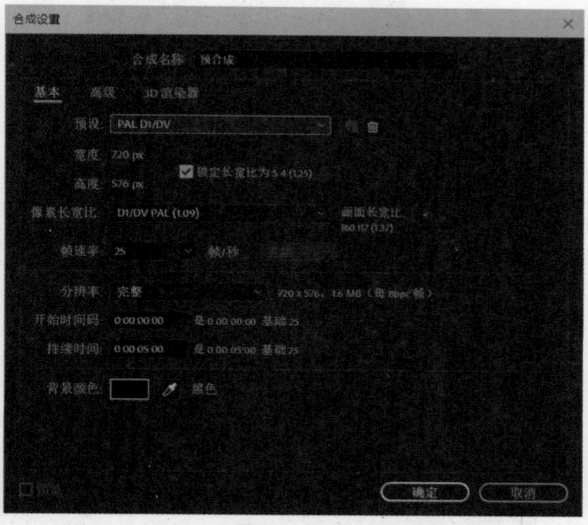

图2.3.39

02 执行【文件】>【导入】>【文件】命令，在【项目】面板选中导入的素材文件，将其拖入【时间轴】面板，图像将被添加到合成影片中，在合成窗口中将显示出图像。选择工具箱中的**T**【文字工具】，系统会自动弹出【字符】工具属性面板，将文字的颜色设为白色，其他参数设置如图2.3.40所示。

03 选择【文字工具】，在合成面板中单击，并输入文字"YEAR"，在【字符】工具属性面板中将文字字体调整为"黑体"，并调整文字的大小到合适的位置，背景图片可以选择任意一张图片，如图2.3.41所示。

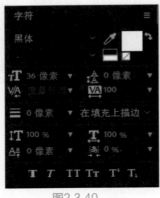

图2.3.40   图2.3.41

04 再次执行【文字工具】，在合成面板中单击，并输入文字"02/03/04/05/06/07/08/09"（使其成为一个独立的文字层），在【段落】工具属性面板中，将文字字体调整为"Impact"，并调整文字的大小到合适的位置，如图2.3.42和图2.3.43所示。

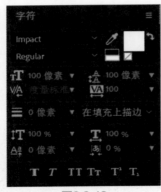

图2.3.42   图2.3.43

05 在【时间轴】面板中展开数字文字层的【变换】属性，选中【位置】属性，单击属性左边的小钟表图标，为该属性设置关键帧动画。动画为文字层从02向上移动至09，如图2.3.44所示。

06 对动画进行预览，可以看到文字不断向上移动，如图2.3.45所示。

图2.3.44   图2.3.45

07 在【时间轴】面板选中数字文字层，按下快捷键Ctrl＋Shift＋C，弹出【预合成】面板，单击【确定】按钮，这样可以将文字层作为一个独立的合成出现，如图2.3.46所示。

08 在【时间轴】面板中选中合成后的数字文字层，使用工具箱中的■【矩形工具】，在【合成】面板中绘制一个矩形蒙版，如图2.3.47所示。

09 对动画进行预览，可以看到文字出现了滚动动画效果，蒙版以外的文字将不会被显示出来，如图2.3.48所示。

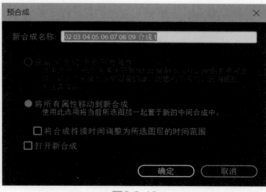

图2.3.46

图2.3.47

图2.3.48

这个动画的制作体现了【预合成】的作用，读者可以试一下，如果我们不对数字文字层建立【预合成】，蒙版则会随着位置的移动而移动，也就是说【预合成】可以把整个图层制作成为一个独立的新图层，具有独立的动画属性。这样就会方便我们做二次动画。

2.4　文字动画

文字动画一直是After Effects的特色所在，不同于字幕系统，After Effects的文字动画具有更为优秀的动画能力，可以制作出更为复杂的动画内容。在这个小节我们将全面地讲解After Effects的文字动画系统，在后面的章节，我们也会结合插件制作出更为优秀的文字动画特效，如图2.4.1所示。

图2.4.1

2.4.1　创建文字层

文字动画的制作有很多都是在后期软件中完成的，后期软件并不能使字体有很强的立体感，而优势在于字体的运动所产生的效果。After Effects的文本工具可以制作出用户想象得出的各种效果，使用户的创意得到最好的展现。使用【文字工具】可以直接在【合成】面板中创建文字，其分为横排和直排两种，当创建完文字后，可以单击工具栏右侧的■【切换字符和段落面板】图标，调整文字的大小、颜色、字体等基本参数。

文本层的属性中除了【变换】属性，还有【文本】属性，这是文本特有的属性。【文本】属性中的【源文本】属性可以制作文本相关属性的动画，如颜色、字体等。可以利用【字符】和【段落】面板中的工具，改变文本的属性制作动画。我们就以改变颜色为例，制作一段【源文本】属性的文本动画。

当使用文本工具在【合成】面板中建立一个文本时，系统会自动生成一个文本层，当然用户也可以执行【图层】>【新建】>【文本】命令来创建一个文本层。当执行【文字工具】时，单击工具箱右侧的█图标，会弹出【字符】和【段落】面板，用户可以通过这两个面板设置文本的字体、大小、颜色和排列等，如图2.4.2所示。

图2.4.2

文本工具主要用于在合成影片中建立文本，共有两种文本建立的方式：█【横排文字工具】和█【直排文字工具】。

当我们建立好一段文本时，展开【时间轴】面板中文本层的【文本】属性，单击【源文本】属性前的码表图标█，设置一个关键帧，如图2.4.3所示。

移动【时间指示器】到01s的位置，在【字符】面板中单击填充颜色图标，弹出【文本颜色】面板，选取改变字体的颜色，如图2.4.4所示。

图2.4.3

图2.4.4

在【源文本】属性上建立了一个新的关键帧，如法炮制，在2s处再建立一个改变颜色的关键帧，可以看到这种插值关键帧是方形的，如图2.4.5所示。

图2.4.5

 【源文本】属性的关键帧动画是以插值的方式显示，也就是说关键帧之间是没有变化的，在没有播放到下一个关键帧时，文本将保持前一个关键帧的特征，所以动画就像在播放幻灯片。

2.4.2 路径选项属性

【文本】属性下方有一个【路径选项】选项，展开下拉菜单，在文本层中建立蒙版时，就可以在蒙版的路径上创建动画效果。蒙版路径在应用于文本动画时，可以是封闭的图形，也可以是开放的路径。下面我们通过一个实例来体验一下【路径选项】属性的动画效果。新建一个文本层，输入文字，选中文本层，使用 ◐ 【椭圆工具】创建一个蒙版，如图2.4.6所示。

图2.4.6

在【时间轴】面板中，展开文本层下的【文本】属性，单击文本旁的小三角图标，展开【路径选项】下的选项，在【路径】下拉菜单中选中【蒙版1】，文本将会沿路径排列，如图2.4.7和图2.4.8所示。

图2.4.7

图2.4.8

【路径选项】属性下的控制选项，都可以制作动画，但要保证蒙版的模式为【无】。

● 反转路径：用于控制文字在路径内还是路径外，如图2.4.9所示为路径外。
● 垂直于路径：用于控制字体是否与路径相切，如图2.4.10所示。

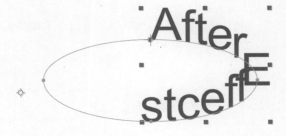
图2.4.9

图2.4.10

● 强制对齐：控制路径中的排列方式。在【首字边距】和【末字边距】之间排列文本时，选项打开，分散排列在路径上，选项关闭时，字母将按从起始位置顺序排列，如图2.4.11所示。
● 首字和末字边距：分别指定首尾字母所在的位置，与路径文本的对齐方式有直接关系。可以在【合成】面板中对文本进行调整，可以用鼠标调整字母的起始位置，也

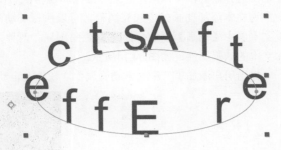
图2.4.11

可以通过改变【首字和末字边距】选项的数值来实现。单击【首字边距】选项前的码表图标，设置第一个关键帧，然后移动【时间指示器】到合适的位置，再改变【首字边距】的数值为100，一个简单的文本路径动画就做成了。

在【路径选项】下面还有一些相关选项，【更多选项】中的设置可以调节出更加丰富的效果，如图2.4.12所示。

- 描点分组：提供了4种不同的文本锚点的分组方式，单击右侧的下拉菜单可以看到这4种方式：【字符】、【词】、【行】、【全部】，如图2.4.13所示。

图2.4.12   图2.4.13

> 字符：把每一个字符作为一个整体，分配在路径上的位置。
> 词：把每一个单词作为一个个体，分配在路径上的位置。
> 行：把文本作为一个整体，分配在路径上的位置。
> 全部：把文本中的所有文字，分配在路径上的位置。

- 分组对齐：控制文本的围绕路径排列的随机度。
- 填充和描边：文本填充与描边的模式。
- 字符间混合：字符间的混合模式。

技巧与提示　通过修改【路径】下属性，再配合【描点分组】不同属性我们能创造出丰富的文字动画效果。

2.4.3　范围选择器

文本层可以通过文本动画工具创作出复杂的动画效果，当文本动画效果被添加时，软件会建立一个【范围选择器】，可以利用起点、终点和偏移值的设置，制作出各种文字运动形式。

为文本添加动画的方式有两种，可以执行【动画】>【动画文本】命令，也可以单击【时间轴】面板文本层中【动画】属性旁的 动画: ▶ 三角图标。两种方式都可以展开文本动画菜单，菜单中有各种可以添加文本的动画属性，如图2.4.14所示。

每当用户添加了一个文本动画属性，软件会自动建立一个【范围选择器】，如图2.4.15所示。

图2.4.14   图2.4.15

用户可以反复添加【范围选择器】，多个控制器得出的复合效果非常丰富。下面介绍一下【范围】控制器的相关参数。

- 起始：设置控制器的有效范围的起始位置。
- 结束：设置控制器的有效范围的结束位置。
- 偏移：控制【起始和结束】范围的偏移值（即文本起始点与控制器间的距离，如果【偏移】值为0时，【起始和结束】属性将没有任何作用）。【偏移】值的设置在文本动画制作过程中非常重要，该属性可以创建一个可以随时间变化的选择区域（如当【偏移】值为0%时，【起始和结束】的位置可以保持在用户设置的位置，当值为100%时，【起始和结束】的位置将移动到文本末端的位置）。
- 高级
  - 单位和依据：指定有效范围的动画单位（即指定有效范围内的动画以什么模式为一个单元方式运动，如【字符】以一个字母为单位，【单词】以一个单词为单位）。
  - 模式：制定有效范围与原文本的交互模式（共6种融合模式）。
  - 数量：控制【动画制作工具】属性影响文本的程度。
  - 形状：控制有效范围内字母的排列模式。
  - 平滑度：控制文本动画过渡时的平滑程度（只有在执行【正方形】模式时才会显示）。
  - 缓和高&低：控制文本动画过渡时的速率。
  - 随机排序：是否应用有效范围的随机性。
  - 随机植入：控制有效范围的随机度（只有在打开【随机排序】时才会显示）。

除了可以添加【范围选择器】，还可以对文本添加【范围】【摆动】和【表达式】控制器，【摆动】控制器可以做出很多种复杂的文本动画效果，电影《黑客帝国》中经典的坠落数字的文本效果就是使用After Effects创建的，下面我们学习在【动画制作工具】右侧单击【添加】 图标，执行【选择器】>【摆动】命令，就可以添加【摆动】控制器。

【摆动】控制器主要用来随机地控制文本，用户可以反复添加。

- 模式：控制与上方选择器的融合模式（共6种融合模式）。
- 最大&小量：控制器随机范围的最大值与最小值。
- 依据：基于4种不同的文本字符排列形式。
- 摇摆/秒：控制器每秒变化的次数。
- 关联：控制文本字符（【依据】属性所选的字符形式）间相互关联变化随机性的比率。
- 时间&空间相位：控制文本在动画时间范围内控制器的随机值的变化。
- 锁定维度：锁定随机值的相对范围。
- 随机植入：控制随机比率。

2.4.4 范围选择器动画

01 执行【合成】>【新建合成】命令，创建一个新的合成影片，具体设置如图2.4.16所示。

02 选择T【文本工具】，新建一个文本层，输入文字After Effects。

03 为文本层添加动画效果，选中文本层，再执行【动画】>【动画文本】>【不透明度】命令，也可以单击【时间轴】面板中【文本】属性右侧【动画】旁的 三角图标，在弹出菜单中执行【不透明度】命令，为文本添加【范围】动画控制器和【不透明度】属性，如图2.4.17所示。

图2.4.16   图2.4.17

04 在【时间轴】面板中，把【时间指示器】调整到起始位置，单击【范围选择器1】属性下【偏移】前的 钟表图标，设置关键帧【偏移】值为0%，如图2.4.18所示。

05 调整【时间指示器】到结束位置，调节【偏移】值为100%，设定关键帧，如图2.4.19所示。

图2.4.18   图2.4.19

06 这时我们观察文字可以看到没有任何变化。把【不透明度】值调整为0%，注意不需要设置关键帧，直接调整参数就可以，如图2.4.20所示。

07 播放影片就可以看到文本的效果，如图2.4.21～图2.4.23所示。

图2.4.20   图2.4.21

图2.4.22   图2.4.23

第一次接触【偏移】动画的读者会非常苦恼，不容易理解【偏移】属性所起的作用，好像我们并没有对文字设置任何动画，其实我们已经知道了透明度的参数，【偏移】属性主要用来控制动画效果范围的偏移值，影响范围才是关键（红色的控制线中间的部分就是影响范围），也就是说对【偏移】值设置关键帧就可以控制偏移值的运动，如果设置【偏移】值为负值，运动方向和正值则正好相反。在实际的制作中，可以通过调节【偏移】值的动画曲线来控制运动的节奏。

2.4.5 起始与结束属性动画

01 重新建立一段文字。在【范围选择器】属性
下除了【偏移】属性还有【起始】和【结束】两个属性，该属性用于定义【偏移】的影响范围，对于初学者这个概念理解上存在一定困难，但是经过反复训练可以熟练掌握。首先创建一段文字，如图2.4.24所示。

图2.4.24

02 选中文本图层，再执行【动画】>【动画文本】>【缩放】命令，也可以单击【时间轴】面板中【文本】属性右侧【动画】旁的 三角图标，在弹出菜单中执行【缩放】命令，为文本添加【范围】动画控制器和【缩放】属性。在【时间轴】面板中，调节【范围选择器】属性下【起始】的值为0%，【结束】的值为15%，这样就设定了动画的有效范围。在【合成】面板中可以观察到，字体上的控制手柄会随着数值的变化移动位置，也可以通过鼠标拖曳控制器，如图2.4.25和图2.4.26所示。

图2.4.25

图2.4.26

03 再设置【偏移】的值，把【时间指示器】调整到01s的位置，单击【偏移】前的 钟表图标，设置关键帧【偏移】值为-15%，再把【时间指示器】调整到01s的位置，设置关键帧【偏移】值为100%，用鼠标拖动【时间指示器】，可以看到控制器的有效范围被制作成了动画，如图2.4.27所示。

04 调节文本图层的【缩放】值为250%，就可以看到只有在控制器的有效范围内，文本在做缩放动画，如图2.4.28所示。

图2.4.27

图2.4.28

05 再为文本添加一些效果，单击文本图层【动画】1属性右侧的 图标，展开菜单，执行【属性】>【填充颜色】>RGB命令，为文本添加【填充颜色】效果。这时在文本图层中多了一项【填充颜色】属性，修改【填充颜色】的RGB值为紫色，然后按下小键盘上的数字键"0"，播放动画观察效果，可以看到文本在放大的同时在改变颜色，如图2.4.29所示。

图2.4.29

这个事例使用了【起始&结束】属性，用户也可以根据影片画面的需求为这两个属性设置关键帧，其他的属性添加方式是一样的，不同的属性组合在一起，产生的效果是不一样的，可以多尝试一下创作出新的文本效果。

2.4.6 文本动画预设

在After Effects中预设了很多文本动画效果，如果用户对文本没有特别的动画制作需求，只是需要将文本以动画的形式展现出来，使用动画预设是一个很不错的选择。下面我们来学习一下如何添加动画预设。

首先在【合成】面板中创建一段文本，在【时间轴】面板中选中文本图层，执行【窗口】>【效果与预设】命令，可以看到面板中有【动画预设】一项，如图2.4.30所示。

展开【动画预设】（注意不是下面的【文本】效果），【动画预设】>Text下的预设都是定义文本动画的。其中Animate in和Animate Out就是我们在平时经常制作的文字呈现和隐去的动画预设，如图2.4.31所示。

图2.4.30

图2.4.31

展开其中的预设命令，当选中需要添加的文本，双击需要添加的预设，再观察【合成】面板播放动画，可以看到文字动画已经设定成功。展开【时间轴】面板上的文本属性，可以看到范围选择器已经被添加到文本上，预设的动画也可以通过调整关键帧的位置来调整动画时间。

如果用户想预览动画预置的效果也十分简单，在【效果和预设】面板单击右上角的■图标，在下拉菜单中执行【浏览预设】命令，用户就可以在Adobe Bridge中预览动画效果（一般默认安装Bridge都是自动进行的），如图2.4.32所示。

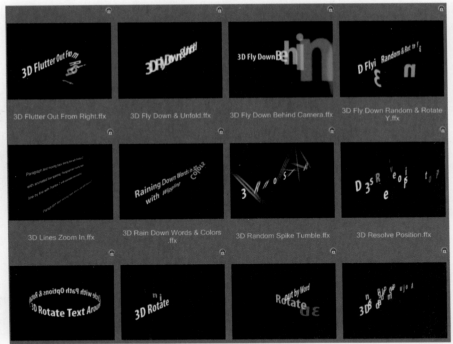

图2.4.32

2.5　操控点工具

【操控点工具】用于在静态图片上添加关节点，然后通过操纵关节点来改变图像形状，如同操纵木偶一般。在新的版本里【操控点工具】添加了新功能和更平滑的变形，提供了新的控点行为以及更平滑、定制程度更高的变形（从丝带状到弯曲）。对任何形状或人偶应用控点，【操控点工具】都将基于控点的位置动态重绘网格。可以在区域中添加多个控点，并保留图像细节。【操控点工具】还可以控制控点的旋转，以实现不同样式的变形，从而更加灵活地弯曲动画。该工具可以做出很好的联动动画，用户可以使用该工具做出飘动的旗子或者人物的手臂动作。【操控点工具】由如下3个工具组成。

　　　【操控点工具】：用来放置和移动变形点的位置。

　　　【操控扑粉工具】：用来放置延迟点。在延迟点放置范围影响的图像部分将减少被【操控点工具】的影响。

　　　【操控叠加工具】：用来放置交迭点的位置。交叠点周围的图片会出现一个白色区域，图片产生扭曲时该区域的图片将显示在最上面。

当放置第一个控点时，轮廓中的区域自动分隔成三角形网格。如果无法看到网格，选中【操控点工具】时，在【工具栏】右侧执行【显示】命令左侧的勾选，就可以看到网格了，左侧的【扩展】参数用于控制网格影响范围，【密度】用于控制网格密度，细密的网格可以制作更为精细的动画，但是也会加重运算负担。网格的各个部分还与图像的像素关联，因此像素随网格移动，如图2.5.1所示。

当用户继续为小人的手臂添加【操控点】时，网格的密度会自动加强，如图2.5.2所示。

图2.5.1

在【时间轴】面板展开图层属性，可以看到在【效果】属性中多了【操控】属性，也可以找到每一个添加的操控点，使用【选取工具】移动操控点，可以看到其他区域的图形也会跟着运动，如图2.5.3和图2.5.4所示。

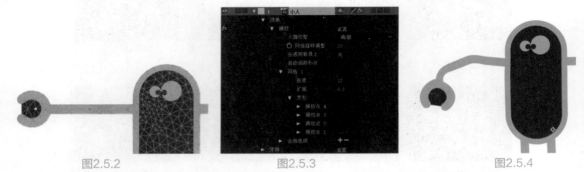

图2.5.2　　　　　　　　　图2.5.3　　　　　　　　　图2.5.4

会发现在移动手臂的【操控点】时，身体也会跟着联动，这是我们不想看到的。这时需要使用【操控扑粉工具】，用于固定我们不希望移动的地方。在【工具栏】中执行 ▨【操控扑粉工具】，在需要固定的位置放置点，如图2.5.5所示。

可以看到【操控扑粉工具】的点是以红色显示的，并且同时加密了网格，再次移动【操控点】时，可以看到身体部分不会跟随移动。展开每一个【操控点】的属性，可以使每个点在【位置】和【扑粉】属性之间转换。

这时移动小人的手臂与身体重合，手的位置在身体的后面，可以使用【操控叠加工具】调整同一图层素材重叠时的前后顺序问题，如图2.5.6所示。

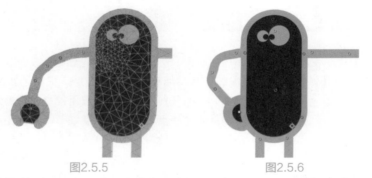

图2.5.5　　　　　　　　　图2.5.6

选中 ▨【操控叠加工具】，在手臂的部分添加【重叠】点，每次单击【操控叠加工具】时，就会有一个蓝色的点出现，网格会被覆盖上半透明的白色遮罩，必须将遮罩部分覆盖需要【重叠】的部分图像，如果有遗漏的网格会被放置在画面后面，就会显示出破碎的面。这些点在【时间轴】面板中图层的属性下也可以找到，如图2.5.7和图2.5.8所示。

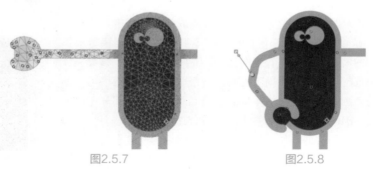

图2.5.7　　　　　　　　　图2.5.8

在实际的动画制作过程中，一般将所有素材分层导入，例如手臂和手，腿和脚，躯干也会分成几个部分，这样在制作动画时就不会相互影响，在不同层之间设置父子关系，可以使不同的部分联动创建出复杂的动画。

2.6　基本图形

【基本图形】面板为动态图形创建自定义控件，并通过Creative Cloud Libraries将它们共享为动态图形模板或本地文件。基本图形面板就像一个容器，可在其中添加、修改不同的控件，并将其打包为可共享的动态图形模板。可以从工作区栏中使用一个名为【基本图形】的新工作区，它可以与After Effects中的【基本图形】面板配合使用。执行【窗口】>【工作区】命令访问工作区。

在After Effects中创建的动态图形模板作为After Effects中的项目文件打开，从而保留合成和资源。编辑After Effects中的模板，将其替换为原始项目（.aep）或导出为新的动态图形模板，供用户在Premiere Pro中使用，如图2.6.1所示。

After Effects中有如下3种主要方式使用【基本图形】面板。

- 将参数从【时间轴】面板拖动到【基本图形】面板，用户经常更改的合成中创建元素的快捷键。
- 创建主控件的主属性，允许用户在合成嵌套在另一个合成中时修改该合成的效果和图层属性。
- 导出动态图形模板（.mogrt）：将用户的After Effects项目封装到可直接在Premiere Pro中编辑的动态图形模板中。保持设计所需的所有源图像、视频和预合成都打包在模板中。

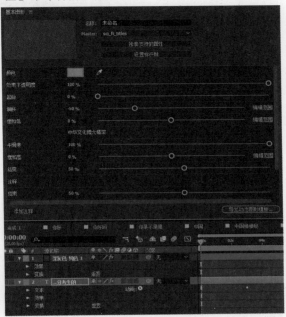

图2.6.1

下面我们通过一个实例来说明【基本图形】在After Effects和Premiere Pro中的使用。

首先制作一个带有动态文本的字幕条，可以添加字体、特效、颜色等信息，读者也可以直接打开制作好的【基本图形案例】项目，如图2.6.2所示。

这里简单地制作了一个类似于电视台字幕条的字体效果，有播出时间等信息。在实际的工作中会经常使用到，当我们制作好项目，播出时间和内容临时调整，也许是客户对色彩不满意需要进行调整，但是已经在Premiere Pro输出了，再次打开After Effects进行编辑会异常麻烦。这时就可以使

图2.6.2

用【基本图形】模板了，执行【窗口】>【基本图形】命令，打开【基本图形】面板。在【主合成】选区中选择需要调整的【合成】，这里选中【基本图形案例】，如图2.6.3所示。

在【时间轴】面板展开【PM 09：00-10：00】的属性，找到【源文本】属性，该属性主要控制

文本的内容。选中该属性，拖动鼠标到【基本图形】面板，可以看到该属性被添加到【基本图形】的属性中。也可以在【时间轴】面板中执行一个属性，然后执行【动画】>【将属性添加到基本图形】命令，或者在【时间轴】面板中右击一个属性，然后从菜单中执行【将属性添加到基本图形】命令，如图2.6.4所示。

图2.6.3

将剧场文字的【源文本】属性拖动到【基本图形】面板，为了方便识别，可以更改属性名称，当导入到Premiere Pro时便于修改，如图2.6.5所示。

图2.6.4

图2.6.5

在【时间轴】面板展开形状图层属性，在【填充1】下面找到【颜色】属性，将其拖动到【基本图形】面板，如图2.6.6所示。

将属性名称更改为字幕条颜色，如图2.6.7所示，可以拖动的属性包括【变换】【蒙版】和【材质】等。

图2.6.6

图2.6.7

受支持的控件类型包括：复选框、颜色、数字滑块（单值数值属性），如【变换】>【不透明度】或滑块控件表达式控制效果、源文本、2D点属性、角度属性等。

如果添加不受支持的属性，系统会显示警告消息："After Effects 错误： 尚不支持将属性类型用于动态图形模板"，如图2.6.7所示。

用同样的方式将其他两个底色也拖动到【基本图形】面板，并重命名，如图2.6.8所示。

我们将该项目命名为AETV，也可以为该【基本图形】添加注释，实际工作时大部分是团队协作，对项目进行注释是十分必要的。在【基本图形】面板底部单击【添加注释】按钮，可以添加多个注释，并且为它们重命名和重新排序。还可以根据需要撤销和重新添加注释、将注释重新排序，以及移除注释的操作，如图2.6.9所示。

图2.6.8

图2.6.9

在【基本图形】面板单击右下角的【导出为动态图形模板】按钮，将项目导出。在弹出的控制面板中选择【本地模板文件夹】命令，在【兼容性】上还有两个选项如下所述。

● 如果此动态图形模板使用 Typekit 上不提供的字体，请提醒我：如果希望合成所用的任何字体，在 Typekit 上不可用时提醒，请启用此选项。

● 如果需要安装 After Effects 以自定义此动态图形模板，请提醒我：如果仅需导出与 After Effects 无关的功能（例如任何第三方增效工具），请启用此选项，如图2.6.10所示。

图2.6.10

启动Premiere Pro，执行【窗口】>【基本图形】命令，打开【基本图形】面板，可以看到Premiere Pro已经扫描到该模板，如图2.6.11所示。

图2.6.11

在【项目】面板右下角单击■新建图标，为项目建立一个序列，如图2.6.12所示。

图2.6.12

在【序列预设】中执行和【基本图形】项目对应的【序列】，如图2.6.13所示。

图2.6.13

在【基本图形】面板选中AETV项目，拖动鼠标至新建立的序列，如果项目与序列不匹配，系统会进行提示，如图2.6.14所示。

图2.6.14

拖动【时间指示器】观察动画，可以看到Premiere Pro可以直接读取After Effects的项目文件，如图2.6.15所示。

选中该序列，在【基本图形】面板也可以看到在After Effects中编辑的各种属性，如图2.6.16所示。

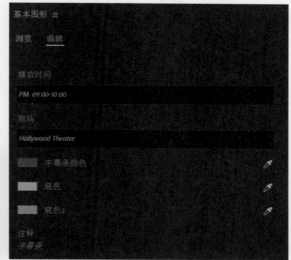

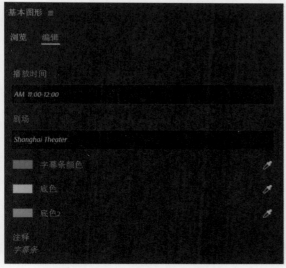

图2.6.15　　　　　　　　　　　　图2.6.16

修改播放时间的内容、剧场的文字内容，以及背景字幕条的颜色，在视窗中观察到对应的文字和颜色都会有所变化，但动画的内容保持不变，如图2.6.17和图2.6.18所示。

图2.6.17　　　　　　　　　　　　图2.6.18

3.1 After Effects 三维空间的基本概念

3.1.1 3D图层的概念

　　3D（三维）的概念是建立在2D（二维）的基础之上的，我们所看到的任何画面都是在2D空间中形成的，不论是静态还是动态的画面，到了边缘只有水平和垂直两种边界，但画面所呈现的效果可以是立体的，这是人们在视觉上形成的错觉。

　　在三维立体空间中，我们经常用X、Y、Z坐标来表示物体在空间中所呈现的状态，这一概念来自数学体系。X、Y坐标呈现出二维的空间，直观地说就是我们常说的长和宽。Z坐标是体现三维空间的关键，它代指深度，也就是我们所说的远和近。我们在三维空间中可以通过对X、Y、Z3个不同方向坐标值的调整，以确定一个物体在三维空间中所在的位置。现在市面上有很多优秀的三维软件，可以完成各种各样的三维效果。After Effects虽然是一款后期处理软件，但也有着很强的三维能力。在After Effects中可以显示2D图层，也可以显示3D图层，如图3.1.1所示。

图3.1.1

在After Effects中可以导入和读取三维软件的文件信息，并不能像在三维软件中一样，随意地控制和编辑这些物体，也不能建立新的三维物体。这些三维信息在实际的制作过程中主要用来匹配镜头和做一些相关的对比工作。在After Effects CC中加入了C4D文件的无缝连接，这大大加强了After Effects三维功能。C4D这款软件这几年一直致力于在动态图形设计方向的发展，这次和After Effects的结合进一步确立了在这方面的优势。

3.1.2 3D图层的基本操作

　　创建【3D图层】是一件很简单的事，与其说是创建，其实更像是在转换。执行【合成】>【新建合成】命令。按Ctrl+Y快捷键，新建一个【纯色】图层，设置颜色为紫色，这样方便观察坐标轴，然后缩小该图层到合适的大小，如图3.1.2所示。

单击【时间轴】面板中⬚【3D 图层】图标下对应的方框，方框内出现⬡立方体图标，这时该层就被转换成3D图层，也可以通过执行【图层】>【3D图层】命令进行转换。打开【纯色】图层的属性列表，用户会看到多出了许多属性，如图3.1.3所示。

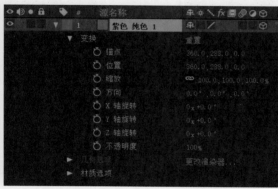

图3.1.2　　　　　　　　　　　　　　　　图3.1.3

使用【旋转工具】◌图标，在【合成】面板中旋转该图层，可以看到层的图像有了立体的效果，并出现了一个三维坐标控制器，红色箭头代表X轴（水平），绿色箭头代表Y轴（垂直），蓝色箭头代表Z轴（深度），如图3.1.4所示。

同时在【信息】面板中，也出现了3D图层的坐标信息，如图3.1.5所示。

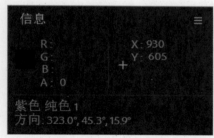

图3.1.4　　　　　　　　　　　　图3.1.5

如果在合成【合成】面板中没有看到坐标轴，可能是因为没有选择该层或软件没有显示控制器，执行【视图】>【视图选项】命令，弹出【视图选项】对话框，执行中【手柄】命令就可以了。

3.1.3　观察3D图层

我们知道在2D的图层模式下，图层会按照在【时间轴】面板中的顺序依次显示，也就是说位置越靠前，在【合成】面板中就会越靠前显示。而当图层打开3D模式时，这种情况就不存在了。图层的前后完全取决于它在3D空间中的位置，如图3.1.6和图3.1.7所示。

图3.1.6　　　　　　　　　　　　　图3.1.7

这时用户必须通过不同的角度来观察3D图层之间的关系。单击【合成】面板中的

活动摄像机 ▼图标，在弹出的菜单中选择不同的视图角度，也可执行【视图】>【切换3D视图】命令切换视图。默认选择的视图为【活动摄像机】，其他视图还包括摄像机视图，6种不同方位视图和3个自定义视图如图3.1.8所示。

用户也可以在【合成】面板中同时打开4个视图，从不同的角度观察素材，单击【合成】面板的 1个视图▼【选择视图布局】图标，在弹出菜单中选择【四个视图】，如图3.1.9所示。

图3.1.8

在【合成】面板中对图层实施移动或旋转等操作，按住Alt键不放，图层在移动时会以线框的方式显示，这样方便用户和操作前的画面做对比，如图3.1.10所示。

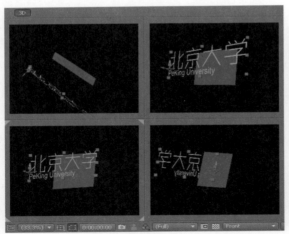

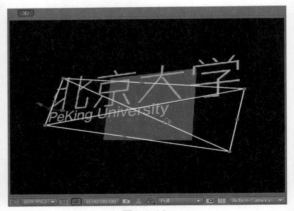

图3.1.9　　　　　　　　　　　　　图3.1.10

在实际的制作过程中会通过快捷键在几个窗口之间切换，通过不同的角度观察素材，操作也会方便许多（F10、F11、F12等快捷键）。按Esc键可以快速切换回上一次的视图。

3.2 灯光图层

灯光可以增加画面光感的细微变化，这是手工模拟所无法达到的。我们可以在After Effects中创建灯光，用来模拟现实世界中的真实。灯光在After Effects的3D效果中有着不可替代的作用，各种光线效果和阴影都有赖灯光的支持，灯光图层作为After Effects中的一种特殊图层，除了正常的属性值外还有一组灯光特有的属性，我们可以通过对这些属性的设置来控制画面效果。

用户可以执行【图层】>【新建】>【灯光】命令来创建一个灯光图层，同时会弹出【灯光设置】对话框，如图3.2.1所示。

3.2.1 灯光的类型

熟悉三维软件的用户对这几种灯光类型并不陌生，大多数三维软件都有这几种灯光类型，按照用户的不同需求，After Effects提供了4种光源，分为：平行、聚光、点和环境。

● 平行：光线从某个点发射照向目标位置，光线平行照射。类似于太阳光，光照范围是无限远的，它可以照亮场景中位于目标位置的每一个物体或画面，如图3.2.2所示。

● 聚光：光线从某个点发射，以圆锥形呈放射状照向目标位置。被照射物体会形成一个圆形的光照范围，可以通过调整【锥形角度】来控制照射范围的面积，如图3.2.3所示。

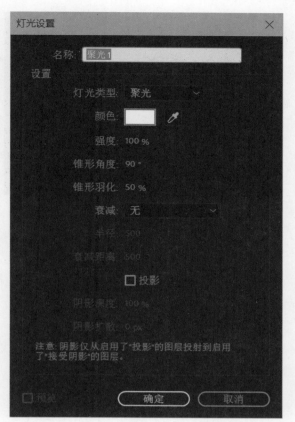

图3.2.1

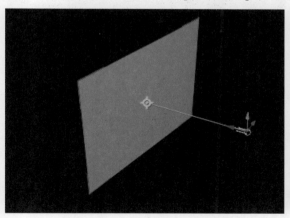

图3.2.2

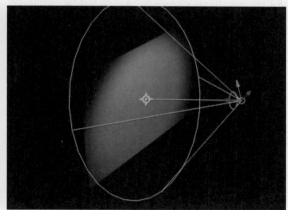

图3.2.3

● 点：光线从某个点发射向四周扩散。随着光源距离物体的远近，光照的强度会衰减。其效果类似于平时我们所见到的人工光源，如图3.2.4所示。

● 环境：光线没有发射源，可以照亮场景中的所有物体，但环境光源无法产生投影，可通过改变光源的颜色来统一整个画面的色调，如图3.2.5所示。

图3.2.4

图3.2.5

3.2.2 灯光的属性

在创建灯光时可以定义灯光的属性，也可以创建后在属性栏里修改。下面我们详细介绍一下灯光的各个属性，如图3.2.6所示。

- 强度：控制灯光强度。强度越高，灯光越亮，场景受到的照射就越强。当把【强度】的值设置为0时，场景就会变黑。如果将场景设置为负值，可以去除场景中某些颜色，也可以吸收其他灯光的强度，如图3.2.7和图3.2.8所示。

图3.2.6

图3.2.7

图3.2.8

- 颜色：控制灯光的颜色。
- 锥形角度：控制灯罩角度。只有【聚光】类型灯光有此属性，主要来调整灯光照射范围的大小，角度越大，光照范围越广，如图3.2.9和图3.2.10所示。
- 锥形羽化：控制灯罩范围的羽化值。只有【聚光】类型灯光有此属性，可以是聚光灯的照射范围产生一个柔和的边缘，如图3.2.11和图3.2.12所示。
- 衰减：这个概念来源于正式的灯光，任何光线都带有衰减的属性，在现实中当一束灯光照射出去，站在十米开外和百米开外，所看到的光的强度是不同的，这就是灯光的衰减。而在After Effects系统中，如果不进行灯光设置是不会衰减的，会一直持续地照射下去，【衰减】方式可以设置开启或关闭。

图3.2.9

图3.2.10

图3.2.11

图3.2.12

- 半径：控制设置【衰减】值的半径。
- 衰减距离：控制设置【衰减】值的距离。
- 投影：打开投影。灯光会在场景中产生投影。如果要看到投影的效果，同时要打开图层材质属性中的属性。
- 阴影深度：控制阴影的颜色深度。
- 阴影扩散：控制阴影的扩散。主要用于控制图层与图层之间的距离产生的柔和的漫反射效果，注意图中的阴影变化，如图3.2.13和图3.2.14所示。

图3.2.13

图3.2.14

3.2.3 几何选项

当图层被转换为3D图层时，除了多出三维空间坐标的属性还会添加【几何选项】，不同的图层类型被转换为3D图层时，所显示的属性也会有所变化。如果使用【经典3D】渲染模式，【几何选项】是灰色的。必须在菜单【合成】>【合成设置】面板高级选项中更改为【CINEMA 4D】渲染模式，才可以显示【几何选项】。【CINEMA 4D】合成渲染器是 After Effects 中新的3D 渲染器。它是用于文本和形状凸出的工具，也是3D凸出作品的首选渲染器，如图3.2.15所示。

【几何选项】属性可以制作类似于三维软件中的文字倒角效果。

- 斜面样式：斜面的形式。选项包括：【无】（默认值）、【尖角】、【凹面】、【凸面】。
- 斜面深度：斜面的大小（水平和垂直），以像素为单位。
- 洞斜面深度：文本字符内层部分的斜面的大小，以百分比表示。
- 凸出深度：凸出的厚度，以像素为单位。侧（凸出的）表面垂直于前表面，如图3.2.16所示。

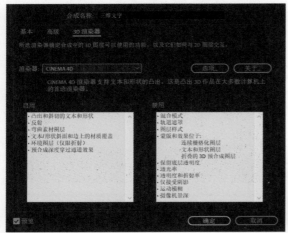

图3.2.15

图3.2.16

3.2.4 材质属性

当场景创建灯光后，场景中的图层受到灯光的照射，图层中的属性需要配合灯光。当图层的3D属性打开时，【材质选项】属性将被开启，下面我们介绍一下该属性（当使用【CINEMA 4D】渲染器时，材质属性会发生变化），如图3.2.17所示。

- 投影：是否形成投影。主要控制阴影是否形成，就像一个开关。而投射阴影的角度和明度则取决于【灯光】，也就是说这个功能对应【灯光】图层，观察这个效果必须先创建一盏【灯光】，并打开【灯光】图层的【投影】属性。【投影】属性有3个选项：【开】打开投影，【关】关闭投影。（需要注意的是，【灯光】的【投影】选项也要打开才能投射阴影。）如图3.2.18和图3.2.19所示。

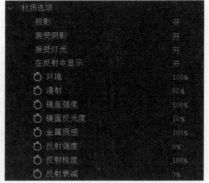

图3.2.17

图3.2.18

图3.2.19

- 接受阴影：控制当前图层是否接受其他图层投射的阴影。
- 接受灯光：控制当前图层本身是否接受灯光的影响，如图3.2.20和图3.2.21所示。

图3.2.20

图3.2.21

　　熟悉三维软件的用户对这几个属性不会陌生，这是控制材质的关键属性。因为是后期软件，这些属性所呈现出的效果并不像三维软件中那么明显。

- 在反射中显示：指示图层是否显示在其他反射图层的反射中。
- 环境：也就是反射周围物体的比率。
- 漫射：控制接受灯光的物体发散比率。该属性决定图层中的物体受到灯光照射时，物体反射的光线的发散率。
- 镜面强度：光线被图层反射出去的比率。100%指定最多的反射，0%指定无镜面反射。
- 镜面反光度：控制镜面高光范围的大小。仅当"镜面"设置大于零时，此值才处于活动状态。100%指定具有小镜面高光的反射。0%指定具有大镜面高光的反射。
- 金属质感：控制高光颜色。值为最大时，高光色与图层的颜色相同，反之，则与灯光颜色相同。

下面的【反射强度】等参数为【CINEMA 4D】独有的渲染属性。

- 反射强度：控制其他反射的3D对象和环境映射在多大程度上显示在此对象上。
- 反射锐度：控制反射的锐度或模糊度。较高的值会产生较锐利的反射，而较低的值会使反射较模糊。
- 反射衰减：针对反射面，控制"菲涅尔"效果的量（即处于各个掠射角时的反射强度）。

不要小看这些数据的细微差别，影片中物体的细微变化，都是在不断的调试中得到的，只有细致地调整这些数据，才能得到想要达到的完美效果。结合【光线追踪3D】渲染器，通过调整图层的【几何选项】和【材质选项】，可以调整出三维软件才能制作出的金属效果，如图3.2.22所示。

图3.2.22

3.3 摄像机

摄像机主要用来从不同的角度观察场景，其实我们一直在使用摄像机，当用户创建一个项目时，系统会自动建立一个摄像机，即【活动摄像机】。用户可以在场景中创建多个摄像机，为摄像机设置关键帧，可以得到丰富的画面效果。动画之所以不同于其他艺术形式，就在于它观察事物的角度是有着多种方式的，给观众带来与平时不同的视觉刺激。

摄像机在After Effects中也是作为一个图层出现的，新建的摄像机被排在堆栈图层的最上方，用户可以通过执行【图层】>【新建】>【摄像机】命令创建摄像机，这时会弹出【摄像机设置】对话框，如图3.3.1所示。

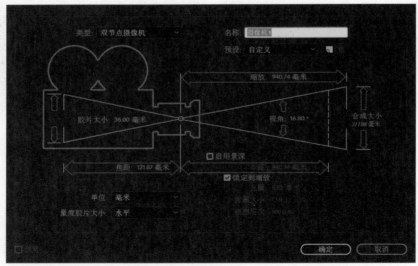

图3.3.1

After Effects中的摄像机和现实中的摄像机一样，用户可以调节镜头的类型、焦距和景深等。After Effects提供了9种常见的摄像机镜头。下面我们简单介绍一下其中的几个镜头类型。

- 15mm广角镜头：镜头可视范围极大，但镜头会使看到的物体拉伸，产生透视上的变形，用这种镜头可以使画面变得很有张力，视觉冲击力很强。
- 200mm鱼眼镜头：镜头可视范围极小，不会使看到的物体拉伸。
- 35mm标准镜头：这是我们常用的标准镜头，和人们正常看到的图像是一致的。

其他的几种镜头类型都是在15mm和200mm之间，选中某一种镜头时，相应的参数也会改变。【视角】的值控制可视范围的大小，【胶片大小】指定胶片用于合成图像的尺寸面积，【焦距】则指定焦距长度。当一个摄像机在项目里被建立以后，用户可以在【合成】面板中调整摄像机的位置参数，能在面板中看到摄像机的（目标位置）、（机位）等参数，如图3.3.2所示。

　　用户要调节这些参数，必须在另一个摄像机视图中进行，不能在摄像机视图中选择当前摄像机。工具栏中的摄像机工具可以帮助用户调整视图角度。这些工具都是针对摄像机工具而设计的，所以在项目中必须有3D图层存在，这样这些工具才能起作用，如图3.3.3所示。

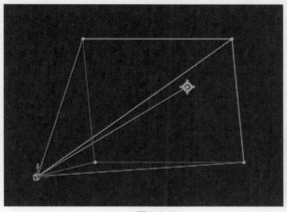

图3.3.2

图3.3.3

■统一摄像机工具：包含下面三个工具。

● ◎【轨道摄像机工具】：主要用于向任意方向旋转摄像机视图，直至调整到用户满意的位置。

● ✥【跟踪 XY 摄像机工具】：主要用于水平或垂直移动摄像机视图。

● ◉【跟踪 Z 摄像机工具】：主要用于缩放摄像机视图。

　　下面我们具体介绍一下摄像机图层下的摄像机属性，如图3.3.4所示。

● 缩放：控制摄像机镜头到镜头视线框间的距离。

● 景深：控制是否开启摄像机的景深效果。

● 焦距：控制镜头焦点的位置。该属性模拟了镜头焦点处的模糊效果，位于焦点的物体在画面中显得清晰，周围的物体会根据焦点所在位置为半径，进行模糊，如图3.3.5和图3.3.6所示。

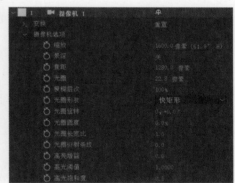

图3.3.4

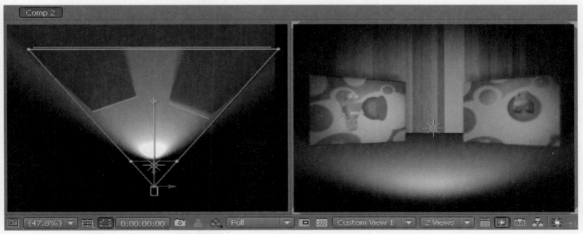

图3.3.5

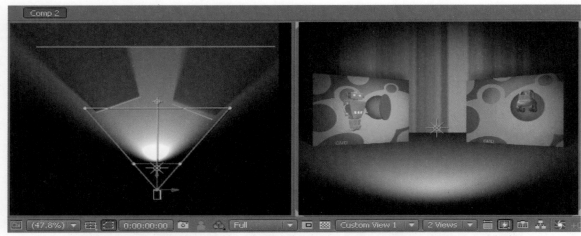

图3.3.6

- 光圈：控制快门尺寸。镜头快门越大，受焦距影响的像素点就越多，模糊范围就越大。该属性与值相关联，为焦距到快门的比例。
- 模糊层次：控制聚焦效果的模糊程度。
- 光圈形状：控制模拟光圈叶片的形状模式，以多边形组成从【三边】到【十边】形。
- 光圈旋转：控制光圈旋转的角度。
- 光圈圆度：控制模拟光圈形成的圆滑程度。
- 光圈长宽比：控制光圈图像的长宽比。

光圈衍射条纹、高亮增益、高光阈值、高光饱和度属性只有在【经典3D】模式下才会显示，主要用于【经典3D】渲染器中高光部分的细节控制。

 技巧与提示 After Effects中的3D效果在实际的制作过程中，都用来辅助三维软件，也就是说大部分三维效果都是用三维软件生成的。After Effects中的3D效果多用来完成一些简单的三维效果提高工作效率，同时模拟真实的光线效果，丰富画面的元素，使影片效果显得更加生动。

3.4 跟踪

3.4.1 点跟踪

通过运动跟踪，我们可以跟踪画面的运动，然后将该运动的跟踪数据应用于另一个对象（例如另一个图层或效果控制点）来创建图像和效果在其中跟随运动的合成。执行【窗口】>【跟踪器】命令，打开【跟踪器】面板，如图3.4.1所示。

打开跟踪案例的工程文件，可以看到项目中有两个层，上面一个层是我们制作好的动态文字，下面这个层就是需要跟踪的素材画面，双击该素材，可以看到在【图层】面板素材被显示出来，如图3.4.2所示。

单击【跟踪器】面板中的【跟踪运动】按钮，在【图层】面板素材的

图3.4.1

中央会建立一个跟踪点，在【时间轴】面板可以
展开【动态跟踪器】的属性，可以看到【跟踪点
1】，如图3.4.3和图3.4.4所示。

图3.4.2

图3.4.3

图3.4.4

在我们使用了运动跟踪后，在素材上会出现一个跟踪范围的方框，如
图3.4.5所示。

外面的方框为搜索区域，里面的方框为特征区域，一共有8个控制点，用鼠
标可以改变两个区域的大小和形状。搜索区域的作用是定义下一帧的跟踪，搜
索区域的大小与跟踪物体的运动速度有关，通常被跟踪物体的运动速度越快，
两帧之间的位移就越大，这时搜索区域也要相应地增大。特征区域的作用是定
义跟踪目标的范围，系统会记录当前跟踪区域中图像的亮度以及物体特征，然
后在后续帧中以该特征进行跟踪，如图3.4.6所示。

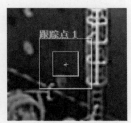

图3.4.5

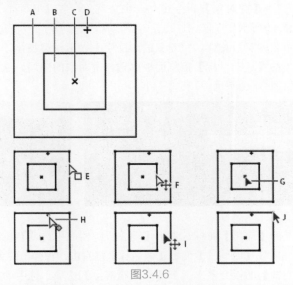

图3.4.6

A. 搜索区域 B. 特性区域 C. 关键帧标记 D. 附加点 E. 移动搜索区域 F. 同时移动两个区域 G. 移动整个跟踪点 H. 移动附加
点 I. 移动整个跟踪点 J. 调整区域的大小

当设置运动跟踪时，经常需要通过调整特性区域、搜索区域和附加点来调整跟踪点。可以使用【选择工具】分别或成组地调整这些项目的大小或对其进行移动。为了定义要跟踪的区域，在移动特性区域时，特性区域中的图像区域被放大到400%。

技巧与提示 在进行设置跟踪时，要确保跟踪区域具有较强的颜色和亮度特征，与周围有较强的对比度。如果有可能的话，要在前期拍摄时就定义好跟踪物体。

将【跟踪点】移动到需要跟踪的图像，需要保持该图像一直显示，并且该图像区别于周围的画面，这里选择船上的窗户作为跟踪对象，如图3.4.7所示。

在【时间轴】面板把【时间指示器】移动到1s的位置，也就是跟踪起始的位置，在【跟踪器】面板，单击【分析】右侧的▶图标，对画面进行跟踪分析。在【时间轴】面板可以看到跟踪点被逐帧记录下来，如图3.4.8所示。

图3.4.7

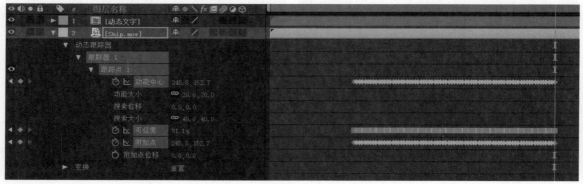

图3.4.8

执行【图层】>【新建】>【空对象】命令建立一个空对象，在【时间轴】面板可以看到一个【空1】的层被建立出来，如图3.4.9所示。

空对象主要用来做被依附的父级物体，空对象的画面中不显示任何物体。在【跟踪器】面板，单击【编辑目标】按钮，在弹出的【运动目标】控制面板中选择空对象的图层。这样空对象所在的层就会跟随刚才的跟踪轨迹运动，如图3.4.10所示。

图3.4.9

图3.4.10

单击【跟踪器】面板上的【应用】图标，弹出【动态跟踪器应用选项】控制面板，【应用维度】选择X和Y，单击【确定】按钮。在【时间轴】面板【源名称】栏右击，在弹出的菜单中选择【列数】>【父级和链接】选项，在【时间轴】面板会多出一个【父级和链接】选项。选中动态文字图层的螺旋图标，拖动鼠标至【空对象】所在的图层。这样动态文字的图层就会跟随【空对象】的图层运动，如图3.4.11所示。

在【合成】面板中将动态文字移动到跟踪点的位置，按下空格键进行预览，可以看到动态文字一直跟随窗户进行移动，如图3.4.12所示。

图3.4.11　　　　　　　　　　　　　　　　　　图3.4.12

除了【单点跟踪】After Effects还提供了如下多种选择。

- 单点跟踪：跟踪影片剪辑中的单个参考样式（小面积像素）来记录位置数据。
- 两点跟踪：跟踪影片剪辑中的两个参考样式，并使用两个跟踪点之间的关系来记录位置、缩放和旋转数据。
- 四点跟踪或边角定位跟踪：跟踪影片剪辑中的4个参考样式来记录位置、缩放和旋转数据。这4个跟踪器会分析4个参考样式（例如图片帧的各角或电视监视器）之间的关系。此数据应用于图像或剪辑的每个角，以【固定】剪辑，这样它便显示为在图片帧或电视监视器中锁定。
- 多点跟踪：在剪辑中随意跟踪多个参考样式。用户可以在"分析运动"和"稳定"行为中手动添加跟踪器。当用户将一个"跟踪点"行为从"形状"行为子类别应用到一个形状或蒙版时，会为每个形状控制点自动分配一个跟踪器。

3.4.2　人脸跟踪器

用户也可以使用简单蒙版跟踪，并可以快速应用于人脸，选择性颜色校正或模糊人的脸部等。通过人脸跟踪，可以跟踪人脸上的特定点，如瞳孔、嘴和鼻子，从而更精细地隔离和处理这些脸部特征。例如，更改眼睛的颜色或夸大嘴的移动，而不必逐帧调整。

首先，打开Face素材，或者读者也可以使用自己拍摄的脸部素材。在【时间轴】面板选中素材，使用【椭圆工具】绘制一个蒙版，不需要十分精确，如图3.4.13所示。

执行【窗口】>【跟踪器】命令，打开【跟踪器】面板，可以看到【跟踪器】面板和点跟踪时有所不同，展开【方法】右侧的菜单，选中【脸部跟踪（详细五官）】选项。单击【分析】右侧的▶图标，对画面进行跟踪分析，如图3.4.14所示。

图3.4.13

可以在【合成】面板看到，系统自动设置了跟踪点，对五官进行详细的跟踪，如图3.4.15所示。

图3.4.14

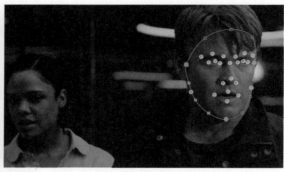

图3.4.15

在【时间轴】面板中添加了【效果】属性，展开【脸部跟踪点】可以看到系统自动将五官进行细分，逐一进行跟踪，如图3.4.16所示。

如果再展开五官的属性，可以看到更为详细的参数，如图3.4.17所示。

图3.4.16

图3.4.17

在【效果控件】面板中展开所有参数，也可以看到详细的参数，如图3.4.18所示。

调入眼镜PSD文件，给跟踪好的脸部素材加一个"社会人"的眼镜，并且让眼镜跟随脸部运动。调整眼镜的位置和大小，如图3.4.19所示。

图3.4.18

图3.4.19

在【时间轴】面板展开眼镜图层的属性，找到并选中【位置】属性，执行【动画】>【添加表达式】命令，可以看到【位置】属性下方会出现【表达式：位置】属性，如图3.4.20所示。

图3.4.20

选中【表达式：位置】属性右侧的螺旋图标🌀，拖动鼠标到【效果控件】面板上【鼻】属性下的【鼻梁】参数，如图3.4.21所示。

可以看到【表达式：位置】右侧自动添加了【thisComp.layer（"Face.mov"）.effect（"脸部跟踪点"）（"鼻梁"）】的表达式内容。按下空格键进行预览，可以看到眼镜一直跟随鼻梁进行移动，如图3.4.22所示。

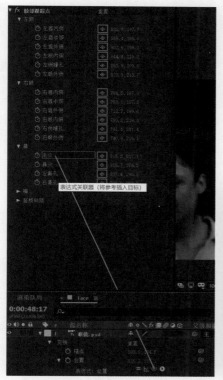

图3.4.21

图3.4.22

3.4.3　三维跟踪

三维跟踪可以通过分析素材，计算出摄像机所在的位置，在After Effects里建立三维图像时可以匹配摄像机镜头。分析的过程就是提取摄像机运动和 3D 场景数据。3D 摄像机运动允许基于 2D 素材正确合成 3D 元素。

打开3D跟踪素材，在【时间轴】面板中选中素材图层，通过两种方式都可以激活三维跟踪：

- 执行【动画】>【跟踪摄像机】命令，或者从图层上下文菜单中选择【跟踪摄像机】命令。
- 执行【效果】>【透视】>【3D 摄像机跟踪器】命令，如图3.4.23所示。

当激活三维跟踪器时，系统即开始对画面进行分析。需要注意的是，拍摄的视频镜头的移动需要一定的幅度，如果变化不大或者完全不动，分析会出现失败的情况，如图3.4.24所示。

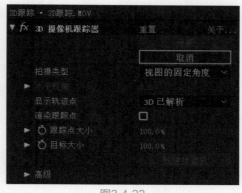

图3.4.23

后台分析完成以后，可以看到画面中有很多渲染好的跟踪点。在画面上移动鼠标，可以看到一个圆形的图标用于显示可以模拟出的面，每个面都至少由3个渲染跟踪点构成，用于形成跟踪的面，如图3.4.25所示。

图3.4.24

图3.4.25

如果看不太清跟踪点和目标，可以调整【效果控件】面板中，【3D摄像机跟踪器】上的【跟踪点大小】和【目标大小】的参数，如图3.4.26所示。

选中一个需要跟踪的面，在画面中右击，弹出快捷菜单，用户可以在这个菜单中选择需要建立的图层类型，如图3.4.27所示。

图3.4.26

图3.4.27

选择第一项【创建文本和摄像机】命令，可以看到画面中会直接出现文本层，同时会建立一个【3D跟踪器摄像机】，如图3.4.28和图3.4.29所示。

图3.4.28

图3.4.29

选择第二项【创建实底和摄像机】命令，系统会自动创建一个纯色层并命名为【跟踪实底】。画面中会出现一个方形的色块，如图3.4.30所示。

用户可以随意移动纯色图层的大小及其在三维空间中的位置，并不会影响跟踪的结果，如图3.4.31所示。

图3.4.30　　　　　　　　　　　　　　　　图3.4.31

　　用户也可以使用图层遮罩为跟踪区域添加效果，例如想要在画面某一个区域进行模糊，首先在【时间轴】面板选中【3D跟踪】跟踪素材图层，按下快捷键Ctrl+D复制出一个新的素材层，将素材层的【3D摄像机跟踪器】删掉，也就是在【时间轴】面板，把复制出的【3D跟踪】素材层的【效果】属性删掉，选中该属性直接按下Delete键，如图3.4.32所示。

　　选中【3D跟踪】素材层并拖动鼠标，移至【跟踪实底】层的下方，按下快捷键F4，切换出模式栏，在复制素材层的【TrkMat】菜单中选中【Alpha遮罩"跟踪实底1"】命令，如图3.4.33所示。

图3.4.32　　　　　　　　　　　　　　　　图3.4.33

　　从画面中可以看到跟踪实底不见了，其实它已经被转化为【Alpha遮罩】，选中复制出的素材层，执行【效果】>【模糊和锐化】>【高斯模糊】命令，在【时间轴】面板将【模糊度】调整为40，如图3.4.34所示。

　　观察画面效果，在原有的【跟踪实底】所在的位置，形成了一块模糊的区域，用这种方法对动态图像部分区域添加效果。例如，对一块车牌进行模糊处理，或者提亮某一块标识牌的亮度，如图3.4.35所示。

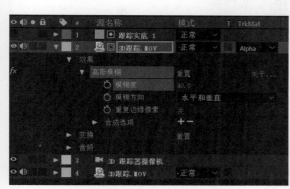

图3.4.34　　　　　　　　　　　　　　　　图3.4.35

对系统提供的跟踪点所形成的面，如果我们不满意，可以自定义形成跟踪面的点。在【时间轴】面板选中【3D跟踪】图层，在画面中看到红色的目标圆盘出现，按下Shift键，选中多个跟踪点，就会形成一个面，画面中颜色一致的点是在一个基本面之上，如图3.4.36所示。

用户也可以拖动鼠标选择多个点，这样很容易误操作。其实在跟踪画面拍摄时，在需要跟踪的面贴一些对比较为明显的跟踪点，会有助于后期的跟踪，这些前期贴上的跟踪点都可以通过后期处理去掉，如图3.4.37所示。

图3.4.36

图3.4.37

3.5 构造 VR 环境

VR拍摄现在已经并非是什么复杂的工程，一些民用级别的VR相机已经推出，例如：Insta360相机以及小米的VR相机。利用两个鱼眼镜头，系统可以将VR内容完整地拍摄下来并自动合成，如图3.5.1所示。

拍摄出来的素材一般为3840×1920@30fps、2560×1280@60fps的长方形视频，也可以使用专业的设备拍摄分辨率更高的视频素材。导入一段VR360视频，在【项目】面板选中该视频，拖至下方的  【新建合成】图标，创建一个以视频素材为基础的合成。在【合成】窗口可以看到视频是变形的，因为边缘的部分是扭曲的，如图3.5.2和图3.5.3所示。

图3.5.1

图3.5.2

图3.5.3

执行【窗口】>VR Comp Editor.jsx命令，打开VR Comp Editor控制面板，如图3.5.4所示。

在【时间轴】面板选中素材，单击【添加3D编辑】按钮，弹出【添加3D编辑】控制面板，如图3.5.5所示。

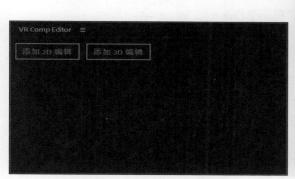

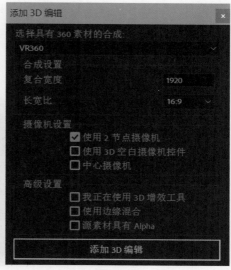

图3.5.4   图3.5.5

在【选择具有360素材的合成】列表框中选中【VR360合成】选项。单击【添加3D编辑】按钮。在【时间轴】面板中看到系统自动添加了【VR母带摄像机】，画面也变成了正常视角，如图3.5.6和图3.5.7所示。

图3.5.6   图3.5.7

在【时间轴】面板选中【VR母带摄像机】选项，使用◎【轨道摄像机】工具可以在画面中移动镜头角度，如图3.5.8所示。

如果想进行编辑，单击VR Comp Editor控制面板上的【打开输出/渲染】按钮，就可以回到编辑模式，单击【编辑1（3D）】按钮就可以回到视角模式，如图3.5.9所示。

图3.5.8   图3.5.9

单击VR Comp Editor控制面板上的【属性】按钮，会打开【编辑属性】控制面板，如图3.5.10所示。

在这个面板中我们可以对VR场景进行3D跟踪，使用方法和普通的三维跟踪没有太大区别，也是先进行素材分析，然后添加文字等内容。

我们也可以为VR内容添加效果，执行【效果】>【沉浸式视频】命令，这些效果都针对于VR类型的视频，因为普通的效果在作用于VR视频时，不会计算镜头扭曲部分的内容，如图3.5.11所示。

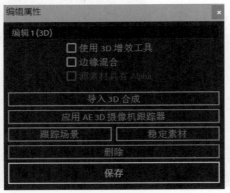

图3.5.10　　　　　　　　　　　图3.5.11

在【时间轴】面板选中VR素材，执行【效果】>【沉浸式视频】>【VR分型杂色】命令，为VR视频添加效果，如图3.5.12所示。

添加的效果也是带有镜头扭曲的，再转换为VR视角后，素材不会产生畸变，如图3.5.13所示。

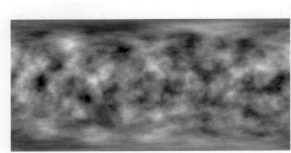 

图3.5.12　　　　　　　　　　　　　　　图3.5.13

如果你拍摄的VR素材球面或者镜头位置有问题，可以执行【效果】>【沉浸式视频】>【VR旋转球面】命令进行调整，如图3.5.14和图3.5.15所示。

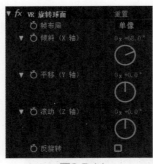 

图3.5.14　　　　　　　　　　　　　　图3.5.15

如果需要给VR视频添加字幕，可以直接新建一个文字层，执行【效果】>【沉浸式视频】>【VR平面到球面】命令。通过调整【缩放】【旋转投影】等属性，调整字体的位置，转换到VR视角，字体会变得正常，如图3.5.16和图3.5.17所示。

图3.5.16

图3.5.17

我们也可以直接创建VR场景，执行【合成】>VR>【创建 VR 环境】命令，如图3.5.18所示。

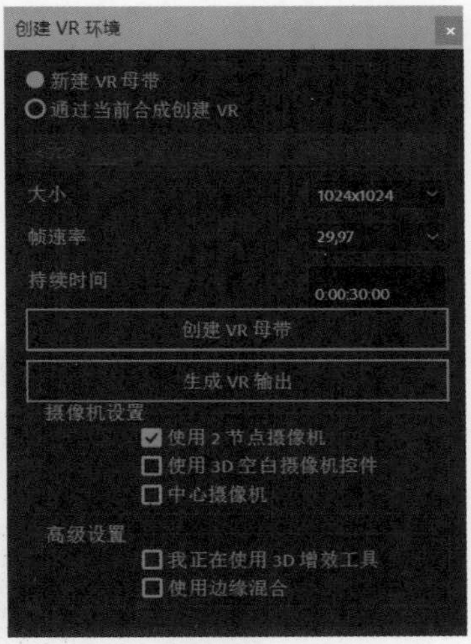

在【创建VR环境】对话框中，如果希望从头创建VR全图，请选择全图的大小（1024×1024 适用于大多数VR合成）。设置VR全图的【帧速率】和【持续时间】，然后单击【创建VR母带】按钮。

【摄像机设置】如下所述。

- 使用2节点摄像机：如果要使用双节点摄像机，请选择此选项。
- 使用3D空白摄像机控件：如果要通过3D空图层控制SkyBox摄像机，请选择此选项。
- 中心摄像机：如果希望摄像机居中对齐，请选择此选项。

【高级设置】如下所述。

- 我正在使用3D增效工具：如果正在使用3D增效工具，请选择此选项。
- 使用边缘混合：如果使用的增效工具不是真正的3D增效工具，请选择此选项。

图3.5.18

如果从 360 度素材中移除球面投影扭曲，并提取 6 个单独的摄像机视图，6 个摄像机的视图位于一个立方体结构中。可以对合成进行运动跟踪、对象删除、添加动态图形和 vfx。执行【合成】> VR >【提取立方图】命令。在【VR提取立方图】对话框中，从下拉列表中选择合成，再选择【转换分辨率】，然后单击【提取立方图】按钮，如图3.5.19所示。

【提取立方图】添加了一个【VR 主摄像机】以及附加到主摄像机的6个摄像机视图，还生成了6个摄像机镜头，它们策略性地形成了一个立方体，如图3.5.20所示。

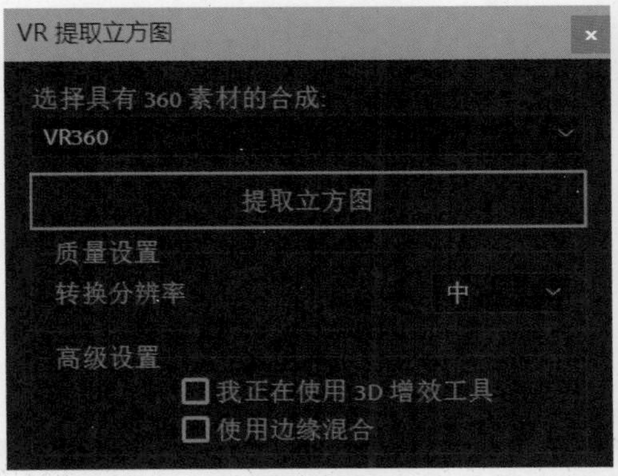

图3.5.19

图3.5.20

3.6 三维文字

下面我们通过三维基础知识学习创建三维文字效果，这样建立出来的文字可以自由调整字体和大小。

01 启动Adobe After Effects CC，执行【合成】>【新建合成】命令，弹出【合成设置】对话框，创建一个新的合成面板，并命名为"三维文字"，设置控制面板参数，【预设】设置为【HDTV 1080 25】，如图3.6.1所示。

02 使用【文字工具】，创建一段文字，读者可以使用任何字体，注意字体不要太小，选择线条较粗的字体，这样方便观察三维效果，【Impact】是WIN默认安装的字体，很适合制作三维效果，如图3.6.2所示。

图3.6.1

图3.6.2

03 按下快捷键Ctrl+K，打开【合成设置】面板，当建立一个合成以后，可以通过【合成设置】面板调整已经创建好的合成，可以调整包括时间与尺寸等多项参数，但需要注意的是调整尺寸后，项目中的素材并不会按比例调整，需要用户手动调整。在【合成设置】面板中，切换到【3D渲染器】选项卡，在【渲染器】类型中将其切换为CINEMA 4D模式，我们将使用CINEMA 4D进行三维制作，如图3.6.3所示。

04 在【时间轴】面板中，找到【3D图层】命令，激活 【3D图层】选项，这样就激活了文字的三维属性，如图3.6.4所示。

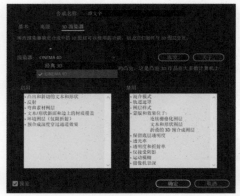

图3.6.3

图3.6.4

05 在【时间轴】面板中，展开文字层的【几何选项】属性，调整【斜面深度】为4.4，【凸出深度】为200.0，以调整【Y轴旋转】的参数观察文字，已经形成了一定的厚度，但因为没有灯光，无法观察到厚度的变化，如图3.6.5和图3.6.6所示。

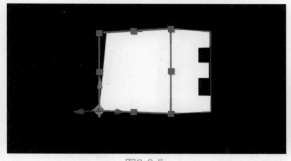

图3.6.5   图3.6.6

06 还原【Y轴旋转】的参数，执行【图层】>【新建】>【灯光】命令，创建一盏聚光灯，在【灯光设置】面板中将【灯光类型】切换为【聚光】，【强度】调整为100%，执行【投影】命令。调整文字的大小，撑满画面即可，如图3.6.7和图3.6.8所示。

图3.6.7   图3.6.8

07 执行【图层】>【新建】>【摄像机】命令，创建一个新的摄像机，将【焦距】调整为30.00毫米，如图3.6.9所示。

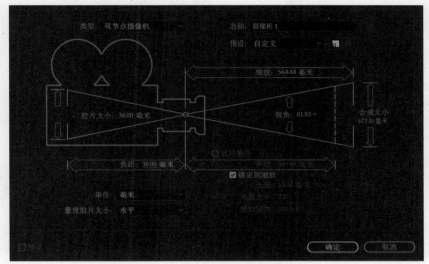

图3.6.9

08 按下快捷键C，可以直接切换到摄像机调整模式，调整镜头角度。也可以使用██【统一摄像机工具】主要用于调整摄像机角度。在文字的【几何选项】中将【斜面样式】切换为【凸面】选项，适当调整【凸出深度】增加文字厚度，如图3.6.10和图3.6.11所示。

图3.6.10

图3.6.11

09 选择灯光层，按下快捷键Ctrl+D，复制灯光，调整【灯光选项】的【颜色】，可以直接影像文字的颜色。可以多复制几个灯光，通过不同角度不同颜色，将三维文字塑造得更为立体，如图3.6.12所示。

10 执行【图层】>【新建】>【灯光】命令，创建一盏环境光。因为【环境光】没有方向，需要将【强度】参数调低，如图3.6.13和图3.6.14所示。

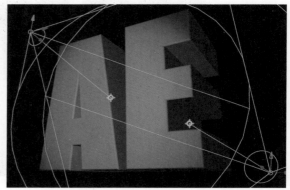

图3.6.12

图3.6.13

图3.6.14

11 在【时间轴】面板选中文字，展开【材质选项】，将【投影】打开，调整【镜面强度】为100%，【镜面反光度】为20%，也可以设置摄像机位移的动画，制作一段动画效果，如图3.6.15和图3.6.16所示。

图3.6.15　　　　　　　　　　　　　　图3.6.16

3.7　表达式三维文字

除了建立各种三维物体和镜头，也可以通过表达式建立三维物体。原理很简单，就是将一个层不断地复制，再沿Z轴的方向轻微地平移就可以了，但是如果使用手动的方法调整会异常麻烦，使用表达式可以事半功倍。

01 首先在Photoshop中创建一个文字效果，在文字的表面做出一个样式效果，不要有阴影，使其带有一定的金属质感，也可以直接调取配套资源里的素材文件，如图3.7.1所示。

02 启动Adobe After Effects CC，执行【合成】>【新建合成】命令，弹出【合成设置】对话框，创建一个新的合成面板，命名为"表达式三维文字"，设置控制面板参数，【预设】设置为【HDTV 1080 25】，如图3.7.2所示。

图3.7.1

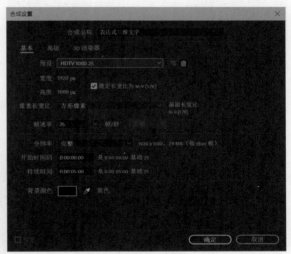

图3.7.2

03 将在Photoshop中制作完成的平面文字导入After Effects，需要注意的是，当导入PSD文件时需要选择以【合成】的方式导入，这样PSD文件中的每个图层都会被单独导入进来，如图3.7.3所示。

04 将其中的PSD图层拖入【时间轴】面板中，在【时间轴】面板中，再找到一张背景图片作为衬底，选择什么样的背景并不影响实例的制作，如图3.7.4所示。

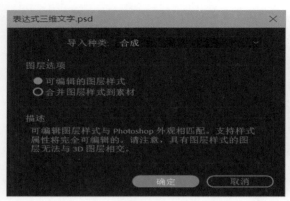

图3.7.3　　　　　　　　　　　　　　　　　　图3.7.4

05　首先需要将文字图层转化为3D图层，将该图层的 3D图标选中，这样这个图层就转换为3D图层。使用 旋转等工具来操作该图层在三维空间中的位置，如图3.7.5所示。

06　在【时间轴】面板中选中文字图层，按下快捷键Ctrl+D复制该图层，展开复制图层的【时间轴】属性，修改【位置】参数，可以试一下只要文字在纵深轴的方向上有所移动就可以了，如图3.7.6所示。

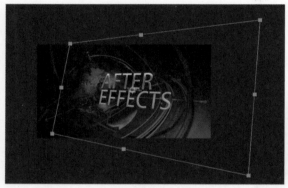

图3.7.5　　　　　　　　　　　　　　　　　　图3.7.6

07　在【时间轴】面板中，右击，在弹出的快捷菜单中选择【新建】>【摄像机】选项（或选择【图层】>【新建】>【摄像机】选项），创建一个摄像机，如图3.7.7所示。

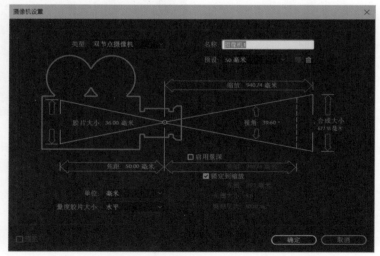

图3.7.7

08 与其他图层不同，摄像机图层是通过独立的工具来控制的，我们可以在工具架上找到这些工具，如图3.7.8所示。

图3.7.8

09 在【时间轴】面板中，选中文字图层，展开复制图层的【时间轴】属性，选中【位置】，执行【动画】>【添加表达式】命令，为这个参数添加表达式，如图3.7.9所示。

10 可以看到系统自动为参数设定了起始语句，在后面的位置输入表达式："transform.position+[0，0，（index-1）*1]"，打开【时间轴】面板和【父级和链接】面板，可以在【时间轴】面板上右击，在弹出的菜单中选择【父级和链接】选项，如图3.7.10所示。

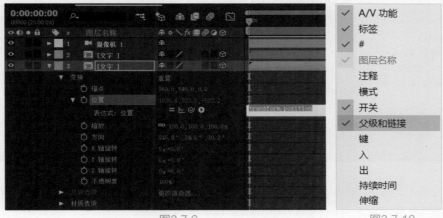

图3.7.9   图3.7.10

11 选中文字图层，按下快捷键Ctrl+D复制该图层，选中下面的一个图层，按着【父级】面板上的螺旋图标，拖动图标至上一个文字图层，如图3.7.11所示。

图3.7.11

12 可以看见下面那个文字图层的【父级】面板中有了上一个图层的名字，这代表了两个图层之间建立了父子关系，如图3.7.12所示。

图3.7.12

13　选中下面那个文字图层，按下快捷键Ctrl+D复制该图层，不断复制，如图3.7.13所示。

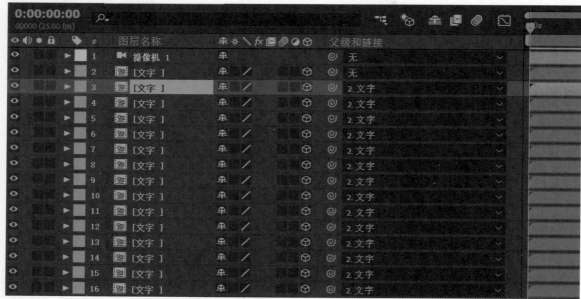

图3.7.13

14　观察【合成】面板，可以看到文字的立体效果出来了，并且立体面是光滑的过渡。可以使用摄像机移动视角观察3D文字效果，如图3.7.14和图3.7.15所示。

图3.7.14

图3.7.15

熟悉Photoshop的用户对滤镜的概念不会陌生，类似于滤镜的【效果】功能是After Effects的核心内容。通过设置效果参数，能使影片达到理想的效果。After Effects CC 2020继承了After Effects的所有【效果】功能，优化了部分效果的属性，并加入了一些新的效果。【效果】作为After Effects最有特色的功能，Adobe公司一直以来开发力度不减。熟练掌握各种效果的使用是学习After Effects操作的关键，也是提高作品质量最有效的方法。After Effects提供的效果将大大提高制作者对作品的修改空间，降低制作周期和成本。

默认情况下，After Effects自带的效果保存在程序安装文件夹根目录下的Plug-ins文件夹内。当启动After Effects后，程序将自动安装这些效果，并显示在【效果】下拉菜单和【效果和预设】面板中。用户也可以自行安装第三方插件来丰富【效果】功能。下面我们就来学习一些具有代表性的内置效果。

所有效果均以增效工具的形式实现，包括After Effects附带的效果。增效工具是一些小的软件模块，用来为应用程序增添功能，具有.aex、.pbk和.pbg等文件扩展名。并非所有增效工具都是效果增效工具；例如某些增效工具提供导入和使用特定文件格式的功能。例如Photoshop Camera Raw增效工具（不同相机厂商RAW文件编辑），它为After Effects带来了处理摄像机原始文件的能力。由于效果是以增效工具的形式实现的，因此我们可以安装和使用非Adobe官方提供的其他效果，包括自己创建的效果。我们可以将单个新效果或新效果的整个文件夹添加到"增效工具"文件夹，默认情况下，文件位于以下文件夹之一中：

- （Windows）Program Files\Adobe\Adobe After Effects CC\Support Files
- （Mac OS）Applications/Adobe After Effects CC

4.1 效果操作

通过学习本节内容，我们将了解效果的基本操作。After Effect中的所有效果都罗列在【效果】下拉菜单中，也可以使用【效果和预设】面板来快速选择所需效果。当对素材中的一个层添加了效果后，【效果控件】面板将自动打开，同时该图层所在的【时间轴】中的效果属性也会出现一个已添加效果的图标。我们可以单击这个 fx 图标来任意打开或关闭该层效果。也可以通过【时间轴】中的效果控制或【效果控件】面板对所添加效果的各项参数进行调整，如图4.1.1所示。

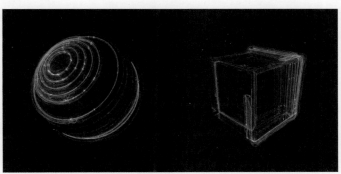

图4.1.1

第4章

常用内置效果

After Effects包含多种效果，用户可以选中图层来添加或修改图像、视频和音频的效果。效果有时被误称为滤镜。滤镜和效果之间的主要区别是：滤镜可永久修改图像或图层的其他特性，而效果及其属性可随时被更改或删除。换句话说，滤镜有破坏作用，而效果没有破坏作用。After Effects专门使用效果，因此更改没有破坏性。更改效果属性的直接结果是，属性可以随时间改变，或进行动画处理。

4.1.1　应用效果

首先我们选取需要添加效果的素材的层，单击【时间轴】面板中已经建立的项目中层的名字，或在【合成】面板中直接选取所在层的素材。

可以通过两种方式为素材层添加效果。

图4.1.2

- 在【效果】下拉菜单中选择一种你所需要添加的效果类型，再选择所需类型中的具体效果。
- 在【效果和预设】面板中单击所需效果的类型名称前的三角图标，出现相应的效果列表，再将所选效果拖曳到目标素材层上，或直接双击效果名称。

在After Effect 中无论是利用【效果】下拉菜单还是【效果和预设】面板，我们都能为同一层添加多种效果。如果要为多个层添加同一种效果，只需要先选择所需添加效果的多个素材层，然后按上面的步骤添加即可，然后用户可以单独调整每个层的效果的参数。用户如果想让不同层的相同效果中参数相同来达到相同效果，只需要对调整层添加效果，他所属的层也将拥有相同的效果，如图4.1.2所示。

4.1.2　复制效果

After Effect 中允许用户在不同层间复制和粘贴效果。在复制过程中，原层的调整效果参数也将保存并被复制到其他层中。

可以通过以下方式复制效果。首先在【时间轴】面板中选择一个需要复制效果所在的素材层，然后在【效果控件】面板中选取复制层的一个或多个效果，单击下拉菜单，选择【编辑】>【复制】选项。

复制完成后，再在【时间轴】面板中选择所需粘贴的一个或多个层，然后单击下拉菜单，选择【编辑】>【粘贴】选项，这样就完成了一个层对一个层，或一个层对多个层的效果的复制和粘贴。如果用户所设置好的效果需要多次使用，并在不同的计算机上应用的话，可以将设置好的效果数值保存，当以后需要使用时，选择调入就可以了。保存方法将在下面的小节介绍。

4.1.3　关闭与删除效果

当我们为层添加一种或多种效果后，计算机在计算效果时将占用大量时间，特别是只需要预览一个素材上的部分效果，或对比多个素材上的效果时，又要关闭或删除其中一个或多个效果。但关闭效果或删除效果带来的结果是不一样的。

关闭效果只是在【合成】面板中暂时地不显示效果，这时进行预览或渲染都不会添加关闭的效果。如需显示关闭的效果，可以通过【时间轴】面板或【效果控件】面板打开，或在【渲染队列】面板中选取渲染层的效果。该方法常用于素材添加效果的前后对比，或多个素材添加效果后，对单独的素材关闭效果的对比。

如果想逐个关闭层包含的效果，可以通过单击【时间轴】面板中素材层前的三角图标，展开【效果】选项，然后单击所要关闭效果前的黑色图标，图标消失表示不显示该效果，如果想恢复效果，只需要再在原位置单击一次。当我们关闭素材上的某个效果后，会节省该素材的预览计算时间，但重新打开之前关闭的效果时，计算机将重新计算该效果对素材的影响，因此对于一些需要占用较长处理时间的效果，请用户慎重选择效果显示状态，如图4.1.3所示。

如果想一次关闭该层所有效果，则单击该层【效果】图标。当再次选择打开全部效果时，将重新计算所有效果对素材的影响，特别是效果之间出现穿插，会互相影响时，将占用更多时间，如图4.1.4所示。

图4.1.3

图4.1.4

删除效果将使所在层永久失去该效果，如果以后需要就必须重新添节和调整。

可以通过以下方式删除效果。首先在【效果控件】面板选择需要删除的效果名称，然后按Delete键，或单击下拉菜单，选择【编辑】>【清除】选项。

如果需要一次删除层中的全部效果，只需要在【时间轴】面板或【合成】面板中选择层所包括的全部效果，然后单击下拉菜单，选择【效果】>【全部移除】选项。特别要注意的是，选择【全部移除】选项后会同时删除包含效果的关键帧。如果用户错误删除层的所有效果，可以单击下拉菜单，选择【编辑】>【撤销】选项，来恢复效果和关键帧。

4.1.4 效果参数设置

为一个图层添加效果后，效果就开始产生作用了。默认情况下效果会一直与图层并存，我们也可以设置效果的开始和结束时间和参数。本章内容只介绍效果参数设置的基本操作方法，比如：颜色设置、颜色吸管的使用、角度的调整等。但不涉及每种效果具体的作用。下章将分类详细介绍各种效果的设置方法。

为图层添加一种效果后，在【时间轴】面板中的【效果】列表和【效果控件】面板中，就会列出该效果的所有属性控制选项。要注意的是并不是每种效果都包含了我们所列出的参数，比如【彩色浮雕】效果有【方向】角度设置，而没有颜色参数设置。【保留颜色】效果有【要保留的颜色】设置，而没有角度参数设置，如图4.1.5所示。

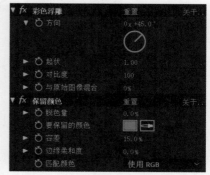
图4.1.5

可以通过【时间轴】面板和【效果控件】面板两种方式设置效果的参数。接下来就介绍各种参数的设置方法。

● 如何设置带有下画线的参数？

带下画线的参数是效果中最常出现的参数种类，可以通过两种方式来设置这种参数。

首先单击需要调节的效果名称。如果效果属性未展开，则单击效果名称前的三角图表，展开属性菜单。

（1）直接调节参数。将鼠标移到带下画线的参数值上，鼠标箭头变成一只小手，小手两边有向左和向右的箭头。此时按住鼠标再向左或向右移动，参数随移动的方向而变化，向左变小，向右则变大。这种调节方式可以动态观察素材在效果参数变化情况下的各类效果。

（2）输入数值调节参数。将鼠标移到带下画线的参数值上，使原数值处于可编辑状态，我们只需输入想要的值，然后按Enter键。当需要某个精确的参数时，就按这种方式直接输入。当输入的数值大于最大数值上限，或小于最小数值下限的时候，After Effects将自动给该属性赋值为最大或最小。

● 如何设置带角度控制器的参数？

可以通过两种方式对带有角度控制的参数进行设置。一是调节参数带下画线的数值，二是调节圆形的角度控制按钮。如果需要精确调节效果角度参数，直接单击带下画线的数值，然后输入想要的角度值即可。这种调节方式的好处是快速且精确。

如果想比较不同角度的效果，可以直接在圆形的角度控制按钮上任意单击鼠标，角度数值会自动变换到那个位置对应的数值上；或按住圆形的角度控制按钮上的黑色指针，然后按逆时针或顺时针方向拖动鼠标，逆时针方向可以减小角度，顺时针方向可以增加角度。这种调节方式适合动态比较效果，但不精确，如图4.1.6所示。

● 如何设置效果的色彩参数？

对于需要设置颜色参数的效果，先单击【颜色样品】按钮，将弹出颜色选择器对话框，然后从中选取需要的颜色，单击【确定】按钮。或利用【颜色样品】按钮后的【吸管】工具，从屏幕中任意自己需要的颜色位置取色，如图4.1.7所示。

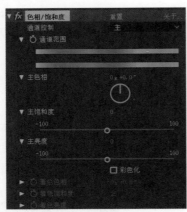

图4.1.6

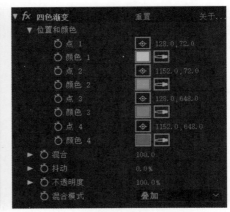

图4.1.7

当设置好参数后，如果想恢复效果参数初始状态，只需单击效果名称右边的【重置】按钮。如果想了解该效果的相关信息，则单击【关于】按钮。

4.2 颜色校正

经常使用Photoshop的读者对颜色校正系列的【效果】不会陌生，因为这几个色彩调整方式在Photoshop中也会经常用到。后期影视中专业调色的插件和软件层出不穷，功能强大，但基本的工作模式大致相同。下面这几个工具可以简单地完成对于色彩的调整，如果需要更为优秀的光影效果，可以求助于更为强大的插件和工具，但掌握这些基础工具是入门的基础。

4.2.1　色阶

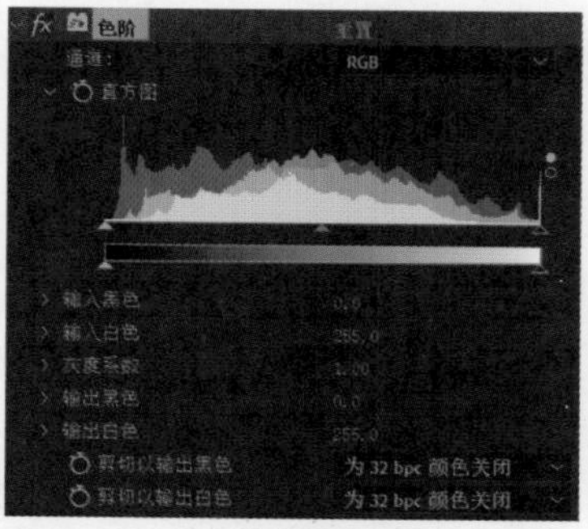

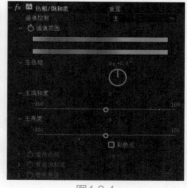

图4.2.1

【色阶】效果用于将输入的颜色范围重新映射到输出的颜色范围，还可以改变灰度系数正曲线，是所有用来调节图像通道的效果中最精确的工具。色阶调节灰度可以在不改变阴影区和加亮区的情况下，改变灰度中间范围的亮度值，如图4.2.1所示。

- 通道：选择需要修改的通道，分为5种，有RGB、红色、绿色、蓝色、Alpha。
- 直方图：显示图像中像素的分布状态。水平方向表示亮度值，垂直方向表示该亮度值的像素数量。输出黑色值是图像像素最暗的底线值，输出白色值是图像像素最亮的最高值。
- 输入黑色：用于设置输入图像黑色值的极限值。
- 输入白色：用于设置输入图像白色值的极限值。
- 灰度系数：设置灰度系统的值。
- 输出黑色：用于设置输出图像黑色值的极限值。
- 输出白色：用于设置输出图像白色值的极限值。

调整画面的色阶是实际工作中经常使用到的命令，当画面对比度不够时，可以通过拖动左右边的三角图标来调节画面的对比度，使灰度区域或者那些对比度不够强烈的区域画面得到加强，如图4.2.2和图4.2.3所示。

图4.2.2

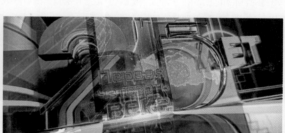

图4.2.3

4.2.2　色相/饱和度

【色相/饱和度】效果主要用于细致地调整图像色彩。这也是After Effects最为常用的效果，能专门针对图像的色调、饱和度、亮度等做细微的调整，如图4.2.4所示。

- 通道控制：图像通道分为7种，分别是主、红色、黄色、绿色、青色、蓝色、洋红通道。在这里用户可以控制颜色改变的范围，例如选中红色通道，调节参数时将只会改变画面中红色区域部分的颜色，其他颜色将不受影响。
- 通道范围：设置色彩范围。色带显示颜色映射的谱线。上面的色带表示调节前的颜色，下面的色带表示在全饱和度下调节后所对应的颜色。

图4.2.4

- 主色相：设置色调的数值，也就是改变某个颜色的色相，调整这个参数可以使图像中的香蕉变换颜色，前提是画面中并没有其他颜色存在，如果有会同时改变。
- 主饱和度：设置饱和度数值。数值为-100时，图片转为灰度图；数值为+100时，图片将呈现像素化。
- 主亮度：设置亮度数值。数值为-100时，画面全黑；数值为+100时，数值全白。
- 彩色化：当选取该选项后，画面将呈现出单色效果，选中后下面3个选项会被激活。
- 着色色相：设置前景的颜色，也就是单色的色相。
- 着色饱和度：设置前景饱和度。
- 着色亮度：设置前景亮度，如图4.2.5和图4.2.6所示。

图4.2.5　　　　　　　　　　　　　　　　　图4.2.6

4.2.3　曲线

　　【曲线】效果通过改变效果窗口的曲线来改变图像的色调，从而调节图像暗部和亮部的平衡，能在小范围内调整RGB数值。曲线的控制能力较强，能利用【亮区】【阴影】和【中间色调】3个变量进行调节。用户可以控制画面的不同色调进行调整，如图4.2.7所示。

- 通道：选择色彩通道，共分5种，有RGB、红色、绿色、蓝色、Alpha5。
- ▣ ⌀ ☑：主要用于控制曲线面板的大小。
- N：单击曲线上的点，拖动点来改变曲线的形状，图像色彩也跟着改变。
- ✎：可以使用铅笔工具在绘图区域绘制任意形状的曲线。
- 打开：文件夹选项。单击后将打开文件夹，方便我们导入之前设置好的曲线。
- 自动：自动调理。自动建立一条曲线，对画面进行处理。
- 平滑：平滑处理图标。比如用铅笔工具绘制一条曲线，再单击平滑图标，让曲线形状更规则。多次平滑的结果是曲线将成为一条斜线，如图4.2.8和图4.2.9所示。

图4.2.7

图4.2.8　　　　　　　　　　　　　　　　　图4.2.9

4.2.4　三色调

【三色调】效果的主要功能是通过对原图中亮部、暗部和中间色的像素做映射来改变不同色彩层的颜色信息。【三色调】效果与色调效果比较相似，但多出了对中间色的控制，如图4.2.10所示。

图4.2.10

- 高光：设置高光部分被替换的颜色。
- 中间调：设置中间色部分被替换的颜色。
- 阴影：设置阴影部分被替换的颜色。
- 与原始图像混合：调整与原图的融合程度，如图4.2.11和图4.2.12所示。

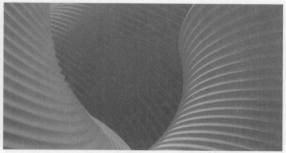

图4.2.11　　　　　　　　　　　　　　　图4.2.12

4.3　模糊和锐化

下面介绍【模糊和锐化】子菜单下的命令。

4.3.1　高斯模糊

高斯模糊主要用于模糊和柔化图像，可以去除杂点，层的质量设置对高斯模糊没有影响。高斯模糊效果能产生比其他效果更细腻的模糊效果，如图4.3.1所示。

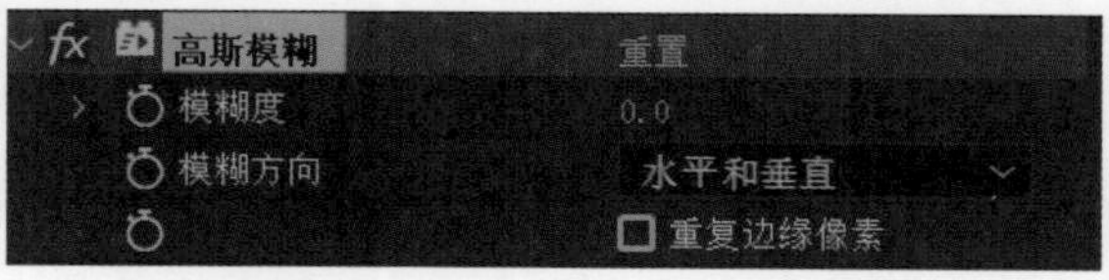

图4.3.1

- 模糊度：用于设置模糊的强度。通常我们使用该工具时，都会配合【遮罩】工具的使用，这样可以局部调整模糊值。
- 模糊方向：调节模糊方位，有全方位、水平方位、垂直方位3种选择。
- 重复边缘像素：选中后，边缘的黑边会消失，如图4.3.2和图4.3.3所示。

图4.3.2　　　　　　　　　　　　　　　图4.3.3

4.3.2 定向模糊

【定向模糊】效果是由最初的动态模糊效果发展而来。它比动态模糊效果更加强调不同方位的模糊效果，使画面带有强烈的运动感，如图4.3.4所示。

图4.3.4

- 方向：调节模糊方向。控制器非常直观，指针方向就是运动方向，也就是模糊方向。当设置度数为0度或180度时，效果是一样的。如果在度数前加负号，模糊的方向将为逆时针方向。
- 模糊长度：调节模糊的长度，也就是强度，如图4.3.5和图4.3.6所示。

图4.3.5

图4.3.6

4.3.3 径向模糊

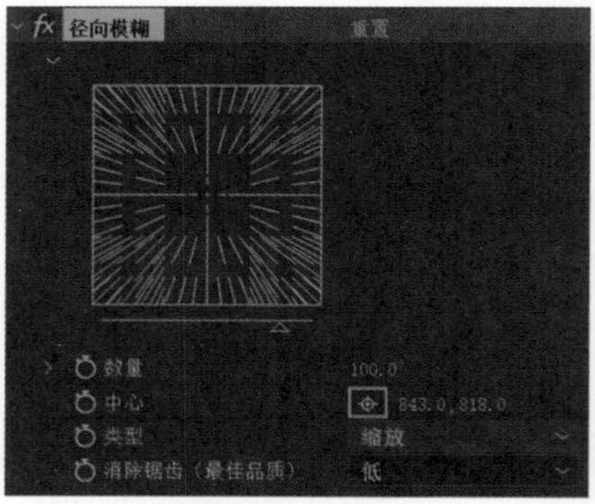

【径向模糊】是一个常用的效果，能围绕一个点产生模糊，可以模拟出摄像机推拉和旋转的效果，如图4.3.7所示。

- 数量：调整画面模糊的程度。
- 中心：设置模糊中心在画面中的位置。
- 类型：设置模糊类型，共两种，有旋转和缩放。
- 消除锯齿（最佳品质）：设置锯齿品质，共两种，有高和低，如图4.3.8和图4.3.9所示。

图4.3.7

图4.3.8

图4.3.9

4.3.4　通道模糊

【通道模糊】效果可以根据画面的颜色分布，进行分别模糊，而不是对整个画面进行模糊，具有更大的模糊灵活性。它可以产生模糊发光的效果，或者对Alpha通道的整幅画面应用，得到不透明的软边，如图4.3.10所示。

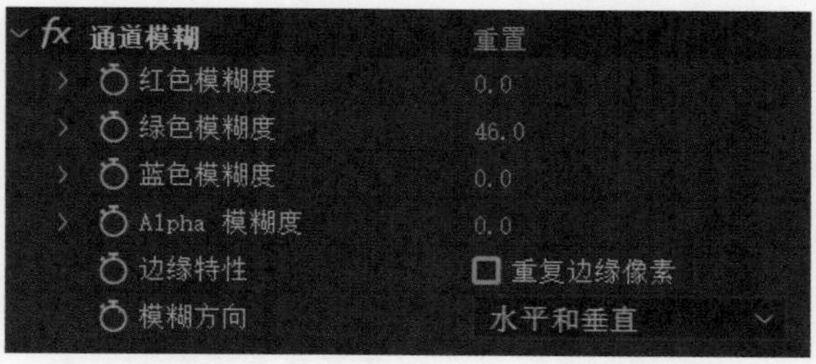

图4.3.10

- 红色模糊度：设置红色通道模糊程度。
- 绿色模糊度：设置绿色通道模糊程度。
- 蓝色模糊度：设置蓝色通道模糊程度。
- Alpha模糊度：设置Alpha通道模糊程度。
- 边缘特性：单击选择，表示图像外边的像素是透明的；不选择，表示图像外边的像素是半透明的。可以防止图像边缘变黑或变为透明。
- 模糊方向：设置模糊方向，共两种，有水平方向和垂直方向，如图4.3.11和图4.3.12所示。

图4.3.11

图4.3.12

4.4　生成

下面介绍【生成】子菜单下的命令。

4.4.1　梯度渐变

【梯度渐变】是最实用的AE内置插件之一，多用于制作双色的渐变颜色贴图。类似于Photoshop中的渐变工具，需要注意的是，无论素材是什么颜色或样式，素材都将被渐变色覆盖，如图4.4.1所示。

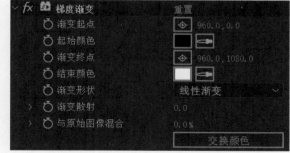

图4.4.1

- 渐变起点：设置渐变在画面中的起始位置。
- 起始颜色：设置渐变的起始颜色。
- 渐变终点：设置渐变在画面中的结束位置。
- 结束颜色：设置渐变的结束颜色。
- 渐变形状：调整渐变模式，有线性渐变和径向渐变。

- 渐变散射：调整渐变区域的分散情况，拉高参数，会使渐变区域的像素散开，产生类似于毛玻璃的感觉。
- 与原始图像混合：调整渐变效果和原始图像的混合程度。
- 交换颜色：将起始的颜色和结束的颜色对调交换。

4.4.2 四色渐变

【四色渐变】多用于制作多色的渐变颜色贴图，可以模拟霓虹灯、流光异彩等迷幻的效果。【四色渐变】效果的颜色过渡相对平滑，但是不如单独的固态层控制来得自由，如图4.4.2所示。

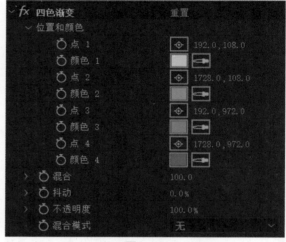

图4.4.2

- 位置和颜色：用来设置4种颜色的中心点和各自的颜色，并且可以设置位置动画和色彩动画，组合设置可以制作出复杂的变化。
- 混合：调整颜色过渡的层次数，参数越高，颜色之间过渡得也就越平滑。
- 抖动：调整颜色过渡区域（渐变区域）的抖动（杂色）数量。
- 不透明度：调整颜色的透明度。
- 混合模式：控制的是4种颜色之间的混合模式，共18种，有无、正常、相加、相乘、滤色、叠加、柔光、强度、颜色减淡、颜色加深、变暗、变亮、差值、排除、色相、饱和度、颜色、发光度，如图4.4.3和图4.4.4所示。

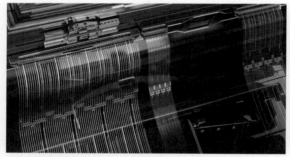

图4.4.3

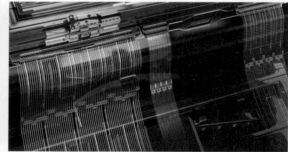

图4.4.4

4.4.3 高级闪电

【高级闪电】效果用于模拟自然界中的闪电效果，如图4.4.5所示。

- 闪电类型：共8种，有方向、打击、阻断、回弹、全方位、随机、垂直和双向打击。
- 源点：设置闪电源点在画面中的位置。
- 方向：调整闪电源点在画面中的方向或者闪电的外径。
- 传导率状态：调整闪电的状态。
- 核心设置：用来设置闪电核心的颜色、半径和透明度，如图4.4.6所示，有以下3个选项。

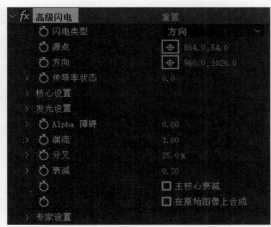

图4.4.5

图4.4.6

> ➤ 核心半径：调整闪电核心的半径。
> ➤ 核心不透明度：调整闪电核心的透明度。
> ➤ 核心颜色：调整闪电核心的颜色。
- 发光设置：用来设置闪电外围辐射的颜色、半径和透明度，如图4.4.7所示，有以下3个选项。
> ➤ 发光半径：调整闪电外围辐射的半径。
> ➤ 发光不透明度：调整闪电外围辐射的透明度。
> ➤ 发光颜色：调整闪电外围辐射的颜色。
- Alpha障碍：闪电会受到当前图层Alpha通道的影响，参数<0会进入Alpha内，>0会远离Alpha。
- 湍流：调整闪电的混乱程度，参数越高击打越复杂。
- 分叉：调整闪电的分支。
- 衰减：设置闪电的衰减。
- 专家设置：对闪电进行高级设置，如图4.4.8所示，包括以下各个选项。

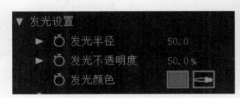

图4.4.7

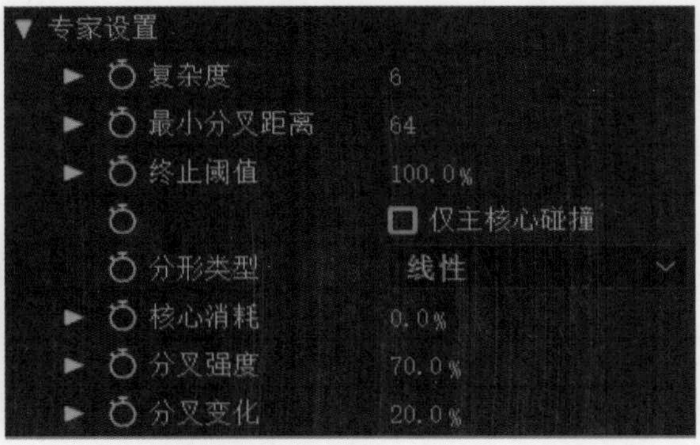

图4.4.8

> ➤ 复杂度：调整闪电的复杂程度。
> ➤ 最小分叉距离：调整闪电分叉之间的距离。
> ➤ 终止阈值：为低值时闪电更容易终止。如果打开了【Alpha障碍】的话，反弹的次数也会减少。
> ➤ 核心消耗：创建分支从核心消耗的能量的多少。
> ➤ 分叉强度：调整分叉从主干汲取能量的力度。
> ➤ 分叉变化：调整闪电的分叉变化，如图4.4.9和图4.4.10所示。

图4.4.9

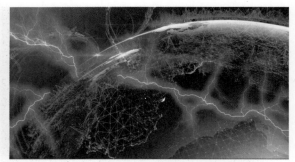

图4.4.10

4.5 风格化

下面介绍【风格化】子菜单下的命令。

4.5.1 发光

【发光】效果经常用于图像中的文字和带有Alpha通道的图像，产生发光效果，如图4.5.1所示。

- 发光基于：选择发光作用通道。共有两种，有Alpha通道和颜色通道。
- 发光阈值：调整发光的程度。
- 发光半径：调整发光的半径。
- 发光强度：调整发光的强度。
- 合成原始项目：原画面合成。
- 发光操作：选择发光模式，类似层模式的选择。
- 发光颜色：选择发光颜色。
- 颜色循环：选择颜色循环。
- 颜色循环：选择颜色循环方式。
- 色彩相位：调整颜色相位。
- A和B中点：颜色A和B的中点百分比。
- 颜色A：选择颜色A。
- 颜色B：选择颜色B。
- 发光维度：选择发光作用方向，共3种水平、垂直、水平和垂直，如图4.5.2和图4.5.3所示。

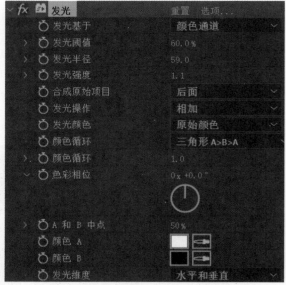

图4.5.1

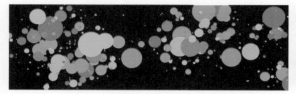

图4.5.2

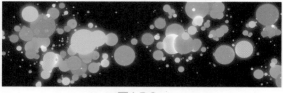

图4.5.3

4.5.2 毛边

图4.5.4

【毛边】效果是通过计算层的边缘的Alpha通道数值来使其产生粗糙的效果,如果通道带有动画效果,则可以根据Alpha通道数值,模拟被腐蚀过的纹理或溶解的效果,如图4.5.4所示。

- 边缘类型:选择处理边缘的方式。【粗糙化】是模拟照片时间久了边缘变得破旧,并且图像色彩也会随边缘腐蚀的程度呈现出旧照片一样的效果;【颜色粗糙化】是为粗糙化的边缘添加彩色的边;【剪切】的粗糙效果与粗糙化相同,但图像色彩不变;
【刺状】是模拟出边缘被尖的东西刮过的效果;【生锈】是模拟生锈效果;【生锈颜色】是为生锈边缘的变添加色彩;【影印】是模拟影印的效果;【影印颜色】是为影印部分添加色彩。
- 边缘颜色:设置边缘颜色。只有边缘类型中选择了带颜色选项的才被激活。
- 边界:设置边缘范围。默认数值范围在0.0到32.0之间,最大不能超过500.0。数值越大,对图像的影响范围越广。
- 边缘锐度:设置轮廓的锐化程度。数值为1.00是正常效果,0.00到1.00之间是羽化效果。默认数值范围在0.00到2.00之间,最大不能超过10.00。
- 分形影响:设置边缘粗糙的不规则程度。数值范围在0.0到1.0之间。当数值为0.0时,边缘变光滑。边缘光滑程度与边界的数值有关。
- 比例:对边缘粗糙效果的缩放处理,数值越小,边缘越琐碎。默认数值范围在20.0到300.0之间,最大不能超过1000.0。数值为100.0是正常状态,数值越大越呈现出一种溶解的效果。
- 伸缩宽度或高度:设置粗糙边缘宽度和高度的拉伸程度。数值为正时,在水平方向拉伸;数值为负时,在垂直方向拉伸。默认数值范围在—5.00到+5.00之间,最小不能低与—100.0,最大不能高于+100.0。数值为0.00,则不在任何方向拉伸。
- 偏移(湍流):设置边缘的偏移点。可以在合成面板任意位置设置偏移点。
- 复杂度:设置边缘粗糙效果的复杂程度。默认数值范围在1到6之间,最大不能超过10。数值为2是正常状态,数值在1到2之间,呈现羽化效果;大于2,粗糙效果越细致。
- 演化:设置边缘的粗糙变化角度。通过动画设置,能够实现动态变化的粗糙边缘效果。
- 循环(旋转次数):设置循环旋转的次数。必须执行循环演化命令才能激活该选项。默认数值范围在1到30之间,最大不能朝过88。
- 随机植入:设置随机种子速度,默认数值范围在0到1000之间,最大不能超过100000,如图4.5.5和图4.5.6所示。

图4.5.5

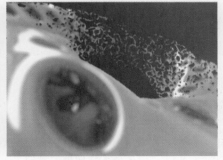

图4.5.6

4.5.3 卡通

【卡通】效果主要通过使影像中对比度较低的区域进一步降低，或使对比度较高的区域中的对比度进一步提高，从而形成色彩的阶段差，用于形成有趣的卡通效果，其界面如图4.5.7所示。

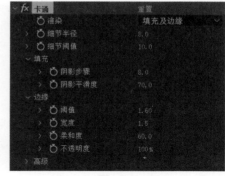
图4.5.7

- 渲染：渲染之后的显示方式，【填充及边缘】是显示填充和边缘，而【填充】是只显示填充，【边缘】是只显示边缘。
- 细节半径：画面的模糊程度，数值越高，画面越模糊。
- 细节阈值：这个数值可以更加细微地调整画面，减少这个数值可以保留更多细节，相反则可以使画面更具卡通效果。
- 填充：调整图像高光填充部分的过渡值和亮度值。【阴影步骤和阴影平滑度】：图像的明亮度值根据【阴影步骤】和【阴影平滑度】属性的设置进行量化（色调分离）。如果【阴影平滑度】值为0，则结果与简单的色调分离非常相似，不同值之间的过渡突变。较高的【阴影平滑度】值可使各种颜色更自然地混合在一起，色调分离值之间的过渡更缓和，并保持渐变。平滑阶段需考虑原始图像中存在的细节量，以使已平滑的区域（如渐变的天空）不进行量化，除非【阴影平滑度】值较低。
- 边缘：控制画面中边缘的各种数值，有以下4个选项。
  - ➤ 阈值：调节边缘的可识别性。
  - ➤ 宽度：调节边缘的宽度。
  - ➤ 柔和度：调节边缘的柔软度。
  - ➤ 不透明度：调节边缘的不透明度。
- 【高级】：控制边缘和画面的进阶设置，有以下3个选项。
  - ➤ 边缘增强：调节此数值，使边缘更加锋利或者扩散。
  - ➤ 边缘黑色阶：边缘的黑度。
  - ➤ 边缘对比度：调整边缘的对比度，如图4.5.8和图4.5.9所示。

图4.5.8

图4.5.9

4.5.4 CC Glass

【CC Glass】效果可制作出感觉真实的玻璃外观，用户通过使用指定的凹凸贴图、位移、光线和阴影的源层来创建有光泽、立体的外观属性，其界面如图4.5.10所示。

（1）【Surface】表面设置如下所述。

● Bump Map：此命令用作凹凸贴图层玻璃的扭曲。基于所选择的层的属性值，Bump图将被定义在亮区和暗区的"高""低"。在默认设置中，凹凸贴图是当前层。

● Property：在弹出菜单中选择要作为依据的通道信息来对凹凸进行映射。

● Softness：使用此参数控制选定的凹凸贴图的柔软性（或模糊度）。更高的柔软度值将弱化小细节，且减少深度的外观，给人一种流畅的整体效果。

● Height：用来控制凹凸贴图的相对高度，从而影响位移和表面阴影。

● Displacement：使用此控件来确定位移量，能够相对于凹凸高度产生更大的扭曲。

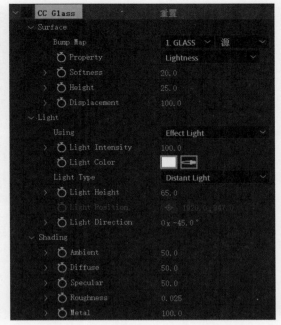

图4.5.10

（2）Light：使用该弹出式菜单来选择是否使用【Effects Light】效果灯源或【AE Light】AE灯源。如果切换到【AE Light】模式时，此组中没有参数。

● Light Intensity：使用光照强度滑块来控制灯光的强度。值越高，产生越明亮的效果。

● Light Color：使用此控件来选择任意一种光的颜色。

● Light Type：使用此控件选择你想要使用的灯光类型，从弹出菜单选项中即可选择。

  ➢ Distant Light：模拟太阳光类型的照射光，在源层中，用户可定义光的距离和角度。所有的光线是从相同的角度照射到层。

  ➢ Point Light：模拟一个灯泡挂在前面的灯光类型，用户定义层的距离和位置。光线照射到其定义光的位置层。

● Light Height：基于Z坐标，使用此控件来确定源层到光源的距离。当数值为负值时，移动光源背后的源图层能够使光线对背后或下面的图层进行照射。

● Light Position：使用此控件是基于X、Y轴源层的坐标来定位点光源位置。

● Light Direction：此控件能够控制光源的方向，控制光高度和光方向且可以确定照射层光线来源和角度。

（3）Shading：控制玻璃效果材质相关参数。

● Ambient：控制有多少环境光被反射。环境光无处不在，即使是不直接照射的光也能影响到所有可见表面。

● Diffuse：控制多少漫反射（全向）光被反射，所有可见的散射光直接影响光的照射效果。

● Specular：控制反射光的强度以确定其高光度，例如：闪亮材料，如铬，有强烈的高光。磨砂的材料，如橡胶、高光弱或无。如果增加高光值，便能看到一个高光突出显示，出现在漫反射区域，其中光的直接反射在中心查看器中显示。

● Roughness：设置粗糙材质的控件，表面粗糙度影响镜面高光的传播，表面粗糙度的值越高，则有越大的光泽和较小的亮点。

● Metal：使用此控件来确定镜面高光的颜色。将数值设置到100，即为镜面高光类似于金属的颜色。将值设置为0，光源的镜面高光类似于塑料的颜色，如图4.5.11和图4.5.12所示。

图4.5.11   图4.5.12

4.6   过渡

下面介绍【过渡】子菜单下的命令。

4.6.1   渐变擦除

【渐变擦除】的主要功能是让画面柔和地过渡，使得画面转场不显得过于生硬，其界面如图4.6.1所示。

- 过渡完成：调整渐变的完成度。
- 过渡柔和度：调整渐变过渡的柔和度。
- 渐变图层：选择需要渐变的图层。
- 渐变位置：选择渐变位置，包括【拼贴渐变】【中心渐变】【伸缩渐变以适合】。
- 反转渐变：反转渐变顺序，如图4.6.2～图4.6.4所示。

图4.6.1

图4.6.2

图4.6.3

图4.6.4

4.6.2 块溶解

【块溶解】效果能够随机产生板块来溶解图像，达到图像转换，其界面如图4.6.5所示。

● 过渡完成：转场完成百分比。
● 块宽度：调整块宽度。
● 块高度：调整块高度。
● 羽化：调整板块边缘羽化。
● 柔化边缘：选择后能使边缘柔化，如图4.6.6所示。

图4.6.5

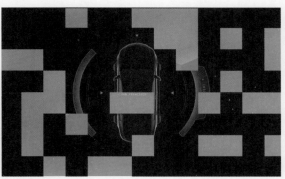

图4.6.6

4.6.3 卡片擦除

【卡片擦除】效果模拟出一种由众多卡片组成一张图像，然后通过翻转每张小的卡片来变换到另一张卡片的过渡效果。卡片擦除能产生动感最强的过渡效果，属性也是最复杂的，包含了灯光、摄影机等的设置。通过设置属性，我们能模拟出百叶窗和纸灯笼的折叠变换效果，其界面如图4.6.7所示。

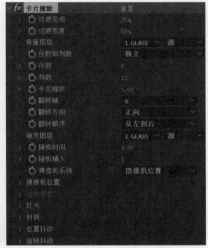

图4.6.7

● 过渡完成：设置过渡效果的完成程度。
● 过渡宽度：设置原图像和底图之间动态转换区域的宽度。
● 背面图层：选择过渡效果后将显示背景层。如果背景层是另外一张图像，并且被应用了其他效果，那最终只显示原图像，其应用的效果不显示。过渡区域显示的图像是原图像层下一层的图像。如果原图像层下一层图像和过渡层图像应用的效果一样，那过渡区域显示的是应用了效果的图像，如果希望最终图像保留原来应用的效果，背景图层选【无】。
● 行数和列数：设置横竖两列卡片数量的交互方式。【独立】选项允许单独调整行数和列数各自的数量；列数受行数控制，此选项只允许调整行数的数量，并且行数和列数的数量相同。
● 行数：设置行数属性的数值。
● 列数：设置列数属性的数值。
● 卡片缩放：设置卡片的缩放比例。数值小于1.0，卡片与卡片之间出现空隙；大于1.0，出现重叠效果。通过与其他属性配合，能模拟出其他过渡效果。

- 翻转轴：设置翻转变换的轴。【X】是在X轴方向变换；【Y】是在Y轴方向变换；【随机】是给每个卡片一个随机的翻转方向，产生变幻的翻转效果，也更加真实自然。

- 翻转方向：设置翻转变换的方向。当翻转轴为X时，【正向】是从上往下翻转卡片，【反向】是从下往上翻转卡片；当翻转轴为Y时，【正向】是从左往右翻转卡片，【反向】是从右往左翻转卡片；【随机】是随机设置翻转方向。

- 翻转顺序：设置卡片翻转的先后次序。共有9种选择，从左到右的次序，从右到左的次序，自上而下的次序，自下而上的次序，左上到右下的次序，右上到左下的次序，左下到右上的次序，右下到左上的次序，渐变是按照原图像的像素亮度值来决定变换次序，黑的部分先变换，白的部分后变换。

- 渐变图层：设置渐变层，默认是原图像。可以自己制作渐变效果的图像来设置成渐变层，这样就能实现无数种变换效果。

- 随机时间：设置一个偏差数值来影响卡片转换开始的时间，按原精度转换，数值越高，时间的随机性越高。

- 随机植入：属性是用来改变随机变换时的效果，通过在随机计算中插入随机植入数值来产生新的确定的结果。卡片擦除模拟的随机变换与通常的随机变换还是有区别的，通常我们说的随机变换往往是不可逆转的，但在卡片擦除中却可以随时查看随机变换的任何过程。卡片擦除的随机变换其实是在变换前就确定一个非规则变换的数值，但确定后就不再改变，每个卡片就按照各自的初始数值变换，过程中不再产生新的变换值。而且两个以上的随机变换属性重叠使用的效果并不明显，通过设置随机插入数值我们能得到更加理想的随机效果。在不使用随机变换的情况下，随机植入对变换过程没有影响。

- 摄像机位置：通过设置摄像机位置、边角定位，或者合成摄像机3个属性，能够模拟出三维的变换效果。【摄像机位置】是设置摄影机的位置；【边角定位】是自定义图像4个角的位置；【合成摄像机】是追踪相机轨迹和光线位置，并在层上渲染出3D图像，如图4.6.8所示。各选项介绍如下。

  - X轴旋转：围X轴的旋转角度。
  - Y轴旋转：围Y轴的旋转角度。
  - Z轴旋转：围Z轴的旋转角度。
  - X、Y位置：设置X、Y的交点位置。
  - Z位置：设置摄像机在Z轴的位置。数值越小，摄像机离层的距离越近；数值越大，离得越远。
  - 焦距：设置焦距效果。数值越大越近，数值越小越远。
  - 变换顺序：设置摄像机的旋转坐标系和在施加其他摄像机控制效果的情况下，摄像机位置和旋转的优先权。旋转X，位置是先旋转再位移；位置，旋转X是先位移再旋转。

- 灯光：设置灯光的效果，如图4.6.9所示，各选项介绍如下。

图4.6.8

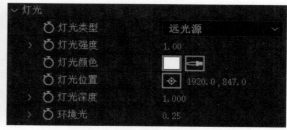

图4.6.9

  - 灯光类型：设置灯光类型。共包括3种，有点光源、远光源、首选合成光源。
  - 灯光强度：设置光的强度。数值越高，层越亮。

> ➤ 灯光颜色：设置光线的颜色。
> ➤ 灯光位置：在X、Y轴的平面上设置光线位置。还可以设置点灯光位置的靶心标志，按住Alt键，在合成窗口上移动鼠标，光线随鼠标移动而变换，可以动态对比出哪个位置更好，但比较耗资源。
> ➤ 灯光深度：设置光线在Z方向的位置，负数情况下光线移到层背后。
> ➤ 环境光：设置环境光效果，将光线分布在整个层上。

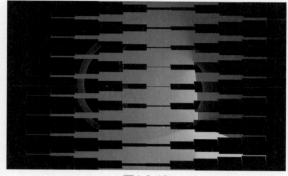

- ● 【灯光】效果还包括如下选项，图例界面长度有限，未显示出来。
> ➤ 材质：设置卡片的光线反馈值。
> ➤ 位置抖动：设置在整个转换过程中，在 X、Y和Z轴上附加的抖动量和抖动速度。
> ➤ 旋转抖动：设置在整个转换过程中，在 X、Y和Z轴上附加的旋转抖动量和旋转抖动速度，如图4.6.10所示。

图4.6.10

4.6.4　CC Glass Wipe

　　【CC Glass Wipe】效果可以基于其他层的值创建一个玻璃查找转换效果。最终的结果是一个玻璃查找层溶化后显示另外一层，如图4.6.11所示。

图4.6.11

- ● Completion：使用该控件来确定过渡的完成百分比，关键帧控制动画擦拭。
- ● Layer to Reveal：在弹出式菜单中选择要显示的图层。
- ● Gradient Layer：在这个弹出菜单中，选择一个层作为位移和显示图使用。所选择的层的亮度值将被使用。
- ● Softness：使用此控件来控制所选渐变层的柔和度（或模糊）。更高的柔和度值将移除小细节，以及减少外观的深度，给人一种流畅的整体效果，默认设置是10。
- ● Displacement Amount：使用此控件来决定过渡的位移量，较高的值产生较大的扭曲，如图4.6.12和图4.6.13所示。

图4.6.12

图4.6.13

4.7 杂色和颗粒

下面介绍【杂色和颗粒】子菜单下的命令。

4.7.1 杂色Alpha

执行【效果】>【杂色和颗粒】>【杂色
Alpha】命令，如图4.7.1所示。【杂色Alpha】功能
能够在画面中产生黑色的杂点图像，配合饱和度
的降低可以产生老旧黑白照片的效果，如图4.7.1
所示。

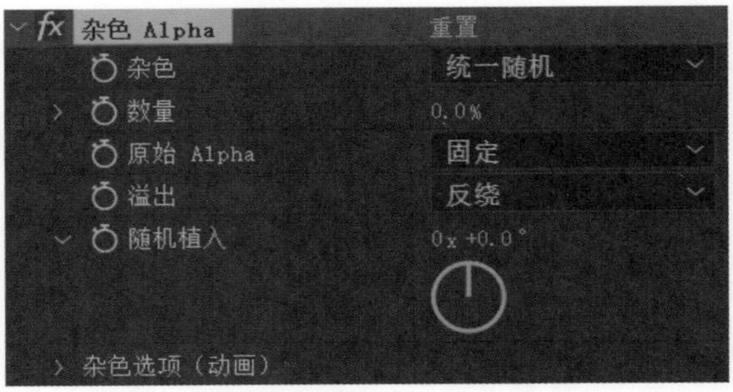

- 杂色：选择【杂色和颗粒】模式，共4种
  模式，分别为统一随机、方形随机、统一动画、方形动画。
- 数量：调整杂色和颗粒的数量。
- 原始 Alpha：共4种模式，分别为相加、固定、缩放、边缘。
- 溢出：设置杂色和颗粒图像色彩值的溢出方式，共3种，有剪切、反绕、回绕。
- 随机植入：调整杂色和颗粒的方向。
- 杂色选项（动画）：选中循环杂色后，能够调整杂色和颗粒的旋转次数，如图4.7.2和图4.7.3所示。

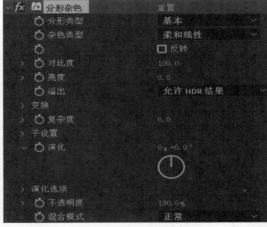

图4.7.1

图4.7.2

图4.7.3

4.7.2 分形杂色

【分形杂色】效果主要用于模拟出如气流、云
层、岩浆、水流等效果，这是After Effects最为重要
的效果，这里只对参数进行说明，在后面的章节会有
详细的案例讲解，如图4.7.4所示。

- 分形类型：所生成的杂色和颗粒类型。
- 杂色类型：设置分形杂色类型，【块】为最
  低级，往上依次增加，【样条】为最高级，
  噪点平滑度最高，但是渲染时间最长。
- 反转：反转图像亮度。

图4.7.4

- 对比度：调整杂色和颗粒图像的对比度。
- 亮度：调整杂色和颗粒图像的明度。
- 溢出：设置杂色和颗粒图像色彩值的溢出方式。
- 变换：在这里可以设置杂色和颗粒图像色彩值的溢出方式，以及图像的旋转、缩放、位移等属性，如图4.7.5所示，其各选项说明如下。
  - ➢ 旋转：旋转杂色和颗粒纹理。
  - ➢ 统一缩放：勾取以后能锁定缩放时的长宽比。取消勾取状态后，能分别独立地调整缩放的长度和宽度。
  - ➢ 缩放：缩放杂色和颗粒纹理。
  - ➢ 偏移（湍流）：杂色和颗粒纹理中点的坐标。移动坐标点，可以使图像形成简单的动画。
  - ➢ 复杂度：设置杂色和颗粒纹理的复杂度。
- 子设置：设置一些杂色和颗粒纹理的子属性，如图4.7.6所示，其中4个选项如下所述。

图4.7.5

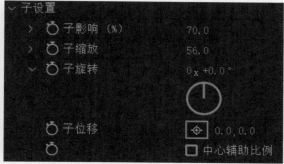

图4.7.6

  - ➢ 子影响：设置杂色和颗粒纹理的清晰度。
  - ➢ 子缩放：设置杂色和颗粒纹理的次级缩放。
  - ➢ 子旋转：设置杂色和颗粒纹理的次级旋转。
  - ➢ 子位移：设置杂色和颗粒纹理的次级位移。
- 演化：设置使杂色和颗粒纹理变化，而不是旋转（我们一般通过该属性设置动画）。
- 演化选项：设置一些杂色和颗粒纹理的变化度的属性，比如随机种子数、扩展圈数等。
- 不透明度：设置杂色和颗粒图像的不透明度。
- 混合模式：调整杂色和颗粒纹理与原图像的混合模式，如图4.7.7和图4.7.8所示。

图4.7.7

图4.7.8

4.8 模拟

下面介绍【模拟】子菜单下的命令。

4.8.1 CC Bubbles

【CC Bubbles】效果在选定图层创建一个泡沫的效果，泡泡的色彩源于选定图层的色彩，其界面如图4.8.1所示。

- Bubble Amount：使用此控制来确定气泡数，在源层出现的气泡数可能不符合实际该出现的数目。
- Bubble Speed：使用这种控制来确定泡沫的移动速度。设置为正值使气泡上升，设置为负值使气泡下降。
- Wobble Amplitude：使用这种控制来确定添加到泡沫运动的抖动数量。
- Wobble Frequency：使用这种控制来确定频率泡沫摆动。该值越高，泡沫从左右移动速度越快。
- Bubble Size：控制气泡的尺寸。
- Reflection Type：控制选择反射式的泡沫，从弹出菜单选择以下选项之一。
  - ➢ Inverse Reflection：给出了气泡的独立反射。
  - ➢ World Reflection：让气泡反射源层。
- Shading Type：使用着色类型气泡弹出选择底纹样式，包括以下选项。
  - ➢ None：完全不透明的气泡，无褪色或透明度。
  - ➢ Lighten：气泡逐渐褪去了颜色为白色的气泡的外围。
  - ➢ Darken：气泡逐渐褪去了颜色为黑色的气泡的外围。
  - ➢ Fade Inwards：使中心的气泡出现透明，像肥皂泡泡。
  - ➢ Fade Outwards：使气泡的边缘出现透明，如图4.8.2所示。

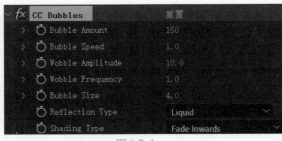

图4.8.1

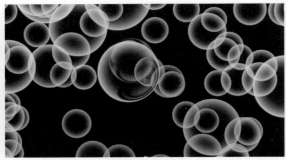

图4.8.2

4.8.2 CC Drizzle

【CC Drizzle】效果创建圆形波纹涟漪，看起来像一个池塘里雨滴扰乱了水面。Drizzle是一个粒子发生器，随着时间的推移会出现环状的传播，其界面如图4.8.3所示。

- Drip Rate：使用这种控制来确定下降的比率，较低的值产生更少的下降，而较高值增加下降的数量。

- Longevity（sec）：使用此控件设置波纹的动画时长。波纹膨胀的半径对应寿命的设置，半径由扩散控制确定。
- Rippling：使用此控制确定各波纹环的数量。每个绕盘增加了另一个环。
- Displacement：使用此控制来确定位移量。较高的值产生更大的纹理。
- Ripple Height：使用此控制确定波纹高度的外观。高度影响位移和阴影的外观。
- Spreading：使用此控件的大小来确定涟漪扩展。（该控件具有扩展范围）
- Light设置涟漪光照效果，包括以下选项。
  - Using：决定是否使用Effect Light（效果光源）或AE Light（AE灯光）。
  - Light Intensity：利用光亮度滑块来控制灯光的强度。较高的值产生更明亮的结果。
  - Light Color：使用此控制选择灯光的颜色。
  - Light Type：使用这个控件选择哪种类型的灯光，从弹出菜单选择以下选项之一。
    - Distant Light：这种类型的灯光模拟太阳光从自定义的距离和角度照射在源层。所有的光线从相同的角度照射图层。
    - Point Light：这种类型的灯光在用户定义的距离和位置的层上模拟一个灯泡挂在前面。光线打到层定义的光位置。
  - Light Height：使用这种控件来确定从源层到光源的距离，基于Z坐标。当使用负值时，光源是照射背后的源层。
  - Light Position：使用此控件位置的点光源层，基于X、Y轴坐标。
  - Light Direction：使用此控件设置光源的方向。
- Shading设置涟漪阴影材质，包括以下选项。
  - Ambient：使用此控件来确定环境光的反射程度。
  - Diffuse：使用此控件来确定漫反射值。
  - Specular：使用此控件确定高光的强度。
  - Roughness：设置材质表面的粗糙程度。粗糙度会影响镜面高光，设置更高的表面粗糙度值，会减少材质光泽。
  - Metal：此控件用于控制突出显示的颜色。设置值为100反映出高光层的颜色，如金属。设置值为0，反映出高光的光源的颜色，如塑料，如图4.8.4所示。

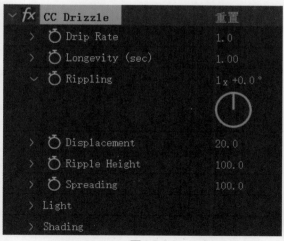

图4.8.3

图4.8.4

127

4.8.3　CC Rainfall

　　【CC Rainfall】效果可以产生类似液体的粒子来模拟降雨效果。创建的雨滴也可以包含嵌入视频的透明度，反射（或折射）可以匹配或控制画面的应用，如图4.8.5所示。

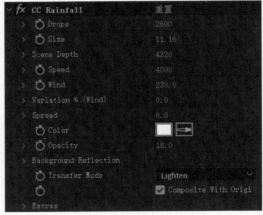

图4.8.5

- Drops：使用此控件来确定雨滴数量。
- Size：使用此控件来确定雨滴的大小。
- Scene Depth：雨滴将被生成用来填充此场景的深度。
- Speed：使用此控件来确定滴落的速度。
- Wind：使用此控件添加风，控制它的力量。这影响到所有雨滴下降并非垂直，受到风的影响会有一定的倾斜角度。
- Variation %（Wind）：使用此控件可以设置特定范围雨滴的随机性。这影响到雨滴可能偏离为单个雨滴。
- Spread：使用此控件设置随机方向上雨滴的量。
- Color：使用此控件选择雨滴的颜色。当使用Background Reflection的时候，这个颜色会与反射的颜色混合。
- Opacity：使用此控件来确定雨滴的透明度。
- Background Reflection：呈现所有不是相同反射（或折射）的雨滴，该控件可以让雨滴反映（或折射）源层。
- Transfer Mode：选择使用效果和源层之间合成的模式。每个选项都提供一个不同的结果。
- Composite With Original：选中此选项以合成雨滴源层。
- Extras：控件的集合，是比较专业的控件设置。

本界面还有如下被隐藏的选项。

- Appearance：使用此弹出菜单选择雨滴外观。选择下列选项之一：Refracting、Soft Solid。Refracting使得雨滴下降更加符合物理原理，因为光从侧面折射将会出现更多"透明"的中心。Soft Solid使雨滴下降时带有折射效果。两个选项之间差异在于折射以雨滴的中心或以表面为主。
- Offset：使用此控件来偏移整个雨滴位置。当使用平移摄像机画面时，这种控件可以用来平移雨滴，配合镜头进行相匹配的运动。
- Ground Level %：使用这个控件来设置雨滴消失的地方，可以用于匹配源层。
- Embed Depth %：使用此控件来确定在某个场景内嵌入源雨滴。从立即在面前的相机（0%）到最远的距离相机（100%）。
- Random Seed：使用这个控件设置一个独特的随机种子值来影响所有控件的使用。这可以轻松使用到多个图层，图层可以控制雨滴的随机值，这样就可以制作出自然的雨滴动画，如图4.8.6所示。

图4.8.6

本章，我们通过实例操作来综合应用前面章节所讲到一些【效果】命令，命令间的随机组合可以创造出不同的画面效果，这也是软件编写人员所不能预见到的。我们在看到一个效果时可以将其融合进作品中。该章节中前5个实例较为简单，如果是初学者，请务必学习完这几个实例再开始后面的学习。后面的实例因操作复杂，一些简单的操作就会直接调取工具，基础的操作如创建【合成】和【纯色】层、设置动画关键帧等将不再复述。

5.1　调色实例

在After Effects中有许多重要的效果都是针对色彩的调整，但单一地使用一个工具调整画面的颜色，并不能对画面效果带来质的改变，需要综合应用手中的工具，进行色彩调整。我们可以使用菜单【效果】>【颜色校正】下的效果进行调色，也可以使用特殊的方法改变画面颜色。

01 执行【合成】>【新建合成】命令，弹出【合成设置】对话框，创建一个新的合成面板，命名为"调色实例"，设置控制面板参数，如图5.1.1所示。

图5.1.1

02 执行【文件】>【导入】>【文件】命令，导入配套资源"工程文件"相关章节的"调色"素材，在【项目】面板选中导入的素材文件，将其拖入【时间轴】面板，图像将被添加到合成影片中，在合成窗口中将显示出图像，如图5.1.2所示。

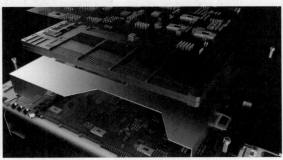

图5.1.2

03 按下快捷键Ctrl+Y，在【时间轴】面板中创建一个【纯色】图层，弹出【纯色层设置】对话框，创建一个蓝色的纯色层，颜色尽量饱和一些。在【时间轴】面板中将蓝色的纯色层放在素材的上方，如图5.1.3所示。

04 将蓝色纯色层的层融合模式改为【叠加】模式，注意观察素材金属的颜色已经变成蓝色，这是为了下一步更好地叠加调色，如图5.1.4所示。

图5.1.3

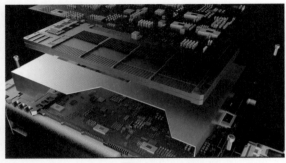

图5.1.4

05 选中建立的纯色层，可以通过为蓝色纯色层添加【效果】>【颜色校正】>【色相/饱和度】效果修改纯色层的色相，从而改变树叶的颜色，如图5.1.5所示。

图5.1.5

06 在【效果控件】面板中，将【色相/饱和度】效果下的【主色相】旋转，从而调整颜色，如图5.1.6和图5.1.7所示。

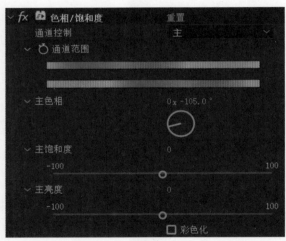

图5.1.6

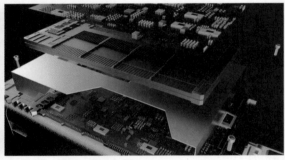

图5.1.7

07 除了对黑白图像用图层模式改变色调，【色相/饱和度】效果还可以针对某一个颜色进行调整。使用同样的方式把另一张调色素材调进来，并为其添加【色相/饱和度】效果，如图5.1.8所示。

08 在【效果控件】面板中，将【通道控制】选项调整为【红色】，需要做的是将要调整的颜色选出，如果想调整红色就选择【红色】通道，如果是调整背景的绿色就选择【绿色】通道，如图5.1.9所示。

09 选中了红色通道，图标选中的范围为正红色，通过调整三角图标和【通道范围】可以将玫红色部分的颜色选取出来，如图5.1.10所示。

10 移动左侧的■三角图标，将玫红色的部分选取进来，如图5.1.11所示。

11 这时调整【主色调】的转轮，可以看到只有文字的颜色发生变化，背景中的绿色没有改变，如图5.1.12所示。

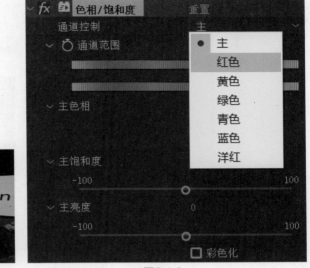

图5.1.9

图5.1.8

图5.1.10

图5.1.11

图5.1.12

5.2　画面颗粒

01 执行【合成】>【新建合成】命令，弹出【合
成设置】对话框，创建一个新的合成面板，
命名为"画面颗粒"，设置控制面板参数，
如图5.2.1所示。

02 执行【文件】>【导入】>【文件】命令，导
入配套资源"工程文件"相关章节的"画面
颗粒"素材，在【项目】面板中选中导入的
素材文件，将其拖入【时间轴】面板，图像
将被添加到合成影片中，在合成窗口中将显
示出图像，如图5.2.2所示。

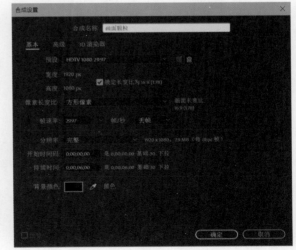

图5.2.1

03 ▶ 这是一段电影的素材，而老电影因为当时技术手段的限制，拍摄的画面都是黑白的，并且很粗糙，下面就来模拟这些效果。在【时间轴】面板中，选中素材，执行【效果】>【杂色与颗粒】>【添加颗粒】命令，调整【查看模式】为【最终输出】模式，展开【微调】属性，修改【强度】参数为3，【大小】参数为0.5，如图5.2.3所示。

图5.2.2　　　　　　　　　　　　　　　　图5.2.3

04 ▶ 观察画面可以看到明显的颗粒。After Effects还提供了很多预设模式，用于模拟某些胶片的效果，如图5.2.4所示。

05 ▶ 在【时间轴】面板中选中素材，执行【效果】>【颜色校正】>【色相/饱和度】命令，选择【彩色化】选项，调整【着色色相】的参数为0*＋35.0，将画面变成单色，如图5.2.5所示。

图5.2.4　　　　　　　　　　　　　　　　图5.2.5

5.3　云层模拟

01 ▶ 执行【合成】>【新建合成】命令，弹出【合成设置】对话框，创建一个新的合成面板，命名为"云层"，设置控制面板参数，如图5.3.1所示。

02 ▶ 按下快捷键Ctrl+Y，在【时间轴】面板中创建一个【纯色】图层，弹出【纯色设置】对话框，设置颜色可以为任何颜色，如图5.3.2所示。

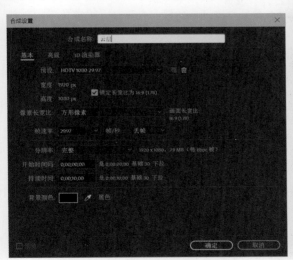

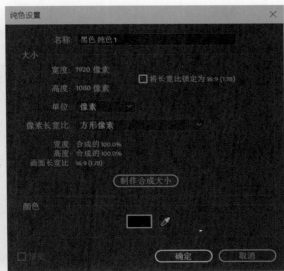

图5.3.1   图5.3.2

03 在【时间轴】面板选中该层，执行【效果】>【杂色和颗粒】>【分形杂色】命令，可以看到【纯色】层被变为黑白的杂色，如图5.3.3所示。

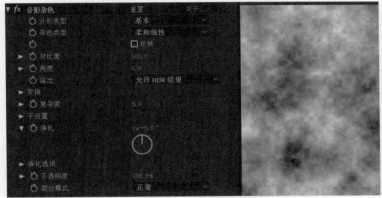

图5.3.3

04 修改【分形杂色】效果的参数，【分形类型】为【动态】模式，【杂色类型】为【柔和线性】模式，加强【对比度】为200，降低【亮度】为-25，如图5.3.4所示。

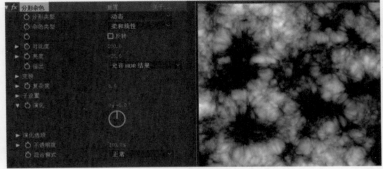

图5.3.4

05 在【时间轴】面板，展开【分形杂色】下的【变换】属性，为云层制作动画，执行【透视位移】命令，分别在时间起始处和结束处，设置【偏移（湍流）】值的关键帧，使云层横向运动，值越大运动速度越快。同时设置【子设置】>【演化】属性，分别在时间起始处和结束处，设置关键帧，其值为5*+0.0。然后按下空格键播放动画观察效果，可以看到云层在不断地滚动，如图5.3.5所示。

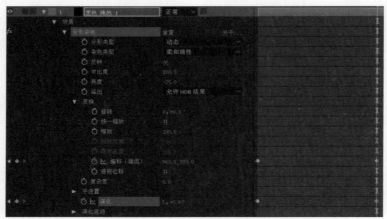

图5.3.5

06 在工具栏中选中■【矩形工具】，在【时间轴】面板选中云层，在【合成】面板中创建一个矩形蒙版，并调整【蒙版羽化】值，执行【反转】命令，使云层的下半部分消失，如图5.3.6所示。

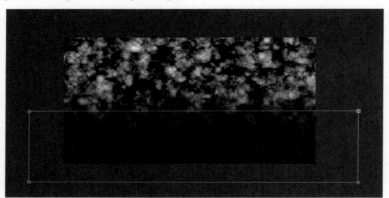

图5.3.6

07 执行【效果】>【扭曲】>【边角定位】命令，【边角定位】效果使平面变为带有透视的效果，在【合成】面板中调整云层四角圆圈十字图标的位置，使云层渐隐的部分缩小，产生空间的透视效果，如图5.3.7所示。

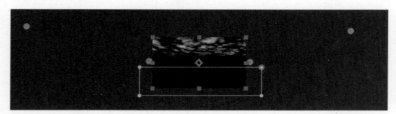

图5.3.7

08 执行【效果】>【色彩调整】>【色相/饱和度】命令，为云层添加颜色。在【效果控件】面板【色相/饱和度】效果下，执行【彩色化】命令，使画面产生单色的效果，修改【着色色相】的值，调整云层为淡蓝色，如图5.3.8所示。

图5.3.8

09 执行【效果】>【色彩校正】>【色阶】命令，为云层添加闪动效果。【色阶】效果主要用来调整画面亮度，为了模拟云层中电子碰撞的效果，可以提高画面亮度。设置【色阶】效果的【直方图】值的参数（移动最右侧的白色三角图标）。为了得到闪动的效果，画面加亮后要再调回原始画面，回到原始画面的关键帧的间隔要小一些，才能模拟出闪动的效果，如图5.3.9所示。

图5.3.9

10 最后创建一个新的黑色【纯色】层，执行【效果】>【模拟】> CCRainfall命令，将黑色的【纯色】层的层融合模式改为【相加】模式，可以看到雨被添加到了画面里，如图5.3.10所示。

图5.3.10

5.4 发光背景

01 执行【合成】>【新建合成】命令，弹出【合成设置】对话框，创建一个新的合成面板，命名为"背景"，设置控制面板参数，如图5.4.1所示。

02 按下快捷键Ctrl+Y，在【时间轴】面板中创建一个【纯色】图层，弹出【纯色设置】对话框，命名为"光效"，如图5.4.2所示。

图5.4.1

图5.4.2

03 在【时间轴】面板选中"光效"层，执行【效果】>【杂色和颗粒】>【湍流杂色】命令，设置【湍流杂色】效果属性参数，如图5.4.3和图5.4.4所示。

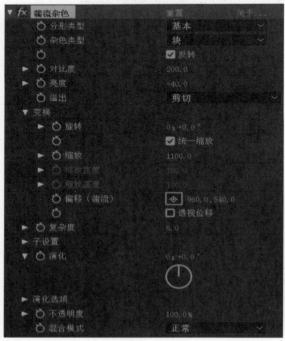

图5.4.3

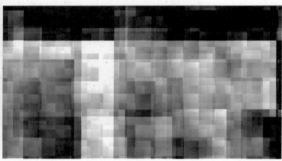

图5.4.4

04 执行【效果】>【模糊和锐化】>【方向模糊】命令，将【模糊长度】的值调整成为100，对画面实施方向性模糊，使画面产生线型的光效，如图5.4.5所示。

05 下面调整一下画面的颜色，执行【效果】>【颜色校正】>【色相饱和度】命令，我们需要的画面是单色的，所以要执行【彩色化】命令，调整【着色色相】的值为260，画面呈现蓝紫色，如图5.4.6所示。

图5.4.5

图5.4.6

06 执行【效果】>【风格化】>【发光】命令，为画面添加发光效果。为了得到丰富的高光变化，【发光颜色】设置为【A和B颜色】类型，并调整其他相应的值，如图5.4.7和图5.4.8所示。

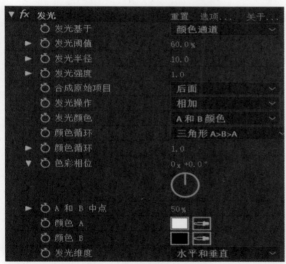

图5.4.7

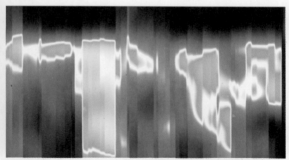

图5.4.8

07 执行【效果】>【扭曲】>【极坐标】命令，使画面产生极坐标变形，设置【插值】值为100%，设置【转换类型】为【矩形到极线】类型，如图5.4.9和图5.4.10所示。

图5.4.9

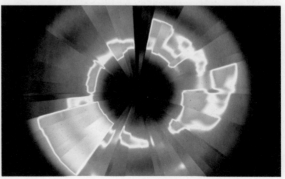

图5.4.10

08 下面为光效设置动画，找到【湍流杂色】效果的【演化】属性，单击属性左边的码表图标，在时间起始处和结束处分别设置关键帧，然后按下空格键，播放动画观察效果，如图5.4.11所示。

图5.4.11

我们一共使用了五种效果，根据不同的画面要求，可以使用不同的效果，最终所呈现的效果是不一样的。用户还可以通过【色相/饱和度】的【着色色相】属性设置光效颜色变化的动画。

5.5 粒子光线

01 执行【合成】>【新建合成】命令，弹出【合成设置】对话框，创建一个新的合成面板，命名为"粒子光线"，设置控制面板参数，如图5.5.1所示。

02 在【时间轴】面板中右击，在弹出的快捷菜单中选择【新建】>【纯色】选项（或在弹出的快捷菜单中选择【图层】>【新建】>【纯色】选项），创建一个纯色层，并命名为"白色纯色1"，将【宽度】值改为2，将【高度】值改为1080，将【颜色】改为白色，如图5.5.2所示。

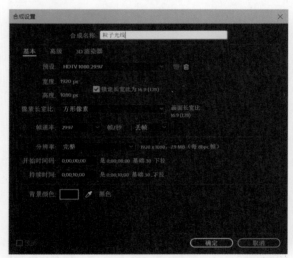

图5.5.1

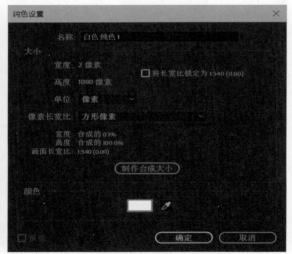

图5.5.2

03 在【时间轴】面板中，执行【图层】>【新建】>【纯色】命令，创建一个纯色层并命名为"发射器"，如图5.5.3所示。

04 在【时间轴】面板中选中"发射器"层，执行【效果】>【模拟】>【粒子运动场】命令，按下空格键，预览播放动画效果，如图5.5.4所示。

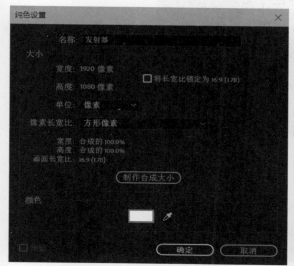

图5.5.3

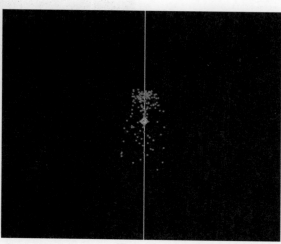

图5.5.4

05 在【效果控件】面板中设置参数，展开【发射】属性，将【圆筒半径】值改为900，【每秒粒子数】值改为60，【随机扩散方向】值改为20，【速率】值改为130，如图5.5.5所示。

06 将【图层映射】属性展开，将【使用图层】改为"2白色线"，按下空格键，预览播放动画效果。再将【重力】属性展开，将【力】值改为0，如图5.5.6所示。

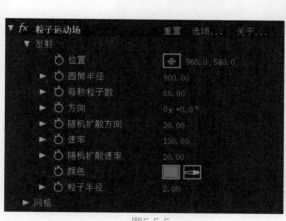

图5.5.5

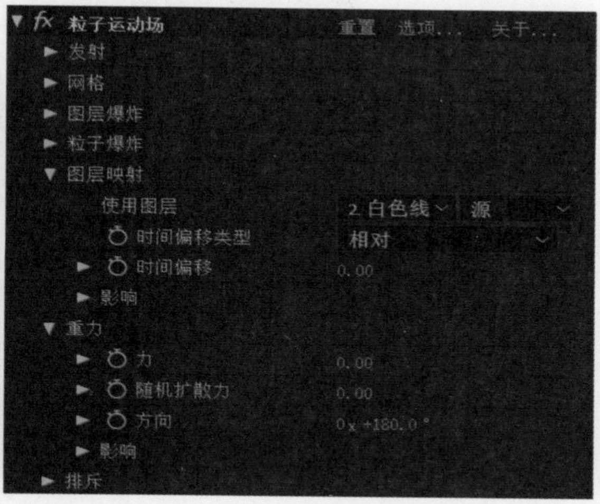

图5.5.6

07 在【时间轴】面板中选中"发射器"层，按下快捷键Ctrl+D复制该层，如图5.5.7所示。

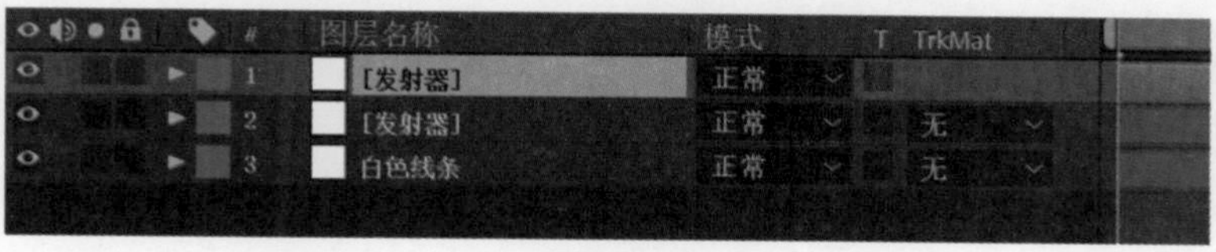

图5.5.7

08 使用工具箱中的 ![] 【旋转工具】，选中复制出来的"白色线条"层，在【合成】面板中将其旋转180度。在【时间轴】面板中将"白色线条"层右侧的眼睛图标单击取消。按下空格键，预览播放动画效果，如图5.5.8所示。

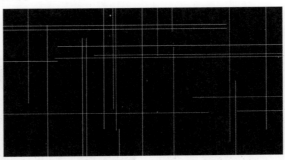

图5.5.8

09 执行【图层】>【新建】>【调整图层】命令，将新建的调整层放置在【时间轴】面板中最上层的位置，该层并没有实际的图像存在，只是对位于该层以下的层做出相关的调整，如图5.5.9所示。

👁	🔊	🔒	🏷	#	图层名称	模式	T	TrkMat
👁				1	调整图层	正常		无
👁				2	[发射器]	正常		无
👁				3	[发射器]	正常		无
👁				4	白色线条	正常		无

图5.5.9

10 在【时间轴】面板中选中【调整图层】调节层，执行【效果】>Trapcode>Statglow命令，在【效果控件】面板中，将Preset改为White Star内置效果，如图5.5.10所示。

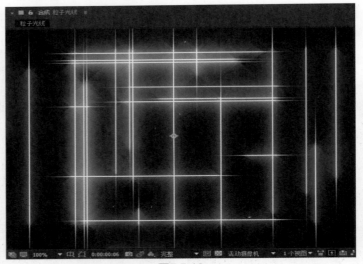

图5.5.10

下面的几个实例都需要运用较多的效果，操作相对复杂，一些简单的操作就不再复述了。如果读者不知道如何创建一个合成层和纯色层，如何设置动画关键帧之类的操作，请认真学习前面的几个实例，再开始这几个案例的学习。

5.6 路径应用

在这个小节中，我们会对【形状图层】进行详细的讲解，特别是针对路径动画，以及可以被运用到路径动画的效果。我们要创建一条沿路径滑动的水流效果。

01 创建一个合成，【预设】设置为【HDTV 1080 29.97】，【持续时间】为3秒。使用【钢笔工具】绘制一段曲线，如图5.6.1所示。

02 在【时间轴】面板中展开【形状图层】左侧的三角图标，在【形状1】属性下有4个默认属性。展开【描边1】，调整【描边宽度】为50，【颜色】改为白色，将【线段端点】切换为【圆头端点】，如图5.6.2和图5.6.3所示。

03 在【时间轴】面板中单击右上角的【添加】旁边的符号，在弹出菜单中执行【修剪路径】命令，为路径添加【修剪路径】属性，如图5.6.4所示。

图5.6.1

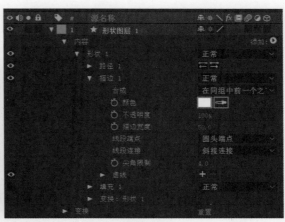

图5.6.2

图5.6.3

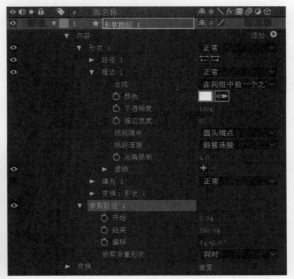

图5.6.4

04 展开【修剪路径】属性，设置【开始】和【结束】的关键帧，【开始】调整为0%至100%，时长为0.5秒，【结束】调整为0%至100%，时长为1秒。播放动画，可以看到线段随着曲线而出现、划过、消失。【开始】属性后面的关键帧控制了线段的长度，如图5.6.5所示。

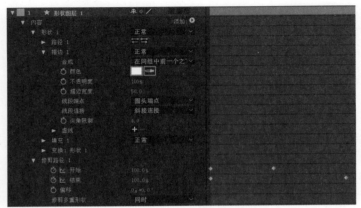

图5.6.5

05 这时再设置【描边】属性下【描边宽度】的关键帧，设置4个关键帧分别为：0%、100%、100%、0%。这样就会形成曲线从细变粗、从粗又变细的过程，如图5.6.6～图5.6.8所示。

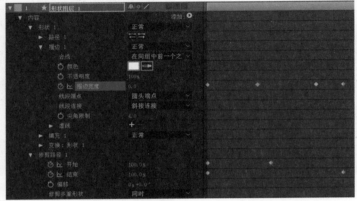

图5.6.6

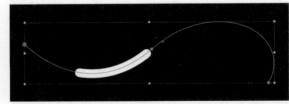

图5.6.7

图5.6.8

06 在【时间轴】面板中选中【开始】和【结束】属性最右侧关键帧，右击，在弹出的快捷菜单中选择【关键帧辅助】>【缓入】选项，需要注意一定要把鼠标悬停在关键帧上右击，才会弹出关键帧菜单。可以看到加入【缓入】动画后，关键帧图标也有所变化。【缓入】命令只改变了动画的曲线，动画大致的运动方向并没有改变，如图5.6.9～图5.6.11所示。

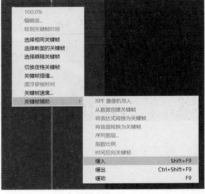

图5.6.9

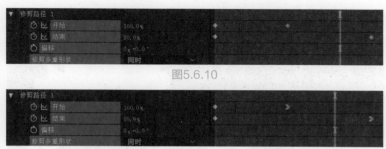

图5.6.10

图5.6.11

07 在【时间轴】面板单击右上角【添加】旁边的符号，在弹出的菜单中执行【摆动路径】命令，为路径添加【摆动路径】属性。调整【大小】和【详细信息】的参数，如图5.6.12所示。

图5.6.12

08 在【时间轴】面板选中【形状图层1】，按下快捷键Ctrl+D，复制一个图形层放置在图层下方。选中两个层，按下快捷键U，只显示带有关键帧的属性，如图5.6.13所示。

图5.6.13

09 调整【形状图层1】的【开始】和【结束】的关键帧位置，让动画变为前后两段线段的动画，如图5.6.14和图5.6.15所示。

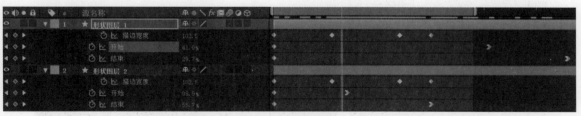

图5.6.14

143

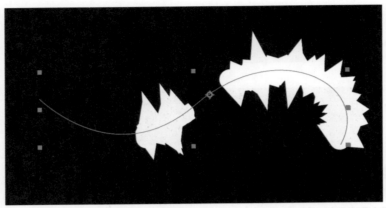

图5.6.15

10 在【时间轴】面板选中【形状图层2】，按下快捷键Ctrl+D，复制一个图形层放置在图层下方。选中【形状图层3】的【摆动路径】属性，按下Delete键，删除该属性。关闭【形状图层1】和【形状图层2】的显示，方便我们观察【形状图形3】的情况，如图5.6.16所示。

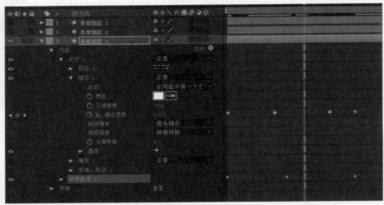

图5.6.16

11 按下【虚线】属性右侧的+号图标，为其添加虚线，再次按下+号图标，添加【间隙】属性，如图5.6.17所示。

12 调整【虚线】的数值为0，调大【间隙】的数值，直至出现圆形的点。播放动画，可以看到虚线的点也是由小到大地变化，如图5.6.18所示。

图5.6.17

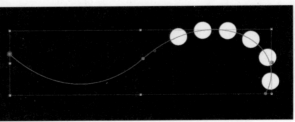

图5.6.18

13 ▶ 在【时间轴】面板单击右上角【添加】旁边的符号，在弹出的菜单中执行【扭转】命令，为路径添加【扭转】属性。调整【角度】和【中心】的参数值，让虚线运动得更加随意，如图5.6.19和图5.6.20所示。

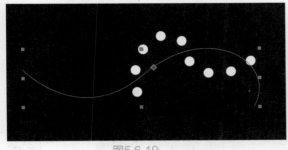

图5.6.19

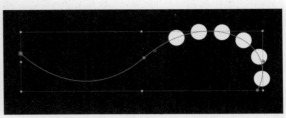

图5.6.20

14 ▶ 打开【形状图层1】和【形状图层2】的显示，再次调整【形状图形3】，也就是虚线的【修剪路径】的【开始】和【结束】的关键帧位置，让路径动画的过程中，每一个画面3个层的画面不相互重叠。也可以调整3个层的前后位置来调整路径动画的时间，如图5.6.21和图5.6.22所示。

图5.6.21

图5.6.22

15 ▶ 执行【合成】>【新建】>【调整图层】命令，创建一个调整层，放置在3个图层上方，选中该调整层，执行【效果】>【风格化】>【毛边】命令，调整【边界】和【边缘锐度】的参数值，让几层线条融合在一起，如图5.6.23和图5.6.24所示。

图5.6.23

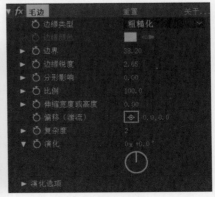

图5.6.24

16 选中调整层，执行【效果】>【扭曲】>【湍流置换】命令，调整【数量】和【大小】的参数值，可以看到圆形的点已经开始变形，并且融合到了路径中，如图5.6.25和图5.6.26所示。

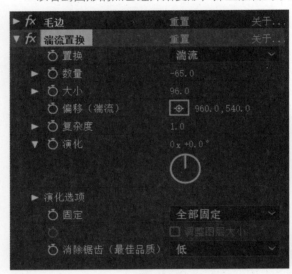

图5.6.25

图5.6.26

17 在【时间轴】面板中启用【运动模糊】功能，首先激活面板上的 【运动模糊】选项，再在所有图层选择【运动模糊】图标，可以看到激活前后动画的差别，如图5.6.27~图5.6.30所示。

图5.6.27

图5.6.28

图5.6.29

图5.6.30

5.7 高光滚动

01 创建一个新的合成，命名为"高光滚动"，【预设】设置为【HDV/HDTV 720 25】，【持续时间】为5秒，如图5.7.1所示。

02 执行【文件】>【导入】>【文件】命令，导入配套资源"工程文件"相关章节的"高光滚动"素材，在【项目】面板中选中导入的素材文件，将其拖入【时间轴】面板，图像将被添加到合成影片中，在合成窗口中将显示出图像。选中图层，按下快捷键Ctrl+D复制一个图层，如图5.7.2所示。

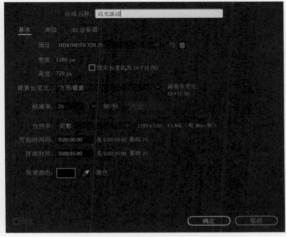

图5.7.1　　　　　　　　　　　图5.7.2

03 选中上面的图层，执行【效果】>【风格化】>【查找边缘】命令，再执行【反转】命令，画面形成黑白对比的边缘，如图5.7.3所示。

04 执行【效果】>【颜色校正】>【色调】命令，将【将白色映射到】改为紫色，可以看到画面的边缘颜色改成了紫色，如图5.7.4所示。

图5.7.3　　　　　　　　　　　图5.7.4

05 在【时间轴】面板，将融合模式调整为【屏幕】模式，可以看到画面中紫色的线条被显现出来，黑色部分的颜色则显示背景，如图5.7.5和图5.7.6所示。

图5.7.5　　　　　　　　　　　图5.7.6

06 执行【效果】>【风格化】>【发光】命令，调整【发光半径】为100.0，【发光强度】为1.3，可以看到画面的线条发出一定的光效，如图5.7.7和图5.7.8所示。

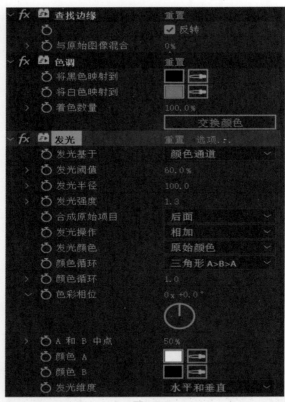

图5.7.7

图5.7.8

07 在【时间轴】面板选中上层的光效图片，使用【钢笔工具】创建一个长方形的【蒙版】，切记路径封闭。需要注意的是，一定要选中图层绘制路径，否则建立的是形状图层，如图5.7.9所示。

08 在【时间轴】面板展开【蒙版1】属性，将【蒙版羽化】调整为100.0，可以看到【蒙版】的边缘产生了羽化效果，如图5.7.10和图5.7.11所示。

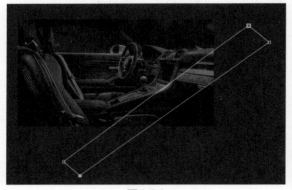

图5.7.9

图5.7.10

图5.7.11

09 使用【选取工具】选中蒙版，将其移动到画面之外，把【时间指示器】移动到第一帧，按下【蒙版路径】右侧的秒表图标，如图5.7.12所示。

10 将【时间指示器】移动到3s的位置，移动蒙版至画面左上方，如果看不到路径，可以通过鼠标滚轴键缩放操作区域的大小，如图5.7.13和图5.7.14所示。

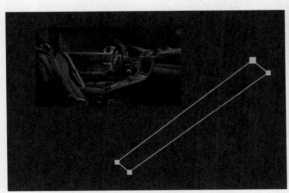

图5.7.12

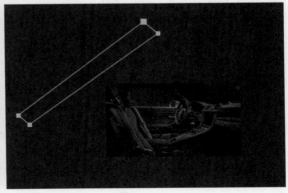

图5.7.13

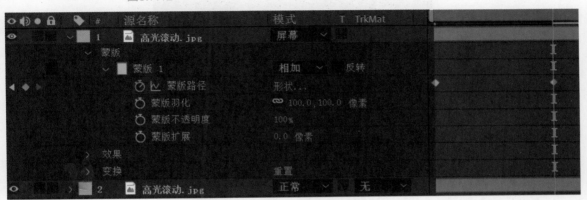

图5.7.14

11 播放动画可以看到一道紫色的光线滚动过画面。下面单击【时间轴】面板中的  【图表编辑器】图标，编辑动画曲线，如图5.7.15所示。

图5.7.15

12 还可以使用【图表编辑器】里的 【缓入】和 【缓出】工具调整曲线，如图5.7.16所示。

图5.7.16

13 预览动画，可以看到画面光线滚动过车辆。动画曲线的调整技巧有很多，优秀的动画师可以通过观察曲线发现动画的问题，如图5.7.17所示。

图5.7.17

5.8 爆炸背景

01 创建一个新的合成，命名为"爆炸"，【预设】设置为【HDTV 1080 29.97】，【持续时间】为3秒，我们需要做一个爆炸效果所以时间不需要很长，如图5.8.1所示。

02 创建一个新的纯色层，命名为"爆炸1"，这个案例需要做3层效果，请注意命名规范。选择"爆炸1"，执行【效果】>【杂色和颗粒】>【分形杂色】命令，可以看到纯色层被变为黑白的杂色。【分形杂色】是非常常用的效果之一。设置【分形类型】为【动态渐进】，其他参数设置如图5.8.2和图5.8.3所示。

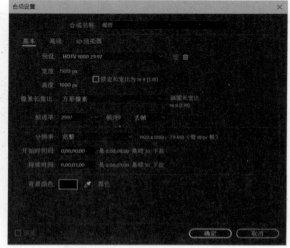

图5.8.1

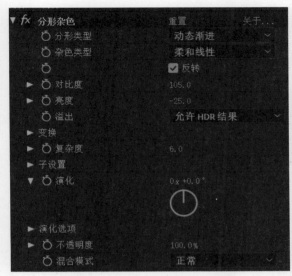

图5.8.2

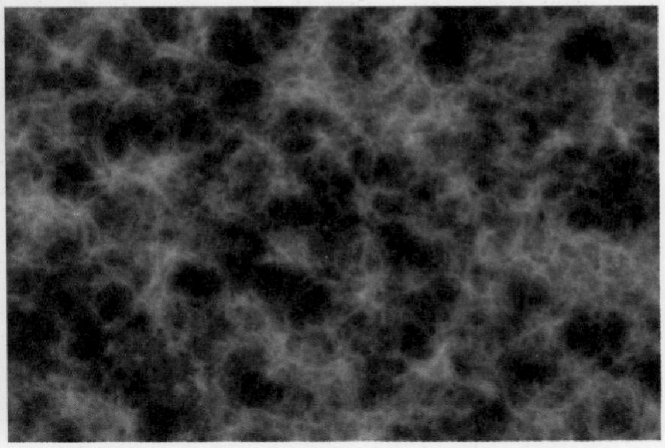

图5.8.3

03 选中"爆炸1"层,使用【矩形工具】绘制一个长方形蒙版,在画面的上方形成一个长条形,如图5.8.4所示。

04 在【时间轴】面板展开蒙版属性,为【蒙版路径】和【蒙版羽化】设置关键帧。蒙版【位置】为从上至下的移动动画,将【蒙版羽化】值从160调整为260,形成一道灰色线条从上至下运动,时间大致1秒左右,如图5.8.5和图5.8.6所示。

图5.8.4

图5.8.5

图5.8.6

05 展开【分形杂色】属性,设置【亮度】、【偏移(湍流)】和【演化】3个参数的动画关键帧。如果需要只显示带有关键帧的属性,可以选中该层,按下快捷键U,就会在【时间轴】面板只显示带有关键帧的属性,这样可以方便我们直接调整和观察关键帧。需要注意的是,【亮度】动画的设置要多出一个关键帧,起始的亮度为完全不可见,猛然调亮,然后渐渐消失不见。而【偏移(湍流)】和【演化】参数是表现杂色的图案变化,【偏移(湍流)】也设置为由上至下的运动,如图5.8.7所示。

图5.8.7

06 在【时间轴】面板选中最右侧所有的关键帧，右击，在弹出的快捷菜单中选择【关键帧辅助】>【缓入】选项，需要注意一定要把鼠标指针悬停在关键帧上右击，才会弹出关键帧菜单，如图5.8.8所示。

07 【关键帧辅助】相关命令十分重要，在调节动画时经常使用，它可以自动优化动画曲线。我们打开曲线观察就可以看到，添加命令前后动画曲线的变化，这些轻微的动画调整会使运动更加真实和优美。观察和编辑动画曲线是动画制作的基础，十分重要，需要多加练习，如图5.8.9和图5.8.10所示。

图5.8.8

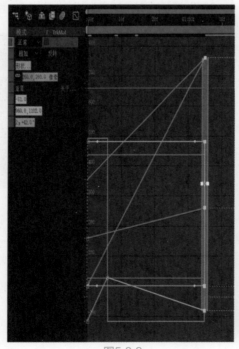

图5.8.9

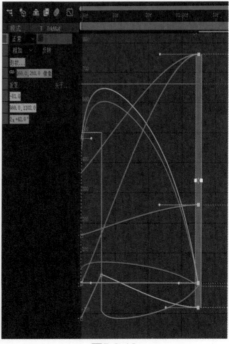

图5.8.10

08 调整好的动画效果突然出现一道灰色的区域，又快速消散，之所以使用【亮度】作为出现和消失的动画属性，而没有使用【不透明度】，是因为【亮度】的变化更具层次感，而【不透明度】则会统一出现和消失，如图5.8.11～图5.8.13所示。

图5.8.11

图5.8.12

图5.8.13

09 执行【合成】>【新建】>【调整图层】命令，创建一个调整层，命名为"变形"。选中"变形"图层，执行【效果】>【扭曲】>【极坐标】命令。将【插值】设置为100%，而【转换类型】设置为【矩形到极线】。播放动画，可以看到光波从中心发射出来，如图5.8.14和图5.8.15所示。

图5.8.14

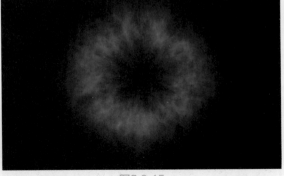

图5.8.15

10 选中"爆炸1"层，按下快捷键Ctrl+D，复制一个图形层放置在图层上方，命名为"爆炸2"。将"爆炸1"层的右侧关键帧移动拉长动画，这样会形成两道冲击波，读者也可以对【演化】和【亮度】参数进行微调，达到需要的效果，尽量让冲击波出现的瞬间亮度提高，如图5.8.16所示。

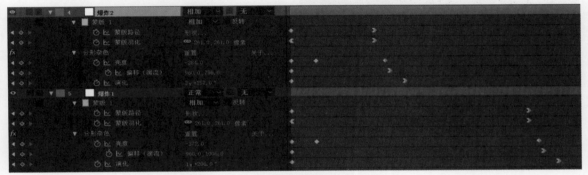

图5.8.16

11 选中"爆炸1"层，按下快捷键Ctrl+D，复制一个图形层放置在"爆炸2"层上方，命名为"爆炸3"。执行【效果】>【风格化】>CC Glass命令，选择Bump Map选项为【无】，Displacement数值为—260，如图5.8.17和图5.8.18所示。

图5.8.17   图5.8.18

12 我们可以看到在冲击波12点指针的位置，有着很明显的分切，这是因为【极坐标】扭曲时边界无法对齐，如图5.8.19所示。

13 关闭"变形"调整层的眼睛图标，关闭3个爆炸层中的两个，只剩下一个爆炸层。执行【合成】>【新建】>【调整图层】命令，创建一个调整层，命名为"偏移"，放置在"变形"层的下方。为了观察前后的效果，可以在【时间轴】面板中关闭图层左侧的"眼睛"图标，用于暂时关闭其效果，如图5.8.20所示。

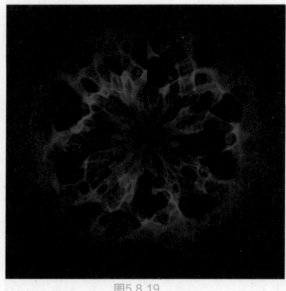

图5.8.19   图5.8.20

14 选中"偏移"调整层，执行【效果】>【扭曲】>【偏移】命令，调整【将中心转换为】的数值，将一侧的中缝偏移到中心的位置，如图5.8.21和图5.8.22所示。

图5.8.21   图5.8.22

15 选中"偏移"层,使用【矩形工具】绘制一个长方形蒙版,蒙版的类型选择【相减】,调整【蒙版羽化】的数值,直至边界消失不见,如图5.8.23和图5.8.24所示。

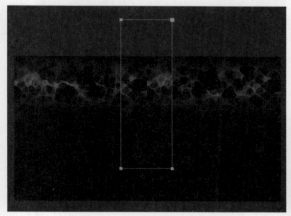

图5.8.23   图5.8.24

16 激活"变形"调整层,可以看到冲击波的边界消失不见,如图5.8.25所示。

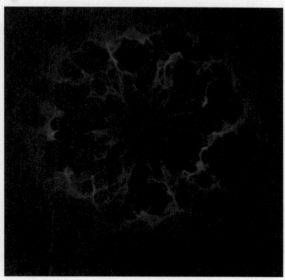

图5.8.25

17 下面我们调整冲击波的颜色,一般使用【效果】调整光线和粒子的色彩。选中"变形"调整层,执行【效果】>【颜色校正】>CC Toner命令,该【效果】有5层色彩设置,可以调出复杂的色彩变化,如图5.8.26和图5.8.27所示。

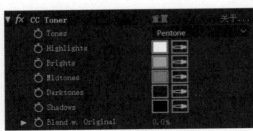

图5.8.26

图5.8.27

18 但是这种【效果】都无法解决光线和光波的透明度问题，因为爆炸是立体的、有层次的，3个层之间的色彩会混合在一起。我们还可以使用插件来进行调整。VC Color Vibrance是一款非常好用的色彩插件，并且是免费的，读者可以在搜索引擎中找到，下载后放置到软件所在盘符 "\Program Files\Adobe\Adobe After Effects CC 2020\Support Files\Plug-ins\Effects" 文件夹下就可以使用了。选中爆炸层，执行【效果】>Video Copilot>VC Color Vibrance命令，如图5.8.28所示。

19 VC Color Vibrance效果的参数很简单，Gamma值是最重要的参数，可以使光线重叠的地方产生自然的高光。如果觉得冲击波亮度不够，可以执行【效果】>【颜色校正】>【曲线】命令把画面调亮。由于是由三层爆炸组成，可以使用不同的颜色区分层次画面效果，如图5.8.29所示。

图5.8.28

图5.8.29

5.9 切割文字

01 创建一个新的合成，命名为"切割文字"，【预设】设置为【HDTV 1080 29.97】，【持续时间】为5秒。创建一段文字，可以是单词也可以是一段话，这些文字我们在后期还能修改。可以使用Arial字体，该字体为系统默认字体，笔画较粗，适于该特效，如图5.9.1所示。

02 在【时间轴】面板选中文字层，使用【钢笔工具】绘制一个封闭的三角形，遮挡住文字的一部分，如图5.9.2所示。

03 选中文字层，执行【效果】>【模拟】>CC Pixel Polly命令，不用调整任何参数，直接播放动画，可以看到文字已经有了碎裂效果，如图5.9.3所示。

图5.9.1

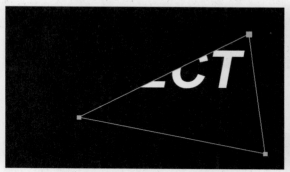

图5.9.2

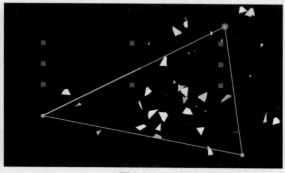

图5.9.3

04 选中文字层，按下快捷键Ctrl+D，复制文字层，系统自动命名为2，放在上方。删除该层的CC Pixel Polly效果（选中按下Delete键），展开蒙版属性，选择【反转】复选项，播放动画可以看到文字的一角被切掉，如图5.9.4和图5.9.5所示。

图5.9.4

图5.9.5

05 如果只是简单的文字效果现在已经做好了，我们接着让它变得更加丰富而有趣。使用【路径工具】绘制一条【形状图层】与切掉的部分重合，可以使用【选取工具】调整其位置，如图5.9.6所示。

06 在【时间轴】面板展开该【形状图层】的属性，将【描边宽度】设置为6，设置为白色与字体颜色一致，如图5.9.7所示。

图5.9.6

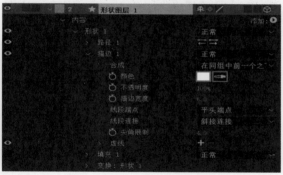

图5.9.7

07 在【时间轴】面板单击右上角【添加】旁边的符号，在弹出的菜单中执行【修剪路径】命令，为路径添加【修剪路径】属性。展开【修剪路径】属性，设置【开始】和【结束】的关键帧，设置【开始】的第一个关键帧参数为100%，第二个关键帧参数为0%，两个关键帧间隔两帧。设置【结束】的第一个关键帧参数为100%，第二个关键帧参数为0%，两个关键帧间隔两帧。【结束】的关键帧位置比【开始】整体靠后一帧，播放动画，可以看到线段随着线段出现、划过、消失，如图5.9.8所示。

图5.9.8

08 执行【图层】>【新建】>【摄像机】命令，创建一个默认设置的摄像机，打开所有图层的三维图标 🗆，如图5.9.9所示。

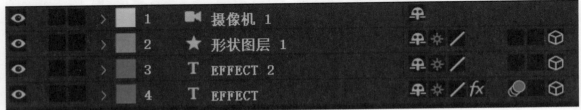

图5.9.9

09 选中破碎的文字层，调整该层CC Pixel Polly属性，通过调整Force和Direction Randomne等相关参数，让碎片范围扩大到蒙版以外，更具立体感，如图5.9.10和图5.9.11所示。

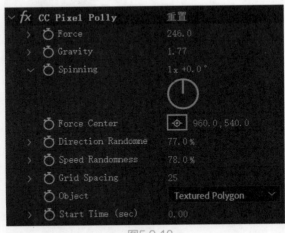

图5.9.10

图5.9.11

有大量的公司在从事着After Effects插件的开发与应用，丰富的插件可以拓展用户的创作思路，实现惊人的画面效果，同时也节省了制作人员的大量时间。熟悉和掌握一些常用的第三方插件，可以使你的作品增色不少。在这个章节我们会详细地介绍RG Trapcode插件，其中将Particular 4.1与FORM4.1两款插件的每一个命令进行了详细讲解，这也是实际工作中最为常用的插件，同时也用实际案例讲解了MIR 3与TAO两款插件的应用。由于参数基本设置模式相同，在详细学习Particular 4.1与FORM4.1两款插件后，对于Trapcode其他相关插件都可以熟练应用。RG Trapcode可以说是After Effects最为优秀的插件公司，如图6.1所示。

图6.1

插件英文名称为Plug-in，它是根据应用程序接口编写出来的小程序。开发人员编译发布之后，系统就不允许进行更改和扩充了，如果要进行某个功能的扩充，则必须要修改代码重新编译发布。使用插件可以很好地解决这个问题。熟悉Photoshop的用户对滤镜插件一定不会陌生，这些插件都是其他开发人员根据系统预定的接口编写的扩展功能。在系统设计期间并不知道插件的具体功能，仅仅是在系统中为插件留下预定的接口，系统启动的时候根据插件的配置寻找插件，根据预定的接口把插件挂接到系统中，如图6.2所示。

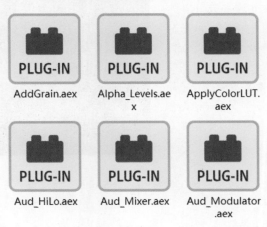

图6.2

After Effects的第三方插件扩展名为AEX。Adobe公司的Photoshop和Premiere的有些插件也可以在After Effects里使用。After Effects第三方插件有两种常见的安装方式：有的插件自带安装程序，用户可以自行安装；另外一些插件一些扩展名为AEX的文件，用户可以直接把这些文件放在After Effects安装目录下的"\Adobe\Adobe After Effects CC 2020\Support Files\Plug-ins\Effects"文件夹里，启动After Effects就可以使用了。一般效果插件都位于【效果】菜单下，用户可以轻松地找到。找到下载好的插件，将需要安装的插件复制，如图6.3所示。

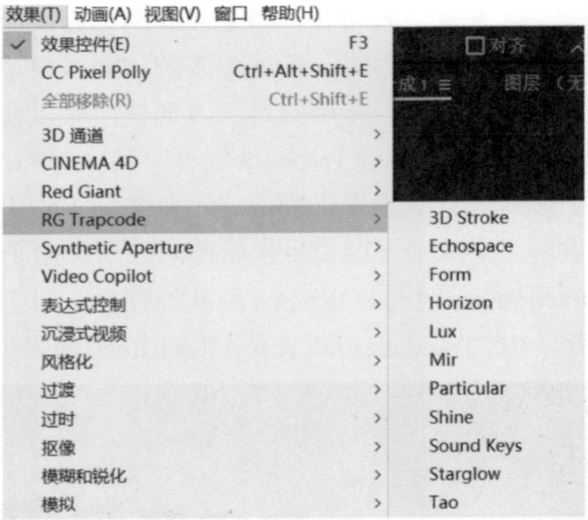

图6.3

6.1 Particular 4.1 效果插件

Particular插件是Red Giant公司针对After Effects软件开发的3D粒子生成插件，灵活易用，主要用来实现粒子效果的制作。它支持多种粒子发射模式。Particular插件自带近百种效果预置；提供多种粒子的渲染方式，可以轻松地模拟现实世界中的雨、雪、烟、云、焰火、爆炸等效果，也可以产生高科技风格的图形效果，对于运动的图形设计是非常有用的。同时在粒子运动的控制上，它对重力、空气阻力以及粒子间的斥力等相关条件的模拟也是相当出色的。在2D空间下，可以轻松制作出多种粒子转场效果。但是，在三维空间下，Emitter发射器以及粒子尾端在空气中的运动轨迹是难以控制和设计的，如图6.1.1所示。

图6.1.1

Particular主要可以分为以下几个系统，如图6.1.2所示。

- Emitter（发射器系统）：主要负责管理粒子发射器的形状、位置以及发射粒子的密度和方向等。
- Particle（粒子系统）：主要负责管理粒子的外观、形状、颜色、大小、寿命（粒子存在时间）等。
- Shading（粒子着色系统）：主要负责管理粒子的材质、反射、折射、环境光、阴影等；粒子运动控制系统，它是一个联合系统，其中包括以下各项。

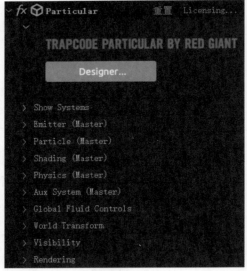

图6.1.2

  - Physics（Master）：物理系统。
  - Aux system：辅助系统。
  - Global Fluid Controls：全局流体控制系统（需将Physics Model（物理模式）切换到Fluid（流体）才能激活）。
  - World Transform：世界变换子系统。

> ➤ Visibility：可见性子系统。
- ● Rendering（渲染子系统）：主要负责管理Render Mode（渲染模式）和Motion Blue（运动模糊）等参数设置。

　　概括地说，在Particular中粒子有好几种类型。首先，粒子可以是Particular系统生成的一张图像，球形、发光球体、星状、云状、烟状。其次，当我们使用Custom Particular（定制粒子）时，意味着可以使用任何图像作为粒子。这就给Particular带来了无限的可能性，设想一下，使用一小群人作为粒子，使用Particular作为工具，在After Effects中就可以制作出复杂的欢呼的人群。所以什么是Particular粒子，Particular就是图像，在Particular中生成或者我们自己制作的用来当做粒子的图像。关于面板最上方的【重置】命令，是在对Particle进行操作后，执行该命令可以快速回到初始状态。值得注意的是，【重置】命令不会对已设置的关键帧进行变动。

6.1.1　Designer...

　　Particular效果将【动画预设】做成了单独的面板，单击Designer...（设计者）蓝色按钮就会打开Designer...（设计者）面板。面板中有近百种效果预设，合理地使用这些预设值能够有效地提高制作效率。Designer...（设计者）面板一共分为4个区域：PRESETS AREA（预设区域）、PREVIEW AREA（预览区域）、BLOCKS/CONTROLS（模块与控制）、EFFECTS CHAIN（效果链），如图6.1.3所示。

图6.1.3

　　下面讲解Designer...（设计者）工作流程。

　　首先在PRESETS AREA（预设区域）选择合适的粒子类型，单击该类型就会显示在EFFECTS CHAIN（效果链），在BLOCKS/CONTROLS（模块与控制）调整该粒子的发射类型与运动渲染方式，EFFECTS CHAIN（效果链）将所有的效果组合在一起。最终按下右下角的 Apply 按钮，就可以在项目中看到该粒子效果。

1. PRESETS AREA（预设区域）

预设区域有系统自带的制作好的粒子效果，一共有两种类型，分别是Single System Presets（单一系统预设）和Multiple System Presets（多重系统预设）。用户也可以将自己做好的粒子存为预设，在EFFECTS CHAIN（效果链）面板设置好粒子后，单击█按钮保存单一系统就可以将粒子保存成预设，如图6.1.4所示。

图6.1.4

- Single System Presets（单一系统预设）：主要用于单一类型的粒子，只有一个发射器，如图6.1.5所示。
- Multiple System Presets（多重系统预设）：主要用于制作多重发射器的粒子类型，在元素中混合了几种粒子类型，如图6.1.6所示。

图6.1.5

图6.1.6

展开PRESETS AREA（预设区域）的粒子类型，可以直接预览粒子最终的效果，单击该粒子类型，就可以把它添加到系统中，如图6.1.7所示。

2. BLOCKS/CONTROLS（模块与控制）

将鼠标移动到右上角 BLOCKS ＜ （模块）右侧蓝色三角按钮上，会弹出相关预设面板。一共有5个模块，分别是Emitter（发射器）模块、Particle（粒子）模块、Shading（粒子着色）模块、Physics（物理）模块和Aux system（辅助系统）模块。在这里用户几乎可以找到所有需要的粒子模块，如图6.1.8所示。

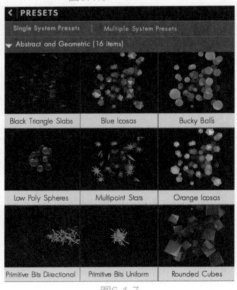

图6.1.7

图6.1.8

Emitter（发射器）模块一共包含8种Emitter Type（发射器类型）。分别为Default（常规）、Box（盒子）、Grid（网格）、Light Emitter（光线发射器）、OBJ Emitter（模型发射器）、Sphere（圆形）、Text Edges

（文字边发射器）和Text Faces（文字面发射器）。其中OBJs拓展出47个不同的类型，用户可以在其中找到合适的模型类型作为发射器。通过使用3D模型和动画OBJ序列作为粒子发射器，可以为粒子系统提供新的维度。为了增加灵活性，可以选择从OBJ文件的顶点、边、面或体积发射粒子，如图6.1.9所示。

　　Motion运动方式分为7种，分别为Default（常规）、Bidirectional（双向）、Directional（定向）、Disc（碟状）、Inward（向内）、Outward（向外）、Zero Motion（零点运动）（均匀散布无运动），如图6.1.10所示。

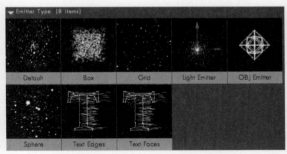

图6.1.9 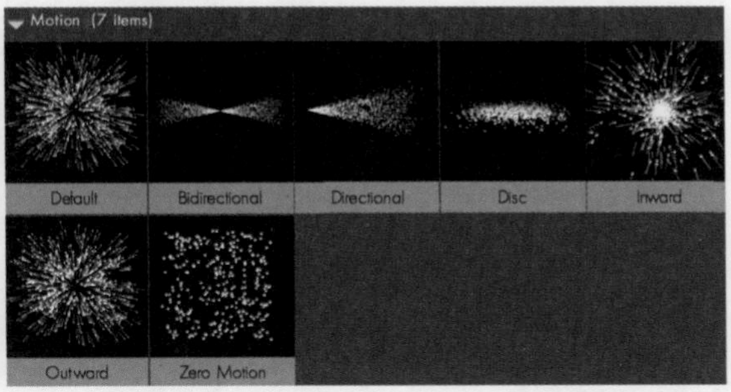　　　　　　　　　　　　　　　　　　图6.1.10

　　Particle（粒子）模块，如图6.1.11所示。

- Particle Type：粒子类型。
- Size/Rotation：尺寸与旋转。
- Opacity：不透明度。
- Color：颜色。

　　Shading（粒子着色）模块，如图6.1.12所示。

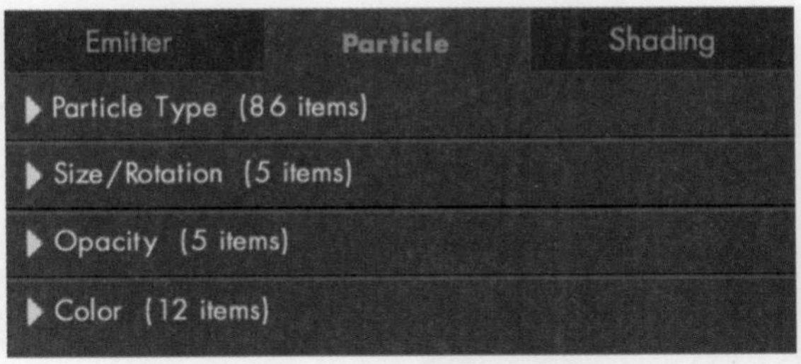

图6.1.11 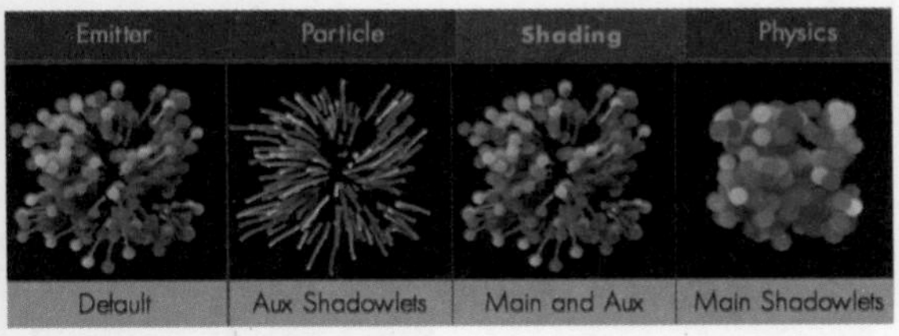　　　　　　　　　　　　　　　　　　图6.1.12

- Default：常规。
- Aux Shadowlets：辅助自阴影。
- Main and Aux：主系统与辅助。
- Main Shadowlets：主系统自阴影。

　　Physics（物理）模块，如图6.1.13所示，包括以下选项。

- Gravity：重力场。
- Physics：物理场。
- Spherical Field：球形场。

　　Aux system（辅助系统）模块，如图6.1.14所示，包括以下选项。

- Default：常规。
- Aux Streaklet Trail：辐射辅助。
- Aux Trail：辅助。
- Scattered Trail：发散辅助。

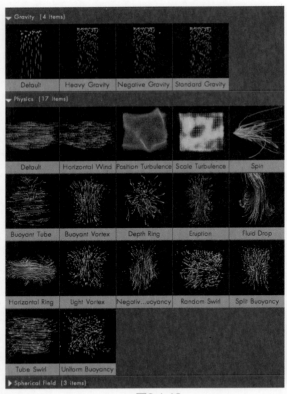

图6.1.13

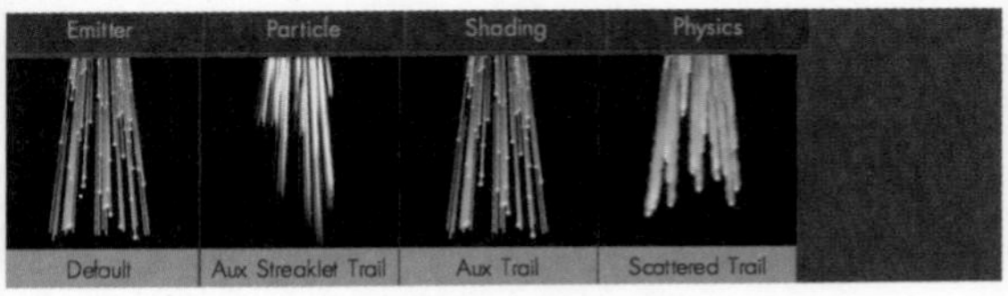

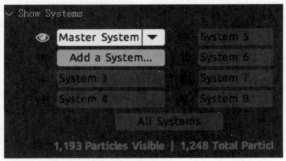

图6.1.14

6.1.2 Show System

Show System（显示系统）主要用于显示不同的粒子系统，以方便用户观察单一粒子系统所展现出的效果。可以将多种粒子系统叠加在一起，方便用户管理Designer...（设计者）中所应用到的效果，如图6.1.15所示。

图6.1.15

6.1.3 Emitter

Emitter（发射器）主要控制粒子发射器的属性。它的参数设置涉及发射器生成粒子的密度、发射器形状和位置，以及发射粒子的初始方向等。Emitter后面的Master（主属性）是会随着System切换的。如果我们建立多重系统，括号内的后缀就会变得不同，如图6.1.16所示。

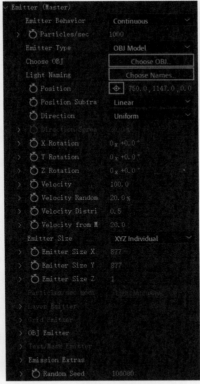

图6.1.16

1. 通用发射器设置

● Emitter Behavior（发射器行为模式）：控制发射器发射粒子的方式，其选项如图6.1.17所示。

➢ Continuous：连续式发射。

➢ Explode：爆炸式发。

➢ From Emitter Speed：依据发射器速度。

● Particles/sec（粒子/秒）：控制每秒钟发射粒子的数量。

● Emitter Type（发射器类型）：决定粒子以什么形式发射，默认设置是Point（点）发射，其选项如图6.1.18所示。

图6.1.17　　　　　图6.1.18

➢ Point（点）：粒子从空间中单一的点发射出来。

➢ Box（盒子）：粒子从立体的盒子中发射出来。

➢ Sphere（球形）：粒子从球形区域中发射出来。

➢ Grid（网格）：粒子从网格的交叉点发射出来。（在图层中虚拟网格）

> Light（s）（灯光）：使用灯光粒子发射器首先要新建一个灯光（调节灯光的位置相当于调节发射器的位置），粒子从灯光中向外发射出来，在灯光自身选项中，灯光的颜色会影响粒子的颜色，灯光强度也会对粒子产生影响（如果调低灯光强度相当于降低每秒钟从灯光中发射的粒子数量），在一个Particular中可以有多个灯光发射器，每个灯光发射器可以有不一样的设置。比如说，只是用一个Particular，两个不同的灯光在两个不同的地方生成粒子，粒子的强度与颜色可以调节。总地来说灯光发射器十分便捷。

> Layer（图层）：将图片作为发射器发射粒子。（需要把图层转换为3D图层）使用Layer作为发射器，可以更好地控制从哪里发射粒子。

> Layer Grid（图层网格）：从图层网格中发射粒子，与Grid发射器类似。（需要把图层转换为3D图层）

> OBJ Model（OBJ模式）：使用模型作为发射源。

> Text/Mask（文本/遮罩）：使用文本/遮罩作为发射源。

● Choose OBJ：选择OBJ模型。

● Light Naming：选择灯光名称（把灯光作为发射器需要先创建一盏灯光，在Light Naming（灯光命名），设置面板中打出需要创建发射器的灯光名称），如图6.1.19所示。

● Position XY：设置粒子XY轴的位置。

● Position Z：设置粒子Z轴的位置。

● Position Subfra：在发射器位置的移动非常迅速时平滑粒子的运动轨迹。在Particular中，默认的选项是Linear（线性的），如图6.1.20所示。

图6.1.19

图6.1.20

> Linear：线性。

> 10×Linear：10倍线性在10子帧时间点上创建一个新的位置粒子，然后从得到的点的粒子采样位置。对快速移动的粒子来说，这将会有更准确的位置。

> 10×Smooth：设置10倍平滑，可以使粒子沿路径的运动更为平滑。

> Exact（slow）：将根据发射器位置的速度准确计算每个粒子的位置。一般不推荐使用，除非用户有非常精确的粒子场景。

● Direction（方向）：粒子发射方向，其选项如图6.1.21所示。

> Uniform（统一）：当粒子从Point（点）或者别的发射器类型发射出来时会向各个方向移动。Uniform是Direction（方向）的默认选择。

> Directional：从某一端口向特定的方向发射粒子。

> Bi-Directional：从某一端口向着两个完全相反的方向同时发射粒子。通常两个夹角为180度。

图6.1.21

> Disc（碟状）：在两个维度上向外发射粒子形成一个盘形。

> Outwards：粒子总是向外远离中心的方向运动（当发射器类型是Point时，Outward与Uniform完全一致）。

> ➤ Inwards：粒子总是向内聚集中心的方向运动（当发射器类型是Point时，Outward与Uniform
> 完全一致）。

● Direction Spread（方向扩展）：粒子扩散程度的百分比。控制粒子的扩散程度，该值越大，向
四周扩散出来的粒子就越多；反之该值越小，向四周扩散的粒子就越少。（需切换到Directional
模式才能激活。）

● X/Y/Z Rotation（旋转）：控制粒子发射器在3D空间中的旋转。特别是控制生成粒子时的发射器
的方向，如果对其设置关键帧，生成的粒子会随着时间向不同的方向运动。

● Velocity（速率）：控制粒子运动的速度。当值设置为0时，粒子是静止不动的。

● Velocity Random（速率随机性）：使得粒子Velocity（速率）的随机变化，随机增加或者减小每
个粒子Velocity（速率）。

● Velocity Distribution（速率分布）：控制粒子速率分布位置的随机值。

● Velocity from Motion[%]（运动速度）：粒子拖尾的长度，速度越快形成的拖尾越长。

● Emitter Size X/Y/X（发射器尺寸）：设置发射器在各个轴向上面的大小。（切换不同Emitter
Type时激活该属性。）

● Particles/sec modifier：此控件允许发射来自灯光的粒子。当
Emitter Type（发射器类型）选择Light（s）灯光时被激活，如图
6.1.22所示。

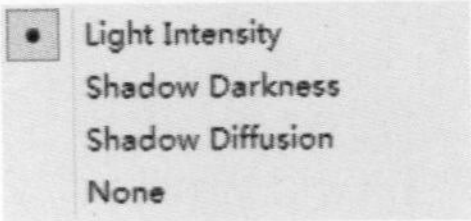

图6.1.22

> ➤ Light Intensity：使用强度值来改变发射率。
> ➤ Shadow Darkness：使用阴影暗部值来改变发射率。
> ➤ Shadow Diffusion：使用阴影扩散值来改变发射率。
> ➤ None：不基于任何灯光属性改变发射率。当光照强度用于其他事情（如实际照明场景）时
> 是很有用的选项。

2. Layer Emitter

● Layer Emitter（发射图层）：设置图层发射器的控制参数。（Emitter Type（发射器类型）选择
Grid、Layer、Layer Grid时，Layer Emitter选项激活），如图6.1.23所示。

> ➤ Layer：定义作为粒子发射器的图层。
> ➤ Layer Sampling（图层采样）：定义层是否读取仅在诞生时的粒子，或者持续更新的每一
> 帧，如图6.1.24所示。

图6.1.23 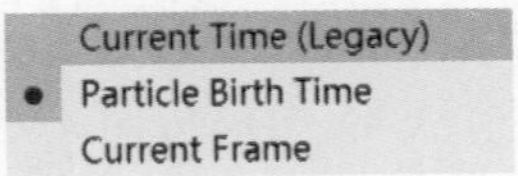　　　　　　　　　　　　　　图6.1.24

> > ■ Current Time（Legacy）：对于被合成的文字图层或者没有动画的图形图层来说，在每
> > 一帧的内容是相同的。
> > ■ Particle Birth Time：使用第一帧作为内容图层。
> > ■ Current Frame：使用当前帧作为内容图层。
> ➤ Layer RGB Usage：图层RGB用法，图层定义了如何使用RGB参数控制粒子大小、速度、旋
> 转，如图6.1.25所示。
> > ■ Lightness-Size：粒子的大小受层发射体亮度的影响。黑色时粒子不可见，白色时完全
> > 可见。

■ Lightness-Velocity：粒子速度受亮度值影响。如果亮度小于50%，粒子就会反向发射；如果亮度正好是50%，那么速度就是0；超过50%，粒子将向前发射。

■ Lightness-Rotation：粒子旋转受亮度值影响。

■ RGB-Size Vel Rot：该选项是对前面菜单的组合。使用R（红色通道）值来定义粒子尺寸；使用G（绿色通道）值来控制粒子速度；使用B（蓝色通道）值来控制粒子旋转。

■ RGB-Particle Color：该命令使用每个像素的RGB颜色信息确定粒子颜色。

■ None：选择此选项只需要设置粒子发射区。

■ RGB - Size Vel Rot + Col：粒子的大小、速度、旋转和颜色都受到层发射体的红、绿、蓝通道的影响。

■ RGB - XYZ Velocity：粒子的速度是通过发射层的红色、绿色和蓝色通道获得的。

■ RGB - XYZ Velocity + Col：粒子的速度和颜色来自于发射层的红、绿、蓝三色通道。

图6.1.25
Lightness - Size
Lightness - Velocity
Lightness - Rotation
RGB - Size Vel Rot
● RGB - Particle Color
None
RGB - Size Vel Rot + Col
RGB - XYZ Velocity
RGB - XYZ Velocity + Col

3. Grid Emitter

● Grid Emitter：此参数组可以在二维或三维网格发射粒子。选择Emitter Type（发射器类型）中的Grid（网格）或Layer Grid（层网格）激活此参数组，如图6.1.26所示。

➤ Particular in X/Y/Z：控制X/Y/Z轴向上网格中发射的粒子数目，该值设置越高，就会产生更多的粒子。

➤ Type（类型）：控制粒子发射沿网格的风格，有两个选项，如图6.1.27所示。

图6.1.26　　　　图6.1.27

■ Periodic Burst：周期性爆发意味着整个粒子网格同时被发射出去。

■ Traverse：一个粒子在网格将按横向顺序发射一次。

4. OBJ Emitter

● OBJ Emitter（OBJ发射器）：选择Emitter Type（发射器类型）中的OBJ Model（OBJ模式）激活此参数组，如图6.1.28所示。

➤ 3D Model：使用3D模型和动画OBJ序列作为粒子发射器。

➤ Refresh：重新加载模型。当第一次加载一个OBJ时，缓存动画然后使用这些信息。一旦OBJ缓存完成，如果OBJ中有任何变化，你不会在动画中看到这些变化。如果你想重新缓存动画，单击"Refresh"刷新你的OBJ模型。

➤ Emit From：选择发射类型，如图6.1.29所示。

■ Vertices：使用模型上的点作为发射源。

■ Edges：使用模型上的边作为发射源。

■ Faces：使用模型上的面作为发射源。

■ Volume：使用模型体积作为发射源。

图6.1.28　　　　　　　　　　　图6.1.29

➢ Normalize：确定发射器的缩放与移动的标准（以第一帧为主）定义其边界框。

➢ Invert Z：Z轴方向反转模型。

➢ Sequence Speed：OBJ序列帧的速度。

➢ Sequence Offset：OBJ序列帧的偏移值。

➢ Loop Sequence：控制OBJ序列帧为Loop循环还是Once（一次性播放）。

5. Text/Mask Emitter

● Text/Mask Emitter：当从发射器类型选择文本/遮罩时，此参数组用于控制如何从文本/遮罩层发射粒子，如图6.1.30所示。

➢ Layer：选择合成中的一个层作为文本或遮罩来发射粒子。

➢ Match Text/Mask Size：切换是否匹配映射到的文本/遮罩的尺寸，而不是使用发射器尺寸。

➢ Emit From：定义粒子发射的位置。通过Edges（边缘）或是Faces（表面）发射。

➢ Layer Sampling：定义所采样的层如何影响发射的粒子，Particle Birth Time（每个粒子诞生时）或Current Frame（当前帧）。

➢ Layer RGB Usage：定义层中采样的值，如图6.1.31所示。

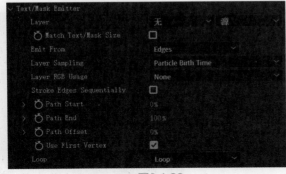

图6.1.30　　　　　　　　　　　图6.1.31

■ Lightness - Size：粒子尺寸受到发射器亮度的影响。

■ Lightness - Velocity：粒子速度受到发射器亮度的影响。如果亮度小于50%，粒子就会反向发射；如果亮度正好是50%，那么速度就是0；超过50%，粒子将向前发射。

■ Lightness - Rotation：粒子的旋转受到发射器亮度的影响。

■ RGB - Size Vel Rot：粒子的大小、速度和旋转是从发射器的红色、绿色和蓝色通道获得的。

■ RGB - Particle Color：粒子的颜色来自发射器的红色、绿色和蓝色通道。

■ None：选择此选项只需要设置粒子发射区。

■ RGB - Size Vel Rot + Col：发射器的红色、绿色和蓝色通道会影响粒子的大小、速度、旋转和颜色。

■ RGB - XYZ Velocity：粒子的速度来自发射器的红色、绿色和蓝色通道。

■ RGB - XYZ Velocity + Col：粒子的速度和颜色来自发射器的红色、绿色和蓝色通道。

下面的参数需要Emit from中的Edges（边缘）模式。

● Stroke Edges Sequentially：切换文字描边路径开始和路径结束以字母还是以单词为基础，如图6.1.32所示。

● Path Start/Path End：调整文本/遮罩边缘上发射器的起始和结束位置。

● Path Offset：设置路径的偏移。

● Use First Vertex：使用起始顶点。

● Loop：定义在路径开始、路径结束和路径偏移参数中生成的路径动画是只出现Once（一次）还是在Loop（循环）中出现。

6. Emission Extras

● Emission Extras（其他发射属性），如图6.1.33所示。

图6.1.32   图6.1.33

➢ Pre Run：提前预备发射粒子。

➢ Periodicity Rnd：随机频率。

➢ Lights Unique Seeds：使用多个灯光发射器时，使每个灯光发射器采用不同的粒子形态。

● Random Seed（粒子随机属性）。

6.1.4　Particle

Particle（粒子系统）主要负责管理粒子的外观、形状、颜色、大小、生命持续时间等。在Particular中的粒子可以分为3个阶段：出生、生命周期、死亡，如图6.1.34所示。

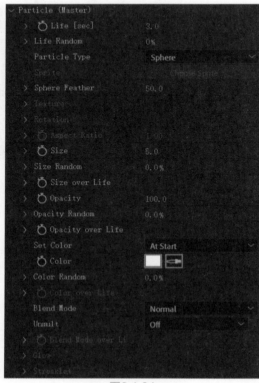

图6.1.34

● Life[sec]：控制粒子从出现到消失的时间，默认设置为3.0。（单位是秒。）

● Life Random[%]：随机地增加或者减少粒子的生命。该值设置越高，每个粒子生命周期将会具有很大的随机性，变大或者变小，但不会导致生命为0。

● Particle Type（粒子类型）控制菜单，如图6.1.35所示。

➢ Sphere：球形粒子，一种基本粒子图形，也是默认值，可以设置粒子的羽化值。

➢ Glow Sphere（No DOF）：发光球形，除了可以设置粒子的羽化值，还可以设置辉光度。

- ➢ Star（No DOF）：星形粒子，可以设置旋转值和辉光度。
- ➢ Cloudlet：云层形可以设置羽化值。
- ➢ Streaklet：长时间曝光后大点被小点包围的光绘效果。利用Streaklet可以创建一些真正有趣的动画。
- ➢ Sprite/Sprite Colorize/Sprite Fill：Sprite粒子是一个加载到网格中的自定义层。需要为Sprite选择一个自定义图层或贴图，图层可以是静止的图片也可以是一段动画，Sprite总是沿着摄像机定位。在某些情况下这是非常有用的。在其他情况下，不需要层定位摄像机，只需要它的运动方式像普通的3D图层。这时候可以在Textured、Polygon类型中进行选择。Colorize是一种使用亮度值彩色粒子的着色模式，Fill是只填补Alpha粒子颜色的着色模式。
- ➢ Textured Polygon/Textured Polygon Colorize/Textured Polygon Fill：Textured Polygon 粒子是一个加载到网格中的自定义层。Textured Polygons是有自己独立的3D旋转和空间的对象。Textured Polygons不定位After Effects的3D摄像机，而是可以看到来自不同方向的粒子，能够观察到在旋转中的厚度变化；Textured Polygons 控制所有轴向上的旋转和旋转速度。Colorize是一种使用亮度值彩色粒子的着色模式；Fill是只填补Alpha粒子颜色的着色模式。
- ➢ Square：方形粒子。
- ➢ Circle（No DOF）：环形粒子。
- ● Sprite：粒子模式切换到Sprite时，可以单击Choose Sprite按钮打开Sprites面板，在这里可以选择Sprite（粒子）的样式，也可以单击右上角的Add New Sprite...按钮添加自定义图片作为粒子，如图6.1.36所示。

图6.1.35

图6.1.36

可以看到Sprite库里已经有很多粒子形状的选项，基本可以满足大部分粒子造型的需求，如图6.1.37所示。

特别是一些火焰、烟雾和泡泡的Sprite类型，可以制作出较为生动的画面效果，如图6.1.38和图6.1.39所示。

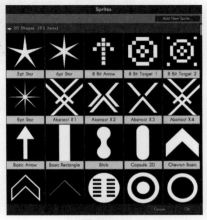

图6.1.37

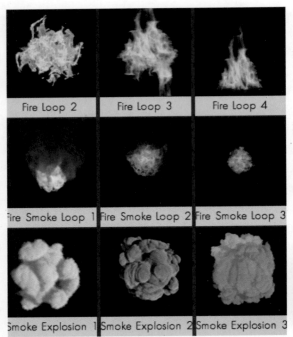

图6.1.38

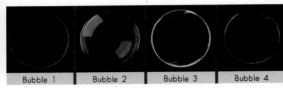

图6.1.39

- Sphere Feather（羽化）：控制粒子的羽化程度和透明度的变化，默认值为50。
- Texture：控制自定义图案或者纹理（只有Particular Type选择Sprite或者Textured类型时，该命令栏被激活），如图6.1.40所示。
  - ➢ Layer（图层）：选择作为粒子的图层。
  - ➢ Time Sampling（时间采样）：时间采样模式是设定Particle把贴图图层的哪一帧作为粒子形态，如图6.1.41所示。

图6.1.40

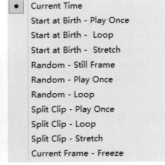

图6.1.41

- ➢ Random Seed：随机值，默认设置为1。
- ➢ Number of Clips：剪辑数量，该数值决定以何种形式参与粒子形状循环变化。Time Sampling选择为Split Clip类型的模式时，Number of Clips参数有效。
- ➢ Subframe Sampling：允许样本帧在来自自定义粒子的两帧之间。在Time Sampling（时间采样）选择Still Frame时被激活。当开启运动模糊时，这个参数的作用效果更加明显。
- Rotation（旋转）：决定产生粒子在出生时刻的角度，可以设置关键帧动画，如图6.1.42所示。

> Orient to Motion：允许定位粒子移动的方向。默认情况下，此设置关闭。
> Rotation X/Y/Z：粒子绕 X、Y 和 Z 轴旋转。这些参数主要用于Textured Polygon。X、Y轴在启用Textured Polygon时可用，Z轴在启用Textured Polygon、Sprite和Star时可用。
> Random Rotation（旋转随机值）：设置粒子旋转的随机性。
> Rotation Speed X/Y/Z：设置X、Y 和 Z 轴上的粒子旋转速度。X、Y轴在启用Textured Polygon时可用，Z轴在启用

图6.1.42

Textured Polygon、Sprite和Star时可用。Rotation Speed可以让粒子随时间转动，这个数值表示每秒钟旋转的圈数。没有必要将值设置太高，设置为1，表示每个粒子每秒钟旋转一周；设置为-1，表示相反方向旋转一周。通常设置为0.1，默认设置为0。

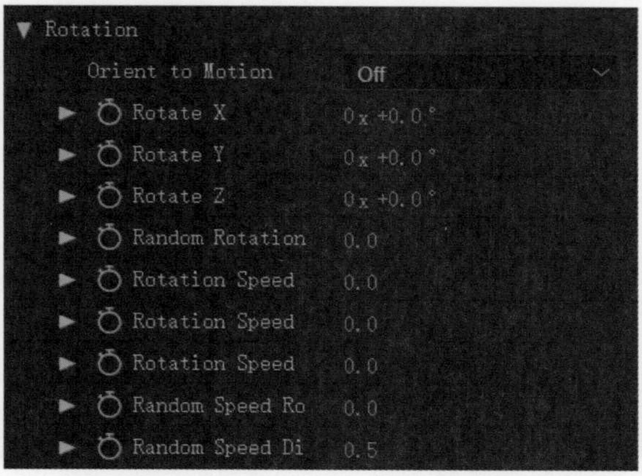

> Random Speed Rotate：设置粒子的旋转速度随机。有些粒子旋转得更快，有些粒子旋转得慢一些，这对于一个看上去更自然的动画是很有用的参数设置。
> Random Speed Distribution：启用微调旋转速度的随机值。0.5的默认值是正常的分布。将参数设置为1时，均匀分布。

● Aspect Ratio：设置粒子的纵横比。
● Size（尺寸）：该设置决定粒子出生时的大小。
● Size Random[%]（随机尺寸）：设置粒子大小的随机性。
● Size over Life：控制每个粒子的大小随时间的变化。Y轴表示粒子的大小，X轴表示粒子从出生到死亡的时间。X轴顶部表示我们上面设定的粒子大小加上Size Random的数值。可以自己设置曲线，常用曲线在图形右边，如图6.1.43所示。

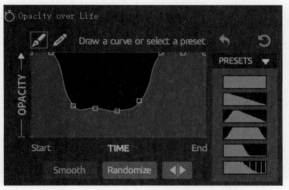

图6.1.43

> Smooth：让曲线变得光滑。
> Random：使曲线随机化。
> Flip：使曲线水平翻转。
> Copy：拷贝一条曲线到系统粘贴板上。
> Paste：从粘贴板上粘贴曲线。

● Opacity（透明度）：设置粒子出生时的透明度。
● Opacity Random（随机透明度）：设置粒子之间透明度变化的随机性。
● Opacity over Life：作用类似Size over Life。用于控制不透明度的周期，如图6.1.44所示。

图6.1.44

- Set Color（颜色设置）：设置颜色拾取模式。
  - ➤ At Birth：设置粒子出生时的颜色，并在其生命周期中保持。（默认设置。）
  - ➤ Over Life：设置颜色随时间发生变化。
  - ➤ Random From Gradient：设置从Color over Life中随机选择颜色。
  - ➤ From Light Emitter：设置灯光颜色来控制粒子颜色。
- Color（颜色）：Set Color选择At Birth时此选项激活，可以设置粒子出生时的颜色。
- Color Random（随机颜色）：设置现有颜色的随机性，这样每个粒子就会随机地改变色相。
- Color over Life：表示粒子随时间的颜色变化。从粒子出生到死亡，颜色会从红色变化到黄色，然后再变化到绿色，最后变化到蓝色。粒子在它们的寿命中会经历这样一个颜色变化的周期。图表的右边有常用的颜色变化方案。还可以任意添加颜色，只需要单击图形下面的区域；删除颜色只需要选中颜色，然后向外拖曳即可。双击方块颜色即可改变颜色，如图6.1.45所示。
  - ➤ Blend Mode：转换模式控制粒子融合在一起的方式。这很像After Effects中的混合模式，除了个别粒子在三维空间层，如图6.1.46所示。

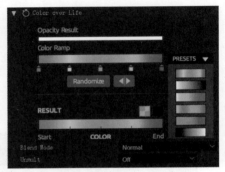

图6.1.45

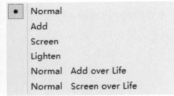
图6.1.46

  - ➤ Normal：正常的融合运作。
  - ➤ Add：增加色彩，使粒子更加突出，并且无视深度信息。
  - ➤ Screen：粒子叠加在一起，结果往往比正常的模式下要明亮，并且无视深度信息，常用于灯光效果和火焰效果。
  - ➤ Lighten：Lighten颜色效果与Add和Screen不同。Lighten意味着按顺序沿着Z轴被融合，但仅仅只有像素比之前模式下更明亮。
  - ➤ Normal Add over Life：超越了After Effects的内置模式，随时间改变Add叠加的效果。
  - ➤ Normal Screen over Life：超越了After Effects的内置模式，随时间改变Screen叠加方式。
- Blend Mode over Life：曲线图可以大致控制粒子颜色的叠加方式，下面是Normal叠加模式，上面是Add或者Screen模式。X轴表示时间，Y轴表示Add或者Screen叠加模式。随着时间的变化叠加模式也会发生变化。图表右边有预设曲线可供参考，如图6.1.47所示。

图6.1.47

> ➤ Smooth：让曲线变得光滑。
> ➤ Random：使曲线随机化。
> ➤ Flip：使曲线水平翻转。
> ➤ Copy：拷贝一条曲线到系统粘贴板上。
> ➤ Paste：从粘贴板上粘贴曲线。

● Glow：辉光组增加了粒子光晕，但是不能设置关键帧。

> ➤ Size：设置glow（辉光）的大小。较低的值给微弱的辉光，较高的值将明亮的辉光给粒子。
> ➤ Opacity：设置glow（辉光）的不透明度。
> ➤ Feather：设置glow（辉光）的柔和度。较低的值给一个球和固体的边缘。较高的值给粒子羽化的柔和边缘。
> ➤ Blend Mode：转换模式控制粒子以何种方式融合在一起，如图6.1.48所示。
> > ■ Normal：正常的融合运作。
> > ■ Add：粒子被叠加在一起，这是非常有用的灯光效果和火焰效果，也是经常使用的效果。
> > ■ Screen：粒子叠加在一起。常用于灯光效果和火焰效果。

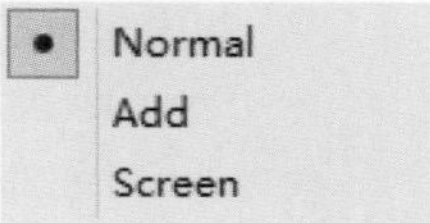

图6.1.48

● Streaklet：Streaklet组设置一种被称为Streaklet的新粒子的属性。当Particle Type是Streaklet时处于激活状态。

> ➤ Random Seed：随机值，随机定位小粒子点的位置。改变Random Seed（随机值）可以迅速改变Streaklet粒子的形态。
> ➤ No Streaks：设置Streaks的数量。（No是数量的缩写。）较高的值可以创建一个更密集的渲染线，较低的值将使Streaks在三维空间中作为点的集合。
> ➤ Streaks Size：设置Streaks总体的大小。较低的值使Streaks显得更薄，较高的值使Streaks显得更厚、更明亮。值为0时将关闭Streaks。

6.1.5 Shading

Shading（着色处理）在粒子场景中添加特殊的效果阴影，如图6.1.49所示。

● Shading（着色）：默认设置为Off。将其设置为On，下列菜单会被激活，粒子将会受到灯光影响，出现明暗效果。灯光的属性会影响到粒子的状态。

● Light Falloff（灯光衰减）：设置灯光的衰减方式。

> ➤ None（AE）：所有粒子有相同数量的着色，无论粒子之间的距离是多少。

图6.1.49

> ➤ Natural（Lux）：默认设置。使光的强度和距离的平方减弱，从而使粒子进一步远离光源，场景会显得更暗，如图6.1.50所示。

图6.1.50

- Nominal Distance（指定距离）：控制灯光从什么位置开始衰减，默认设置为250。
- Ambient（环境光）：定义粒子将反射多少环境光，环境光是背景光，它辐射在各个方向，到处都是，且对被照射到的物体和物体阴影均有影响。
- Diffuse（漫反射）：确定粒子的漫反射强度。
- Specular Amount（高光数量）：控制粒子高光强度。
- Specular Sharpness：定义锐利的镜面反射。当Sprite和Textured Polygon粒子类型被选中时激活此参数。例如，玻璃的高光区域就是非常锐利，塑料就不会有很锐利的高光。Specular Sharpness还可以降低Specular Amount的敏感度，使它对粒子角度不那么敏感。较高的值使它更敏感，较低的值使它不太敏感。
- Reflection Map：镜像环境中的粒子体积。当Sprite 和Textured Polygon粒子类型被选中时激活此参数。默认是关闭，如果创建映射，会在时间轴上选择一个反射层。反射环境中的大量粒子对场景有很大的影响。如果可以在场景中创建环境映射，那么粒子将会融合出很好效果。
- Reflection Strength：定义反射映射的强度。因为反射映射能结合来自合成灯光中的常规Shading，反射强度对于调整观察是有用的。默认值是100，缺省状态下关闭的。较低的值记录下反射映射混合来自场景中的Shading的强度，如图6.1.51所示。

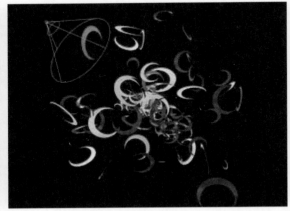

图6.1.51

- Shadowlet for Main：此菜单启用self-shadowing（自阴影）粒子中的主系统。默认情况下菜单设置为Off。打开它得到粒子投射阴影的外观。
- Shadowlet for Aux：此菜单控制启用self-shadowing（自阴影）粒子辅助系统。这是一个额外的粒子发射系统，它允许主要的粒子发射系统发射自己的粒子。这个选项允许用户控制阴影的主要粒子从辅助粒子中分离。
- Shadowlet Settings：这个控件提供一个柔软的自阴影粒子体积。Shadowlet创建一个关闭的主灯的阴影。你可以把它想象成一个体积投影，圆锥阴影从光线的角度模拟每个被创建粒子的阴影，如图6.1.52所示。

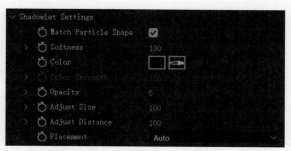

图6.1.52

➢ Match Particle Shape：用于控制发射器内的阴影是否与粒子形状匹配。

➢ Softness：控制沿着阴影边缘的羽化。

➢ Color：控制Shadowlet（照射形成的阴影）颜色，可以选择一种颜色，使Shadowlet的阴影看上去更加真实。通常使用较深的颜色，像黑色或褐色，对应场景的暗部。如果有彩色的背景图层或者场景有明显的色调，一般默认的黑色阴影看上去就显得不真实，就需要调整。

➢ Color Strength：控制RGB颜色强度，对粒子的颜色加权计算Shadowlet（照射形成的阴影）。强度设置Shadowlet颜色如何与原始粒子的颜色相混合。默认情况下，使全覆盖设置值为100。较低的值使较少的颜色混合，如图6.1.53所示。

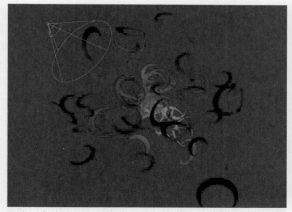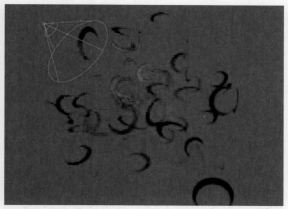

图6.1.53

➢ Opacity：设置不透明度的Shadowlet（照射形成的阴影），控制阴影的强度。默认值是5。不透明度通常有较低的设置，介于1到10之间。用户可以增加要摇晃的阴影的不透明度值。在某些情况下设置较高的值是可行的，例如粒子分散程度很高。但是在大多数情况下，粒子和阴影将会显得相当密集，所以这时候应该使用较低的值。

➢ Adjust Size：影响Shadowlet（照射形成的阴影）的大小。默认值是100。较高的值创建阴影较大，较低的值创建一个较小的阴影。

➢ Adjust Distance：从阴影灯光的方向移动Shadowlet（照射形成的阴影）的距离。默认设置为100。较低的值将Shadowlet更接近灯光，因此投下的阴影是更强的。较高的值使Shadowlet远离灯光，因此投下的阴影是微弱的。

➢ Placement：控制Shadowlet（照射形成的阴影）在3D空间的位置，其选项如图6.1.54所示。

图6.1.54

■ Auto：默认设置。自动让网格决定最佳定位。

■ Project：Shadowlet（照射形成的阴影）深度的位置取决于Shadowlet的灯光在哪里。

■ Always behind：Shadowlet后面粒子的位置。

■ Always in front：Shadowlet前面粒子的位置。阴影始终在前面，可以使粒子具有深度感。

6.1.6　Physics

　　Physics对粒子的物理属性及物理运动进行设置。物理组控制一次发射的粒子如何移动。你可以设置如Gravity（重力）、Turbulence（动荡）和控制粒子在合成中对其他层的Bounce（反弹），如图6.1.55所示。

- Physics Model：物理模式决定粒子如何移动。有两种不同的方式，默认情况下是Air。
  - Air：这是默认设置。此选项主要用来改变粒子如何通过空气。
  - Bounce：此设置可以控制粒子在合成中反弹到其他图层上。
  - Fluid：模拟流体运动的模式。
- Gravity（重力）：控制粒子的重力。正值粒子会下降，负值粒子会上升。
- Physics Time Factor：时间因素可以用来加快或减慢粒子运动，也可以让粒子运动完全冻结，甚至是让粒子反方向运动。该控件是可以设置关键帧的，方便执行或者停止命令效果。
- Air：空气组控制粒子如何通过空气，如空气阻力、旋转、动荡和风所控制的推和拉。当Physics Model（物理模式）选择Air（空气）时激活该参数，如图6.1.56所示。

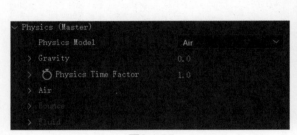
图6.1.55

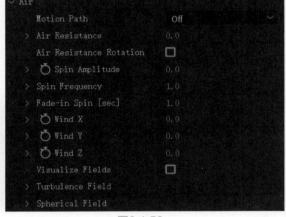
图6.1.56

- Motion Path：运动路径菜单命令允许粒子按照自定义的3D路径进行运动。
- Air Resistance：空气阻力使粒子通过空间的速度随时间推移而降低。常用于制作爆炸和烟花效果，粒子以一个高速度开始，然后逐渐慢下来。
- Air Resistance Rotation：空气阻力会降低粒子的速度，使粒子的飞行停止。但粒子停止飞行后也应该不再旋转。空气阻力会对粒子的旋转产生影响，粒子将在开始时快速旋转，当降低空气阻力时，粒子的旋转也会减少。该参数设置有助于使粒子运动看起来更加自然。（全三维的旋转只适用于Textured Polygon粒子类型。）
- Spin Amplitude：自旋幅度使粒子在随机的、圆形的轨道上移动。值为0时关闭自转运动。较低的值会有较小的圆形轨道，较高的值会有较大的圆形轨道。该值的设置有利于粒子运动的随机性，使动画效果看起来更加自然。
- Spin Frequency：自旋频率设定自旋粒子在其轨道上移动的速度有多快。低值意味着粒子在其轨道慢慢旋转，值越高粒子旋转速度越快。
- Fade-in Spin[sec]：设置粒子在消失之前有多长时间完全受到旋转的控制。以秒为单位。数值大时自旋旋前需要的时间长。
- Wind X/Y/Z：控制X/Y/Z轴风力的大小，使所有粒子均匀地朝着风中方向移动，并且可以设置关键帧。

➢ **Visualize Fields**：该控件有效地简化了Turbulence Field（湍流场）和 Spherical Field（球形区域）的工作。使用Visualize Fields（可视化区域）有时候需要确切知道displacement field（位移场）的样子。执行此命令所有的场都可视。

➢ **Turbulence Field**：设置紊流场属性。紊流场不是基于流体动力学，它是基于Perlin噪声的一种4D位移。紊流场能够很好地实现火焰和烟雾效果，使粒子运动看起来更加自然，因为它

可以模拟一些穿过空气或液体粒子的行为。地图的演变和复杂性，使其有助于流体状运动的粒子，如图6.1.57所示。

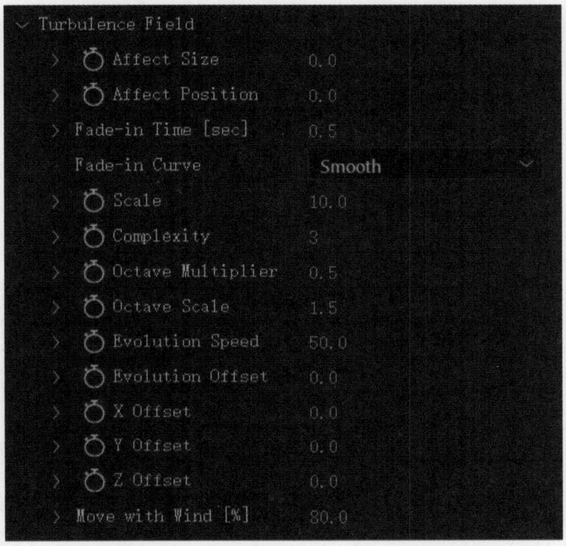

- **Affect Size**（影响大小）：增大该数值，可以使空间中粒子受空气的扰动呈现一片大、一片小的效果。

- **Affect Position**（影响位置）：增大该数值，可以使空间中粒子受空气的扰动呈现部分粒子向一个位置移动、部分粒子向另一个位置移动的效果。

- **Fade-in Time[sec]**：控制淡入粒子位移的时间，即粒子受紊流场影

图6.1.57

响的时间长度。以秒为单位。高值意味着大小或者位置的变化从紊流场将需要一段时间才能出现，并随着时间的推移逐渐淡出。

- **Fade-in Curve**：控制淡入粒子位移随时间的变化。预设了线性与平滑两种不同的淡入方式。默认情况下是Smooth（平滑）模式，在紊流行为随着时间的推移中粒子过渡不会有明显的障碍。Linear（线性）过渡效果显得有些生硬，有明显阻碍。

- **Scale**：控制分形场。较大的值将导致混乱的位移，在领域中的每个值会导致粒子的位置或大小变化。

- **Complexity**：控制分形场的复杂性，数值越高，分形场的复杂度越高。

- **Octave Multiplier**：设置指定数量的复杂控制。设置更高的值，将在所有4个维度的场创建一个更密集、更多样化的分形场。该参数能过改变场的复杂性，并不会导致可视性的变化，除非复杂性设置为2或者更高。

- **Octave Scale**：设置指定数量的复杂度控制每个增值噪声场。低的值将创建一个稀疏的场，这会导致非常不规则间隔的位移；高值将创建一个密集的场，效果更明显。

- **Evolution Speed**：控制粒子的进化速度由慢变快。

- **Evolution Offset**：该控件偏移紊流场中的第四维度——时间。Evolution Offset给出如何更好地控制湍流场随时间的变化。

- **X/Y/Z Offset**：设置紊流场3个轴向上的偏移量，可设置关键帧动画。

- **Move with Wind[%]**：该控件能够使用风吹效果来影响紊流场。用于设置在X、Y、Z坐标轴控制空气组的百分比。默认值是80，可以得到看起来更逼真的烟雾效果。在现实生活中紊流空气由风来移动和改变，此值确保粒子能够模拟类似的行为方式。

> Spherical Field（球形区域）：定义一个粒子不能进入的区域。（因为Particular是一个3D的粒子系统，所以有时候粒子会从区域后面通过，但是通常情况下，粒子会避开这个区域而不是从中心通过。）如图6.1.58所示。
- Strength（强度）：控制区域内对粒子排斥的强度。
- Position XY：定义球形区域XY轴的位置。
- Position Z：定义球形区域Z轴的位置。
- Radius（半径）：设置球形区域的半径。
- Feather（羽化）：设置球形区域边缘羽化值，默认值50。
● Bounce（反弹）：反弹模式是用来使粒子在合成中的特定层反弹。当Physics Model（物理模式）选择Bounce（反弹）时激活该参数，如图6.1.59所示。

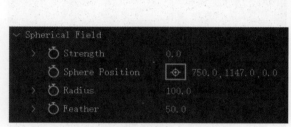

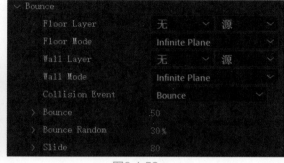

图6.1.58   图6.1.59

> Floor Layer（地板图层）：使用此模式可以设置粒子反弹的图层。需确认"连续栅格化"图层开关已关闭。不能使用文本图层作为反弹层，但可以在【预合成】中使用文本。
> Floor Mode（地板模式）：设置地板模式。
- Infinite Plane：将无限平面选项扩展层的尺寸扩展到无限大小，并且粒子不会反弹或关闭层的边缘。
- Layer Size：图层尺寸选项只是使用层的尺寸来计算的反弹区域。
- Layer Alpha：使用图层指定区域的Alpha通道来计算反弹区域。此选项主要用来创建层范围内的反弹区域。
> Wall Layer：使用弹出菜单选择反弹的Wall Layer（壁层）。壁层由3D层开关启用，而且必须选择【连续栅格化】选项。壁层不能是文本图层，但可以在【预合成】中使用文本。
> Wall Mode：选择墙面模式。
> Collision Event：控制粒子在碰撞期间的反应，有4种不同的方式，默认是反弹，如图6.1.60所示。
- Bounce：当粒子撞击地板或壁层后会反弹。
- Slide：当粒子撞击地板或壁层后，会平行于地板或壁层滑动。

图6.1.60

- Stick：当粒子撞击地板或壁层后粒子停止运动，并且保持在反弹层上确切的位置信息。
- Kill：当粒子撞击地板或壁层后会消失。
> Bounce（反弹）：控制粒子反弹的程度。
> Bounce Random[%]（反弹随机性）：设置粒子反弹的随机性。
> Slide（滑动）：粒子撞击时会发生滑动。

● Fluid（流体）：流体模型用于使粒子模拟液体的运动，可选择增加Buoyancy（浮力）、Swirls（旋涡）和Vortex（涡流）等动效，如图6.1.61所示。

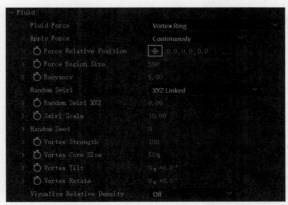

图6.1.61

● Fluid Force：切换流体动效的模式，可选择增加Buoyancy（浮力）、Swirls（旋涡）和Vortex（涡流）等动效类型。
● Apply Force：设置驱动力完成模式为At Start、Continously。
● Force Relative Position：设置驱动力位置。
● Force Region Scale：设置驱动力区域范围。
● Buoyancy：设置浮力强度。
● Random Swirl：设置旋涡动效的随机方位。
● Random Swirl XYZ：设置旋涡动效的随机XYZ方位。
● Swirl Scale：设置旋涡动效的区域。
● Random Seed：设置动效粒子的数量。
● Vortex Strength：设置浮力强度。
● Vortex Core Size：设置浮力核心尺寸。
● Vortex Tilt：设置浮力粒子运动倾斜程度。
● Vortex Rotate：设置浮力粒子运动旋转程度。
● Visualize Relative Density：设置可视范围内的粒子相对密度叠加模式，分别为Opacity（不透明度）和Brightness（明度）。

6.1.7　Aux System

　　Aux System（Aux系统）主要用于控制Particular生成背景和设计元素，实际上Aux System包括两种粒子发射方式。发射器可以从Continuously持续发射粒子，或者从At Bounce Event发射粒子，辅助粒子系统可以控制主要粒子系统之外的粒子，进而对整个画面中的粒子进行更加准确的控制。合理地使用辅助系统可以生成各种有趣的动画效果，我们可以利用该系统来模拟雨滴坠落在地面后的反弹，如图6.1.62所示。

● Emit（发射）：打开辅助粒子系统，默认状态时关闭。
　　➢ Off：关闭辅助粒子系统。
　　➢ At bounce Event：在碰撞事件发生时发射粒子。
　　➢ Continuously：粒子本身变成了发射器，持续产生粒子，如图6.1.63所示。

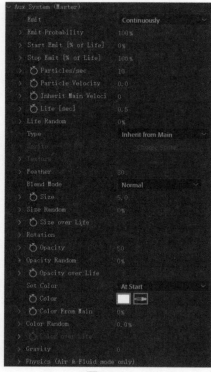

图6.1.62 图6.1.63

- Emit Probability[%]：设置多少主要粒子实际产生辅助粒子，以百分比为衡量单位。较低的值有较少的粒子产生，较高的值会产生较多的粒子。
- Start Emit[% of Life]：起始发射辅助粒子的寿命。
- Stop Emit[% of Life]：终止发射辅助粒子的寿命。

起始和终止百分比控制定义了辅助粒子何时出现在主粒子的生命周期中，如图6.1.64所示。

- Particles/sec：粒子每秒速度。
- Particles Velocity：粒子速度。
- Inherit Main Velocity：继承速度。
- Life[sec]：设置辅助粒子的寿命。低值给粒子寿命更短，高值给粒子寿命更长。
- Life Random[%]：设置辅助粒子的寿命随机值。
- Type：设置辅助系统所使用的粒子类型。默认情况下与主要粒子系统使用相同的粒子类型，如图6.1.65所示。

图6.1.64 图6.1.65

➢ Sprite（精灵）：Sprite类型被选中，该选项被激活，可以指定辅助系统的粒子图案，如图6.1.66所示。

● Texture：使用纹理作为发射源，如图6.1.67所示。

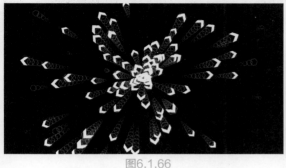

图6.1.66

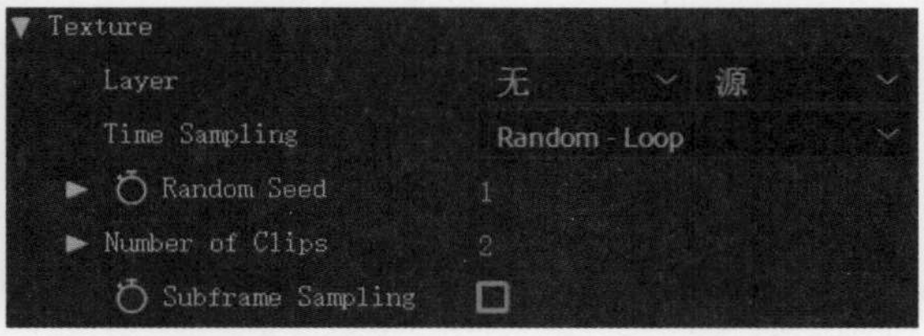

图6.1.67

● Feather：设置辅助粒子的羽化值。

● Blend Mode：设置辅助粒子的融合模式。

● Size：设置辅助粒子的大小。

● Size Random[%]：控制粒子的随机值。

● Size over Life：控制每个粒子的大小随时间的变化。Y轴表示粒子的大小，X轴表示粒子从出生到死亡的时间。X轴顶部表示我们上面设定的粒子大小加上Size Random的数值。你可以自己设置曲线，常用曲线在图形右边，如图6.1.68所示。

● Rotation：设置辅助粒子的旋转。

● Opacity：设置辅助粒子的不透明度。

● Opacity Random：设置辅助粒子的不透明度的随机值。

● Opacity over Life：作用与Size over Life类似，如图6.1.69所示。

图6.1.68

图6.1.69

● Set Color：设置辅助粒子的颜色的模式。

● Color：设置辅助粒子的颜色。

● Color From Main[%]：设置从Continuously（主粒子）继承颜色的百分比。默认值是0，表示颜色由Color over Life来决定，该值越高粒子颜色受Continuously影响就越大。

● Color Random[%]：颜色的随机值。

● Color over Life：表示粒子随时间的颜色变化。从粒子出生到死亡，颜色会从红色变化到黄色，然后再变化到绿色，最后变化到蓝色。粒子在它们的寿命中会经历这样一个颜色变化的周期。图表的右边有常用的颜色变化方案。还可以任意添加颜色，只需要单击图形下面区域；删除颜色，只需要选中颜色然后向外拖曳即可。双击方块颜色即可改变颜色，如图6.1.70所示。

- Gravity：模拟辅助粒子的重力参数。
- Physics（Air mode only）：辅助粒子在物理空气组中单独设置的控件，通过不同的控件，你可以设置辅助粒子有采取区别于主要粒子的行为，这可以使动画效果更有趣，同时对画面中的细节部分调节更加灵活。

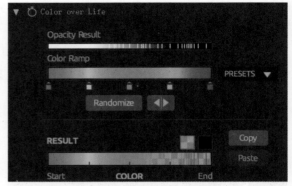

图6.1.70

6.1.8 Global Fluid Controls

Global Fluid Controls（全局流体控制系统）用于控制流体物理模式下粒子系统的特定效果，其只影响使用流体物理模型的系统，如图6.1.71所示。

图6.1.71

- Fluid Time Factor：控制作用于流体粒子的力的时间范围。较低的数值表示施加力的时间较长，较高的数值表示施加力的时间较短。这个数字是指数级增长的，因此，如果需要精确控制，将该值调整为1/10，调整数值时可以按住Alt键，或者手动输入数值。
- Viscosity：定义粒子彼此之间的粘度，创造半流体的效果（类似于沥青）。
- Simulation Fidelity：模拟逼真度。控制施加于流体粒子的力的范围；较高的数值等于更细粒度的、微观的力相互作用，而较低的数值则产生更广泛的、更宏观的力相互作用。

6.1.9 World Transform

World Transform（世界坐标）是一组将Particular系统作为一个整体的坐标变换属性。这些控件可以更改整个粒子系统的规模、位置和旋转。World Transform在不移动相机的情况下改变相机角度。换句话说，不需要用After Effects相机移动粒子，就可以实现更多有趣的动画效果，如图6.1.72所示。

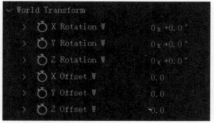

图6.1.72

- X/Y/Z Rotation：旋转整个粒子系统与应用的领域。这些控件的操作方式与After Effects中3D图层的角度控制很类似。XYZ分别控制3个轴向上的旋转变量。
- X/Y/Z Offset：重新定位的整个粒子系统。值的范围从-1000至1000显示，但最高可以输入10000000。

6.1.10 Visibility

Visibility（可见性）参数可以有效控制Particle粒子的景深。Visibility建立的范围内粒子是可见。定义粒子到相机的距离，可以用来设置淡出远处或近处的粒子。这些值的单位是由After Effects的相机设置所确定的，如图6.1.73所示。

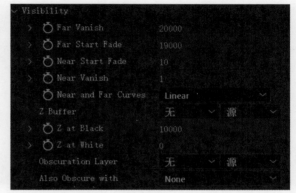

图6.1.73

- Far Vanish：设定远处粒子消失的距离。
- Far Start Fade：设定远处粒子淡出的距离。
- Near Start Fade：设定近处粒子淡出的距离。
- Near Vanish：设定近处粒子消失的距离。
- Near and Far Curves：设定（Linear）线性或者（Smooth）平滑型插值曲线控制粒子淡出。
- Z Buffer：设置Z缓冲区。一个Z缓冲区中包含每个像素的深度值，其中黑色是距摄像机的最远点，白色像素最接近摄像机，之间的灰度值代表中间距离。
- Z at Black：粒子读取Z缓冲区的内容，设置Z缓冲区通道黑色值的上限，默认值是10000。
- Z at White：粒子读取Z缓冲区的内容，设置Z缓冲区通道白色值的上限，默认值是0。
- Obscuration Layer：Trapcode粒子适用于2D图层和粒子的3D世界，其他层的合成不会自动模糊粒子。
- Also Obscure With：控制层放置在任意遮盖层之下的粒子是否显示。默认情况下是None。

6.1.11 Rendering

Rendering（渲染）组控制渲染模式、景深，以及粒子的合成输出，如图6.1.74所示。

- Render Mode（渲染模式）：Motion Preview（动态预览），快速显示粒子效果，一般用来预览；Full Render（完整渲染），高质量渲染粒子，但没有景深效果。

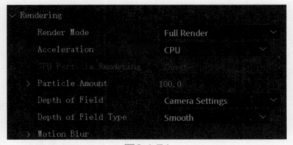

图6.1.74

- Acceleration：切换CPU和GPU参与渲染。
- Particle Amount：设置场景中渲染的粒子数量，默认是100，最高设置为200，单位是百分比。调高值可增加场景中的粒子数量；低值减少粒子数量。

- Depth of Field：景深用来模拟真实世界中摄像机的焦点，增强场景的现实感。该版本中的景深可以设置动画，这是一个非常实用的功能。默认情况下，DOF在Camera Settings选项中被打开；选择Off选项时，DOF关闭。

- Depth of Field Type：设置景深类型，默认情况下是Smooth。此设置只影响Sprite 和Textured Polygon。

- Opacity（透明度）：设置渲染的透明度，通常保持默认即可。

- Motion Blur（运动模糊）：当粒子高速运动时，它可以提供一个平滑的外观，类似真正的摄像机捕捉快速移动的物体的效果，如图6.1.75所示。

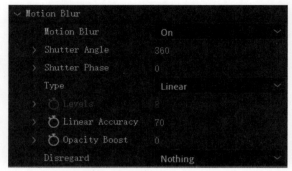

图6.1.75

  - Motion Blur（运动模糊）：运动模糊可以打开或者关闭，默认是Comp Setting。如果使用After Effects项目里的运动模糊设定，那么在After Effects时间轴上图层的运动模糊开关一定要打开。

  - Shutter Angle（快门角度）：控制运动模糊的强度。该值越大，运动模糊效果越强烈。

  - Shutter Phase（快门相位）：快门的相位偏移虚拟相机快门打开的时间点。值为0表示快门同步到当前帧。负值会导致运动在当前帧之前发生被记录，正值会导致运动在当前帧之后发生被记录。要创建运动条纹在当前帧的焦点，快门相位负值等于快门角度。

  - Type：设置运动模糊的类型。
    - Linear：此种模式设定在shutter（快门）被打开期间粒子移动在一条直线上。一般情况下比Subframe Sample模式下渲染要快，有时候会给人一种生硬的感觉。
    - Subframe Sample：此种模式设定在shutter（快门）被打开时，在一些点上采样粒子的位置和旋转。通常这种模式下运动模糊都会很平滑，给人感觉很真实，但是渲染时间会增加。

  - Levels：运动模糊的级别设置越高，效果越好，但渲染时间也会大大增加。

  - Linear Accuracy：当Type选择Linear时，该选项被激活。更高的值会导致运动模糊的准确性更高。

  - Opacity Boost：当运动模糊激活时，粒子被涂抹。涂抹后粒子会失去原先的强度，变得不那么透明。增加粒子的强度值可以抵消这种损失。该参数值越高，意味着有更多的不透明粒子出现。当粒子模拟火花或者作为灯光发射器的时候是非常有用的。

  - Disregard：有时候不是所有的合成都需要运动模糊的。Disregard就提供这样一种功能，某些地方粒子模拟运动模糊计算时可以忽略不计，如图6.1.76所示。

图6.1.76

    - Noting：模拟中没有什么被忽略。
    - Physics Time Factor（PTF）：忽略Physics Time Factor（物理时间因素）选择此模式时，爆炸的运动模糊是不受时间停顿影响的。
    - Camera Motion：在此模式下，相机的动作不参与运动模糊。当快门角度非常高，粒子很长时，也许这种模式是最有用的。在这种情况下，如果Camera Motion（相机移动），运动将导致大量的模糊，除非将摄像机运动忽略。
    - Camera Motion &（PTF）：相机运动或PTF不参于运动模糊。

6.2　Particular 效果实例

6.2.1　OBJ序列粒子

　　Particular插件这次改版添加了OBJ Sequences（OBJ序列）工具，使用三维软件制作的动画可以导出为一连串的模型文件，在After Effects中进行特效和镜头的编辑。Element 3D等一些软件支持OBJ Sequences的导入，如果使用Maya或者C4D等三维软件，必须借助插件或脚本对制作好的模型动画进行OBJ序列的导出。C4D使用的是 Plexus OBJ Sequence Exporter插件。而Maya使用脚本导出OBJ序列，OBJ Sequences Import/Export 3.0.0 for Maya （maya script）是免费脚本，可以在网上免费下载。以Maya为例，将脚本文件直接拷贝到"X：\Users\USER\Documents\maya\2017\prefs"文件夹下。由于是脚本，对于Maya的版本并没有太大影响，如图6.2.1所示。

　　打开Maya，在Script Editor面板直接输入"*craOBJSequences*"就可以打开脚本面板。脚本也可以将在别的软件中输出的OBJ序列帧导入进来，经过Maya的调整再导出。使用方法也很简单，只需要制作好动画以后，设置起始帧数和结束帧数，单击Export OBJ Sequence按钮就可以了，如图6.2.2所示。

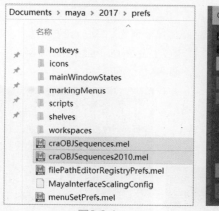

图6.2.1　　　　　　　　　　　　　图6.2.2

　　系统会自动建立一个文件夹。每一帧动画都会被分解为一个一个单独的OBJ文件，如图6.2.3所示。

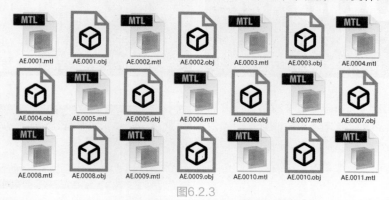

图6.2.3

01　启动After Effects，建立一个合成，在【项目】面板中将OBJ序列导入（为了方便读者学习，配套资源"工程文件"对应章节的工程文件中会有一段输出好的OBJ序列），选中OBJ序列的第一帧，执行下方的【OBJ Files for RG Trapcode序列】命令，单击【导入】按钮，如图6.2.4所示。

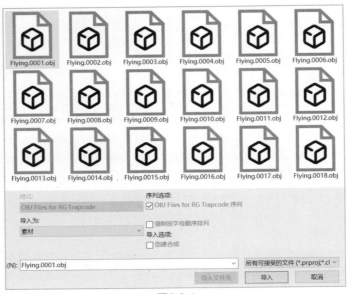

图6.2.4

02 无法直接预览OBJ序列，可以看到该文件有TRAPCODE提供的素材预览图。将OBJ序列拖入【时间轴】面板，并关闭其左侧的眼睛图标，关闭其显示属性，如图6.2.5所示。

03 建立一个新的【纯色】层，执行【效果】>RG Trapcode>Particular命令，展开Emitter（Master）属性，将Emitter Type切换为OBJ Model模式，如图6.2.6所示。

图6.2.5

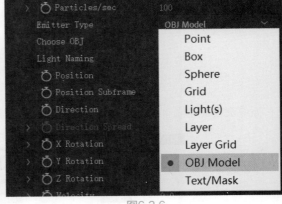

图6.2.6

04 这时下方的OBJ Emitter属性被激活，展开属性，将3D Model切换为导入的OBJ序列帧。播放动画发现效果并不明显，但已经可以看到不是从一个点发射的粒子了，如图6.2.7所示。

图6.2.7

05 将上面Emitter（Master）属性的Velocity参数值调为0，下面的Velocity Random[%]、Velocity Distribution、Velocity form Motion[%]3个参数也调整为0，让粒子直接出现而不是发射。现在已经可以看到一只鸟的外形了，如图6.2.8和图6.2.9所示。

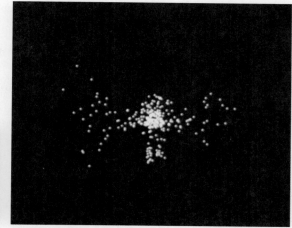

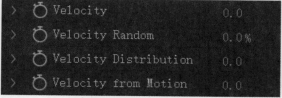

图6.2.8

图6.2.9

06 将Particles/sec（粒子/秒）调整为200000，添加更多的粒子，播放动画，就可以清晰看到OBJ序列所展示出的动画，如图6.2.10所示。

07 但是画面还是有重影，展开Particle（Master）属性，修改Life[sec]参数值为0.08，让粒子短暂出现并马上消失。再次播放动画，可以看到重影消失了，如图6.2.11所示。

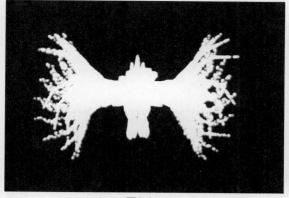

图6.2.10

图6.2.11

08 执行【图层】>【新建】>【摄像机】命令，新建一个摄像机，使用【摄像机工具】调整镜头位置，让飞鸟的外形能完整地展现出来。调整Size值为1，将粒子的尺寸变小，如图6.2.12和图6.2.13所示。

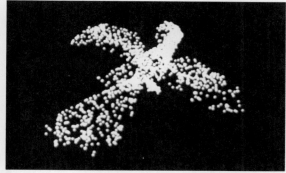

图6.2.12

图6.2.13

09 将Opacity Over Life属性下的Set Color切换为Random From Gradient，也就是使用渐变色作为粒子的颜色，再将Color Over Life属性下的Color Ramp属性预设调整为白色到蓝色的渐变，如图6.2.14和图6.2.15所示。

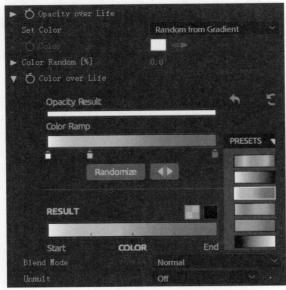

图6.2.14   图6.2.15

10 删除Color Ramp属性上中间的色彩图标，使渐变调整为白色到紫色到蓝色的渐变，如图6.2.16和图6.2.17所示。

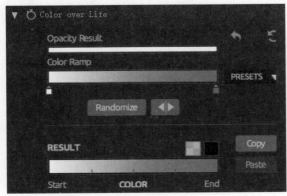

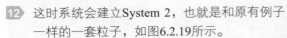

图6.2.16   图6.2.17

11 下面要建立多重粒子系统，为鸟的外形添加闪动的粒子。单击Designer...图标，在面板左下角单击Master System右侧的三角图标，在弹出菜单中选择Duplicate System选项，如图6.2.18所示。

12 这时系统会建立System 2，也就是和原有例子一样的一套粒子，如图6.2.19所示。

13 这时单击Master System左侧的眼睛图标，关闭Master System的显示。单击Apply按钮，你会看到画面中没有任何图像，在效果控件

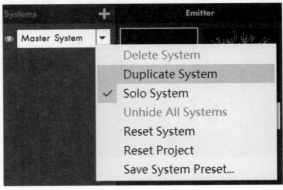

图6.2.18

面板展开Show System属性，在这里可以控制每一层System的显示，如同Designer...面板中一样，如图6.2.20所示。

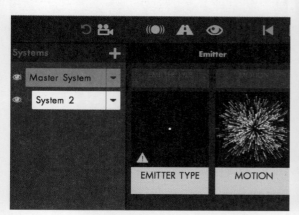

图6.2.19

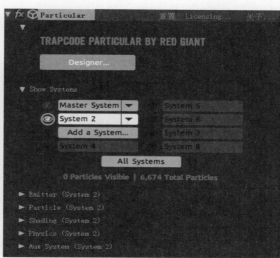

图6.2.20

14 将Particles/sec（粒子/秒）调整为5000，展开OBJ Emitter S2属性，将3D Model S2切换为导入的OBJ序列帧，如图6.2.21所示。

15 展开Particle（System），调整Size值为3，将粒子的尺寸变大。在Show System下单击Master System左侧的眼睛图标，打开Master System，可以看到粒子效果变得丰富，如图6.2.22所示。

图6.2.21

图6.2.22

16 我们可以设置摄像机动画以获得更好的角度，同时也可以调整更为复杂的粒子效果添加进动画中，如图6.2.23所示。

图6.2.23

6.2.2　粒子拖尾

01 我们将使用Aux System制作一个粒子拖尾的效果，创建一个新的合成，命名为"粒子拖尾"，【预设】设置为【HDV/HDTV 720 25】，【持续时间】为5秒，如图6.2.24所示。

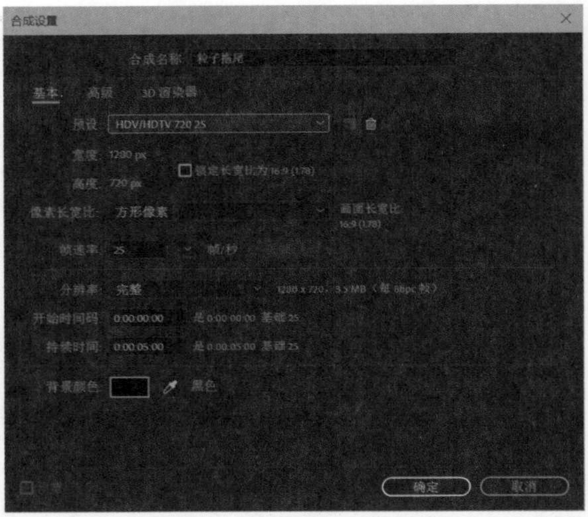

02 建立一个新的纯色层，在【时间轴】面板选中纯色层，执行【效果】>RG Trapcode>Particular命令，展开Emitter（Master）属性，将Emitter Behavior切换为Explode模式。播放动画，可以看到粒子爆炸出来就不再发射了。目前使用的是默认爆炸速度，如果觉得粒子的爆炸速度快或者慢，可以调整Emitter（Master）属性的Velocity数值，调整粒子的速度，如图6.2.25所示。

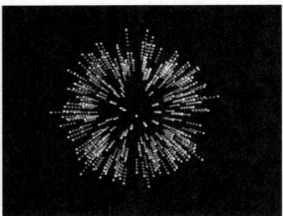

图6.2.24

03 展开Aux System属性，将Emit切换为Continuously模式，这样就可以不间断地发射粒子，可以看到粒子添加了拖尾效果，如图6.2.26所示。

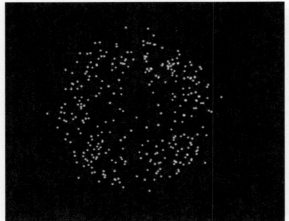

图6.2.25

图6.2.26

04 继续调整Aux System属性，将Particles/sec数值设置为50，展开Opacity over Life属性，在控制面板中单击右侧的PRESETS，选择逐渐下降的曲线模式。可以看到粒子的尾部逐渐变得透明，直至消失，如图6.2.27和图6.2.28所示。

05 我们需要尾部逐渐消失的同时也逐渐变小，展开Size over Life属性，在控制面板单击右侧的PRESETS，选择逐渐下降的曲线模式。粒子的拖尾变得越来越小，如图6.2.29和图6.2.30所示。

图6.2.27

06 拖尾太短，可以通过调整Life[sec]的数值加长长度，也就是使粒子的寿命变长。将参数值调整为2.5，同时调整Size值为2，如图6.2.31所示。

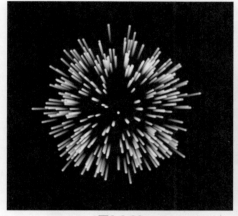

图6.2.28

图6.2.29

图6.2.30

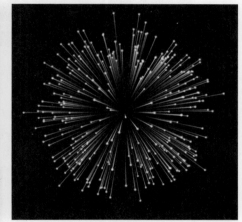

图6.2.31

07 下面调整Physics属性，展开Physics属性下的Air>Turbulence Field>Affect Position，设置数值为50，可以看到粒子的路径被扰动，如图6.2.32和图6.2.33所示。

图6.2.32

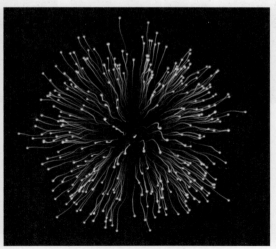

图6.2.33

08 下面要在三维空间中观察粒子动画，执行【图层】>【新建】>【摄像机】命令，新建一个摄像机，然后执行【图层】>【新建】>【空对象】命令，空对象可以用来控制摄像机，在【时间轴】面板上方右击，在弹出的快捷菜单中选择【列数】>【父级和链接】选项，激活该操作栏，如图6.2.34所示。

图6.2.34

09 选择摄像机层【父级和链接】的螺旋线图标，拖动到空对象层，建立父子关系，如图6.2.35所示。

图6.2.35

10 单击空对象层的 3D图层图标，设置【Y轴旋转】的关键帧动画，就可以看到摄像机围绕粒子旋转的动画了，如图6.2.36所示。

11 下面调整粒子颜色，可以直接修改粒子和拖尾的颜色，也可以添加【效果】>Video Copilot>VC Color Vibrance效果，该插件为免费版，主要用来给带有灰度信息的画面添加色彩，如图6.2.37所示。

图6.2.36

图6.2.37

6.3　Form4.1效果插件

Trapcode Form插件是基于网格的3D粒子旋转系统。它被用于创建流体、器官模型、复杂的几何图形等。将其他层作为贴图，使用不同参数，可以进行独特的设计，如图6.3.1所示。

Form的Designer...（设计者）和Show System（显示系统）与Particular并没有本质的区别，读者可以参考Particular的相关章节。不同于Particular，FORM在一开始就形成了一个体块用于用户塑造，所以Form更偏重于结构体块的塑造，如图6.3.2所示。

图6.3.1

图6.3.2

6.3.1 Base Form

Base Form（基础网格）定义原始粒子网格——被称为基本形态，在Form中受到层映射、粒子控制、分形场和所有其他控制的影响。用户可以控制Base Form（基本形态）在三维空间中的大小、粒子密度、位置和旋转，如图6.3.3所示。

● Base Form：形态基础是一个非常重要的控制参数，主要用于设置Form的初始值。通过设置粒子在Z轴上面的数值大于1，所有的基本形态都可以有多个迭代，也就是说Form不仅仅是平面上的粒子系统，它的深度还是可调节的，如图6.3.4所示。

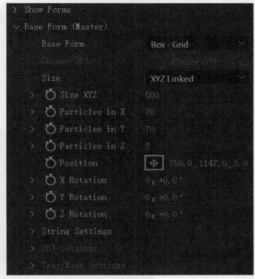

图6.3.3

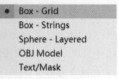

图6.3.4

> Box-Grid：网状立方体，默认此状态。

> Box-Strings：串状立方体，横着的粒子串，类似DNA状。

> Sphere-Layered：分层球体，圆形粒子，音频反应。

> OBJ Model：OBJ模式，使用指定的OBJ模型文件。

> Text/Mask：文本与遮罩模式。

- Size X/Y/Z：设置粒子大小，其中Size Z和下面的Particles in Z两个参数将一起控制整个网格粒子的密度。

- Particular in X/Y/Z：是指在大小设定好的范围内，X、Y、Z方向上拥有的粒子数量。Particles in X/Y/Z对Form的最终渲染有很大影响，特别是Particles in Z的数值。

- Position：网格在图层中的位置。

- X/Y/Z Rotation：影响粒子整个图层旋转（此处的位置与旋转不影响任何贴图与场）。

- String Settings：当Base Form设置为Box-Strings时，String Settings参数被激活。Form的String也是由一个个粒子所组成的，所以如果把密度（Density）设置低于10，String就会变成一个个点，如图6.3.5所示。

图6.3.5

> Density：设置粒子的密度值，一般保持默认值。值越高渲染时间越长，同时一条线上的粒子数量太多，如果粒子之间的叠加方式为Add（在Particles选项里可以设定粒子的叠加方式），那么线条就会变亮。

> Size Random：大小随机值，可以让线条变得粗细不均。

> Size and Distribution：随机分布值，可以让线条粗细效果更为明显，默认设置为3。

> Taper Size：椎体大小，控制线条从中间向两边逐渐变细，分别有两种变化模式：平滑和线性。默认状态下是关闭。

  - Off：不应用任何锥形。

  - Smooth：生成一个以Form为中心的锥形衰减模型，使得衰减从Form的中心开始。

  - Linear：生成一个线性衰减模型，使得锥度只有靠近Form边缘时开始。

> Taper Opacity：椎体不透明度，控制线条从中间向两边逐渐变透明，分别有两种变化模式：平滑和线性。默认状态下是关闭。

  - Off：不应用锥形的不透明度。

  - Smooth：导致两端显得更短和更透明。

  - Linear：只有锥形的不透明度靠近Form的边缘。

- OBJ Settings：当导入OBJ模型时OBJ Settings（OBJ设置）被启用，这样有助于Base form快速加载OBJ模型。在Base Form弹出窗口可以导入OBJ模型或者OBJ序列。导入一个静态或动态的OBJ模型，Form可以自动转换它的顶点为粒子快速开始一个复杂的动画。Form具有内置功能支持3D对象，像Shading（着色）组、图层映射、世界变换和运动模糊。Form很好地集成了AE的3D环境处理功能，比如3D灯光、3D摄像机和正交视图查看等。Form不支持负指数里面的OBJ文件。指数是用来参考OBJ文件里面的顶点数，如图6.3.6所示。

图6.3.6

➢ 3D Model：用于选择3D模型作为基础形。

➢ Refresh：重新加载模型。当第一次加载一个OBJ时，缓存动画，然后使用这些信息。一旦OBJ缓存完成，如果OBJ中有任何变化，都不会在动画中看到这些变化。如果想重新缓存动画，单击Refresh选项刷新OBJ模型。

➢ Particle From：选择发射类型，如图6.3.7所示。

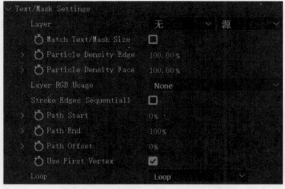

■ Vertices：使用模型上的点作为基础形。

■ Edges：使用模型上的边作为基础形。

■ Faces：使用模型上的面作为基础形。

■ Volume：使用模型体积作为基础形。

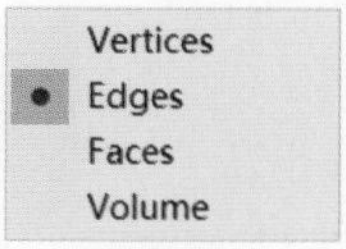

图6.3.7

➢ Particle Density：设置粒子密度。

➢ Normalize：确定发射器的缩放与移动的标准（以第一帧为主）定义其边界框。

➢ Invert Z：Z轴方向反转模型。

➢ Ignore Imported UVs：忽略导入模型UV设置。（一般OBJ三维模型文件都带着原有的UV信息。）

➢ Sequence Speed：OBJ序列帧的速度。

➢ Sequence Offset：OBJ序列帧的偏移值。

➢ Loop Sequence：控制OBJ序列帧为Loop循环还是Once一次性播放。

● Text/Mask Setting：文本与遮罩模式设置，如图6.3.8所示。

➢ Layer：选择用于发射粒子的文字与遮罩层。

➢ Match Text/Mask Size：匹配文字与遮罩的尺寸。

➢ Particle Density Edge/Face：设置边与面的粒子密度。

➢ Layer RGB Usage：图层RGB用法，定义如何使用RGB值控制粒子的大小、速度和旋转。

➢ Stroke Edges Sequentiall：是否按顺序描边。

➢ Path Start/End/Offset：设置路径起始位置与偏移。

➢ Use First Vertex：是否使用初始顶点。

➢ Loop Sequence：采用序列Loop循环还是Once一次性播放，如图6.3.9所示。

图6.3.8

图6.3.9

6.3.2　Particle

Particle包含了在3D空间中粒子外观的所有基本设置，包括粒子的大小、透明度、颜色，以及这些属性如何随时间而变化，如图6.3.10所示。

● **Particle Type**：粒子类型，如图6.3.11所示。

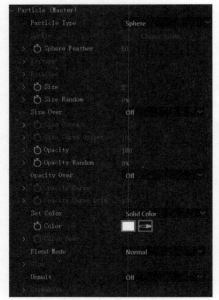

图6.3.10   图6.3.11

➤ **Sphere**：球形粒子，一种基本粒子图形，也是默认值，可以设置粒子的羽化值。

➤ **Glow Sphere（No DOF）**：发光球形，除了可以设置粒子的羽化值，还可以设置辉光度。

➤ **Star（No DOF）**：星形粒子，可以设置旋转值和辉光度。

➤ **Cloudlet**：云层形可以设置羽化值。

➤ **Streaklet**：类似长时间曝光，大点被小点包围的光绘效果。利用Streaklet可以创建一些真正有趣的动画。

➤ **Sprite/Sprite Colorize/Sprite Fill**：Sprite粒子是一个加载到Form中的自定义层。需要为Sprite选择一个自定义图层或贴图。图层可以是静止的图片，也可以是一段动画。Sprite总是沿着摄像机定位。在某些情况下这是非常有用的。在其他情况下，不需要层定位摄像机，只需要它的运动方式像普通的3D图层。这时候可以在Textured、Polygon类型中进行选择。Colorize是一种使用亮度值彩色粒子的着色模式，Fill是只填补Alpha粒子颜色的着色模式。

➤ **Textured Polygon/Textured Polygon Colorize/Textured Polygon Fill**：Textured Polygon 粒子是一个加载到Form中的自定义层。Textured Polygons是有自己独立的3D旋转和空间的对象。Textured Polygons不定位After Effects的3D摄像机，而是可以看到来自不同方向的粒子，能够观察到在旋转中的厚度变化；Textured Polygons 控制所有轴向上的旋转和旋转速度。Colorize是一种使用亮度值彩色粒子的着色模式；Fill是只填补Alpha粒子颜色的着色模式。

➤ **Square**：方形粒子。

● **Sprite（精灵）**：用于指定粒子图案。

● **Sphere Feather（羽化）**：控制粒子的羽化程度和透明度的变化，默认值50。

● **Texture**：控制自定义图案或者纹理（只有Particular Type选择Sprite或者Textured类型时，该命令栏被激活），如图6.3.12所示。

图6.3.12

- ➢ Layer（图层）：选择作为粒子的图层。
- ➢ Time Sampling（时间采样）：时间采样模式是设定Form把贴图图层的哪一帧作为粒子形态，如图6.3.13所示。

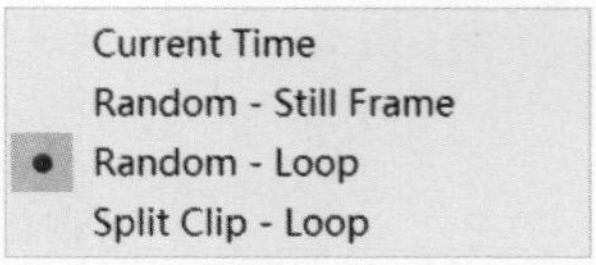

图6.3.13

- ➢ Random Seed：随机值，默认设置为1。不改变粒子位置被随机采样的帧。
- ➢ Number of Clips：剪辑数量，该数值决定以何种形式参与粒子形状的循环变化。Time Sampling选择为Split Clip类型的模式时，Number of Clips参数有效。
- ➢ Subframe Sampling：子帧采集允许用户的样本帧在来自自定义粒子的两帧之间。在Time Sampling（时间采样）选择Still Frame时被激活。当开启运动模糊时，这个参数的作用效果更加明显。
- ● Rotation（旋转）：决定产生粒子在出生时刻的角度，可以设置关键帧动画。
  - ➢ Rotation X/Y/Z：粒子绕X、Y和Z轴旋转。这些参数主要用于Textured Polygon。X、Y轴在启用Textured Polygon时可用；Z轴在启用Textured Polygon、Sprite和Star时可用。
  - ➢ Random Rotation（旋转随机值）：设置粒子旋转的随机性。
  - ➢ Rotation Speed X/Y/Z：设置X、Y和Z轴上粒子的旋转速度。X、Y轴在启用Textured Polygon时可用；Z轴在启用Textured Polygon、Sprite和Star时可用。Rotation Speed可以让粒子随时间转动，这个数值表示每秒钟旋转的圈数。没有必要将值设置太高，设置为1，表示每个粒子每秒钟旋转一周；设置为—1，表示相反方向旋转一周。通常设置为0.1，默认设置为0。
  - ➢ Random Speed Rotate：设置粒子的旋转速度随机。有些粒子旋转得更快，有些粒子旋转得慢一些。这对于一个看上去更自然的动画是很有用的参数设置。
  - ➢ Random Speed Distribution：启用微调旋转速度的随机值。0.5的默认值是正常的分布。将参数设置为1时为均匀分布。
- ● Size：设置标准粒子类型和自定义粒子类型的尺寸，以像素为单位。较高的值创建较大的粒子和更高密度的Form。
- ● Size Random：设置尺寸的随机性，以百分比衡量。较高的值意味着粒子的随机性较高，粒子的大小有更多的变化。
- ● Size Over：设置粒子控制的方式。（切换到Radial模式，下两个属性被激活。）
- ● Size Curve：使用曲线控制尺寸。
- ● Size Curve Offset：设置控制曲线的偏移值。
- ● Opacity：设置粒子的不透明度。高值给粒子更高的透明度，值为100使粒子完全不透明；低值给粒子更低的透明度，值为0使粒子完全透明。
- ● Opacity Random（%）：设置粒子不透明度的随机性。
- ● Opacity Over：设置不透明度结束的方式。（切换到Radial模式，下两个属性被激活。）
- ● Opacity Curve：使用曲线控制不透明度。
- ● Opacity Curve Offset：设置控制曲线的偏移值。
- ● Set Color：设置粒子的颜色。（可以使用纯色或者渐变色设置），如图6.3.14所示。

图6.3.14

- Blend Mode：转换模式控制粒子融合在一起的方式。这很像Photoshop中的混合模式，除了个别粒子在三维空间层，如图6.3.15所示。

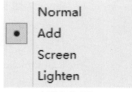

图6.3.15

  - ➤ Normal：合成的正常运作。不透明的粒子会阻止身后的粒子在Z轴方向的运行。
  - ➤ Add：粒子叠加在一起。Add叠加后粒子看起来会比之前更亮，并且叠加中无视深度值。常用于灯光效果和火焰效果。
  - ➤ Screen：粒子叠加一起。Screen叠加后的效果往往比正常的模式下要明亮，并且无视深度信息。常用于灯光效果和火焰效果。
  - ➤ Lighten：Lighten颜色效果与Add和Screen不同。Lighten意味着按顺序沿着Z轴被融合，但仅仅只有像素比之前模式下更明亮。

- Glow：辉光组增加了粒子光晕。当Particle Type是Glow或者Star时，该命令组被激活，如图6.3.16所示。

图6.3.16

  - ➤ Size%：设置glow（辉光）的大小。较低的值给粒子微弱的辉光。较高的值将明亮的辉光给粒子。
  - ➤ Opacity%：设置辉光的不透明度。较低的值给粒子透明的辉光。较高的值给粒子的辉光更实在。
  - ➤ Feather：设置辉光的柔和度。较低的值给粒子一个球和固体的边缘。较高的值给粒子羽化的柔和边缘。
  - ➤ Blend Mode：转换模式控制粒子以何种方式融合在一起，如图6.3.17所示。
    - ■ Normal：正常的融合运作。
    - ■ Add：粒子被叠加在一起，这是非常有用的灯光效果和火焰效果，也是经常使用的效果。
    - ■ Screen：粒子叠加在一起。常用于灯光效果和火焰效果。

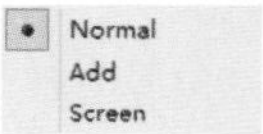

图6.3.17

- Streaklet：Streaklet组设置一种被称为Streaklet的新粒子的属性。当Particle Type是Streaklet时处于激活状态。

6.3.3 Shading

Shading（着色处理）在粒子场景中添加特殊的效果阴影。通过系统或者Trapcode Lux设置合成灯光创建阴影。FORM最多支持128 Spot Light（聚光灯）、128 Point Light（点光源）和无限制的Ambient Lights（环境灯）。Shading（阴影）需要一个系统灯光或者Lux灯光在时间线上。创建灯光后，FORM能添加特定效果的阴影。这些粒子在灯光下被照亮。系统灯光创建的效果与Lux创建的效果类似，Lux灯光的灵活性更好，一般建议使用Lux灯光匹配FORM使用，如图6.3.18所示。

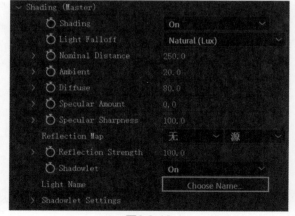

图6.3.18

- Shading：在默认情况下，弹出菜单中的Shading控件组是关闭的。可以将Shading的弹出菜单设置为On，激活下面菜单的参数；如果时间轴面板中没有灯光，当你第一次打开Shading控件，粒子看似消失了。Shading控件组需要匹配系统或者Lux灯光才能过正常使用。添加两个点光源或者聚光灯，沿着远离粒子的方向旋转一个灯光，保持至少一个灯光是白色，移动的过程中可以看到Shading对于粒子的影响。另外我们还可以通过对灯光部分属性的调整来实现对Shading的控制，比如灯光颜色、强度等。

- Light Falloff：通过灯光图层属性设置光线强度。Light Falloff（灯光衰减）使用衰减控制光线强度，衰减支持聚光灯和点光源。远离光线的粒子不受Shading影响。

  - ➤ None（AE）：所有的粒子不受衰减影响。
  - ➤ Natural（Lux）：默认设置。让光的强度与距离按比例减弱，从而使远离光源的粒子会显得更暗。这个自然的灯光变暗效果是符合物理世界的规律的；同时这也是Trapcode Lux插件为我们提供的模拟现实世界光照效果。

- Nominal Distance：定义的距离，以像素为单位，光有其原有的强度和光衰减开始。当选中Light Falloff的Natural（Lux）时该参数被激活。例如，如果将光线强度设置在100%，Nominal Distance设置为250，这意味着在距离250像素时光线强度将达到100%；距离更远处光线强度更低，距离更近处光线强度更高。

- Ambient：定义粒子将反射多少环境光，环境光是背景光，它辐射在各个方向，到处都是，且对被照射到的物体和物体阴影均有影响。

- Diffuse：定义粒子反射的传播方式。这意味着粒子反射在每一个方向，无论用户正在查看哪个方向的粒子。这不会捆绑任何特定的粒子光源类型，但是会影响合成中的所有灯光。默认值为80。较高的值使灯光更亮，较低的值使灯光变暗。亚光物体表面通常由大量的漫反射构成。

- Specular Amount：模拟金属质感或光泽外观的粒子效果。当Sprite和Textured Polygon粒子类型被选中时激活此参数。Specular Amount定义粒子反射值的大小。例如，像塑料或金属等具有光泽表面的物质都由高光的构成。较高的值使物体表面更有光泽，较低的值使物体表面光泽较少。Specular Amount对光线的角度非常敏感。

- Specular Sharpness：定义尖锐的镜面反射。当Sprite和Textured Polygon粒子类型被选中时，激活此参数。例如，玻璃的高光区域非常尖锐，塑料就不会有很尖锐的高光。Specular Sharpness还可以降低Specular Amount的敏感度，使它对粒子角度不那么敏感。较高的值使它更敏感，较低的值使它不太敏感。

- Reflection Map：镜像环境中的粒子体积。当Sprite和Textured Polygon粒子类型被选中时，激活此参数。默认是关闭。创建映射，在时间轴上选择一个层。反射环境中的大量粒子对场景有很大的影响。如果用户可以在场景中创建环境映射，那么粒子将会融合的很好。

- Reflection Strength：定义反射映射的强度。当Sprite和Textured Polygon粒子类型被选中时，激活此参数。因为反射映射能结合来自合成灯光中的常规Shading，反射强度对于调整观察是有用的。默认值是100，默认状态下关闭的。较低的值记录下反射映射的强度和混合来自场景中的Shading。

- Shadowlet：在主系统中启用投影作为粒子。默认情况下，弹出菜单设置为Off，切换菜单到On，即可激活下面参数栏。

- Light Name：直接选择灯光。

- Shadowlet Settings：这个控件提供一个柔软的自阴影粒子体积。Shadowlets创建一个关闭的主灯的阴影。可以把它想象成一个体积投影，圆锥阴影从光线的角度模拟每个被创建粒子的阴影，如图6.3.19所示。

➤ Match Particle Shape：用于匹配粒子形状。

➤ Softness：控制沿着阴影边缘的羽化。

➤ Color：控制Shadowlet阴影的颜色，用户可以选择一种颜色，使Shadowlet的阴影看上去更加真实。通常使用较深的颜色，像黑色或褐色，对应场景的暗部。如果有彩色的背景图层或者场景有明显的色调，一般默认的黑色阴影看上去就显得

图6.3.19

不真实，需要调整。

➤ Color Strength：控制RGB颜色强度，对粒子的颜色加权计算Shadowlet阴影。该强度设置Shadowlet颜色如何与原始粒子的颜色相混合。默认情况下，如果需要全覆盖，设置值为100。较低的值使较少的颜色混合。

➤ Opacity：设置不透明度的Shadowlet阴影，控制阴影的强度。默认值是5。不透明度通常有较低的设置，介于1到10之间。用户可以增加要摇晃的阴影的不透明度值。在某些情况下设置较高的值是可行的，例如粒子分散程度很高。但是在大多数情况下，粒子和阴影将会显得相当密集，所以这时候应该使用较低的值。

➤ Adjust Size：影响Shadowlet阴影的大小。默认值是100。较高的值创建阴影较大，较低的值创建一个较小的阴影。

➤ Adjust Distance：从阴影灯光的方向移动Shadowlet的距离。默认设置为100。较低的值将Shadowlet更接近灯光，因此投下的阴影是更强的。较高的值使Shadowlet远离灯光，因此投下的阴影是微弱的。

➤ Placement：控制Shadowlet在3D空间的位置。

■ Auto：默认设置。自动让Form决定最佳定位。

■ Project：Shadowlet深度的位置取决于Shadowlet的灯光在哪里。

■ Always behind：Shadowlet后面粒子的位置。

■ Always in front：Shadowlet前面粒子的位置。由于阴影始终是在前面，因此它可以给粒子一种有趣的深度感。

6.3.4 Layer Maps

Layer Maps（图层贴图）可以使用同一合成项目里其他图层的像素来控制Form粒子的一系列参数。图层贴图共有6种，分别是Color and Alpha、Displacement、Size、Fractal Strength、Disperse以及Rotate。在每种图层贴图下都有一个共同的参数Map Over，如图6.3.20所示。

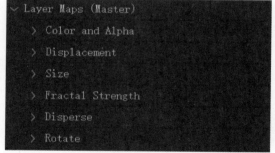

● Color and Alpha：用贴图影响粒子颜色以及Alpha通道，如图6.3.21所示。

➤ Layer：选择图层作为映射层。

➤ Functionality：功能共有如下4个选项。

图6.3.20

- RGB to RGB：仅替换粒子颜色。
- RGBA to RGBA：用贴图颜色替换粒子颜色，而贴图的A通道则替换为粒子的透明度。
- A to A：仅替换粒子的透明度。
- Lightness to A：用贴图的亮度替换粒子的透明度。

➢ Map Over：所有的Layer Maps（图层映射）有一个Map Over（映射在）菜单。为了得到正确的映射结果，务必要确保映射平面上有适当的粒子在渲染图像。
- Off：贴图不起作用。
- XY/XZ/YZ：分别对应粒子的3个坐标平面。
- XY，Time=Z：把贴图转化为粒子在XY平面内显示的图像，而贴图如果设置了动画，则把动画参数转化为粒子在Z轴方向的变化。
- XY，Time=Z+time：与【XY，Time=Z】类似，只不过最终粒子以动画方式显示。在使用图层贴图时，应当注意粒子在XYZ空间里的数量，数量太少，有时效果不是很明显。
- UV（OBJ only）：使用三维模型的UV信息控制映射。

➢ Time Span [Sec]：时间跨度，控制的动画会影响Z空间的平面的点。这个控件在Map Over选择【XY，time=Z】或【XY，time=Z+time】时被激活。
➢ Invert Map：翻转映射，选择后可将映射层进行翻转。

● Displacement：置换贴图，使用贴图的亮度信息影响粒子在XYZ轴方向上的位置。如果亮度值为中性灰（128，128，128）则没有置换，如果低于中性灰，则粒子的位置远离摄像机，如果高于中性灰，则粒子离摄像机更近，如图6.3.22所示。

图6.3.21

图6.3.22

➢ Functionality：功能选项可以设置贴图置换XYZ3个轴或者单独设定每个轴。
- RGB to XYZ：将RGB通道映射到XYZ上。
- Individual XYZ：独立控制X、Y和Z层。

➢ Time Span[Sec]：时间跨度，控制的动画会影响Z空间平面上的点。这个控件在Map Over选择【XY，time=Z】或【XY，time=Z+time】时被激活。
➢ Layer for X/Y/Z：将位移层映射到X、Y和Z平面。此弹出菜单由RGB to XYZ选项启用。
➢ Strength：设置强度值，以渐变图层灰度值（RGB）128为界，大于128是正方向移动，小于128是负方向移动。灰度值是亮度的概念，0为黑色，255为白色。
➢ Invert Map：执行此命令可反转映射。
● Size：贴图可以使用其他图层的亮度值影响粒子大小，黑色则粒子大小为0，白色则粒子大小为Particle选项里设置的大小，如图6.3.23所示。

203

图6.3.23

- Fractal Strength：可以使用其他图层的亮度值控制粒子受噪波影响的范围，黑色则粒子不受噪波的影响，而白色则相反，灰色则介于两者之间，如图6.3.24所示。

图6.3.24

- Disperse：与Fractal Strength类似，它通常与下面的发散和扭曲（Disperse & Twist）部分一起来影响粒子的变化，如图6.3.25所示。

图6.3.25

- Rotate：旋转组可以让用户指定源层亮度值定义的粒子将在何种程度上旋转。颜色浅的地区（或亮度）旋转会受到影响，而较暗的部分受影响较小。黑色部分将不会受到影响。默认情况下，白色部分会旋转180度，如图6.3.26所示。

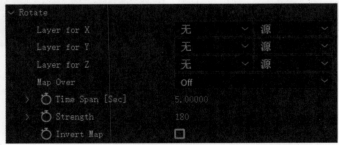

图6.3.26

> Layer for X&Y&Z：设置层映射为确定的平面。层数为Y设置源到Y平面上，以此类推。

6.3.5 Audio React

Audio React（音频驱动设置）可以实现音频的可视化，Form通过这一部分，提取音频中声音的响度信息，转化成关键帧信息来驱动粒子的其他属性，如图6.3.27所示。

- Audio Layer：选择图层作为音频驱动层。（注意在Windows平台音频文件最好选择44KHz，16比特采样的Wav文件，相对于Mp3等其他音频格式的文件，这种文件的运算速度最快。）

图6.3.27

● Reactor 1：反应器设置，如图6.3.28所示。

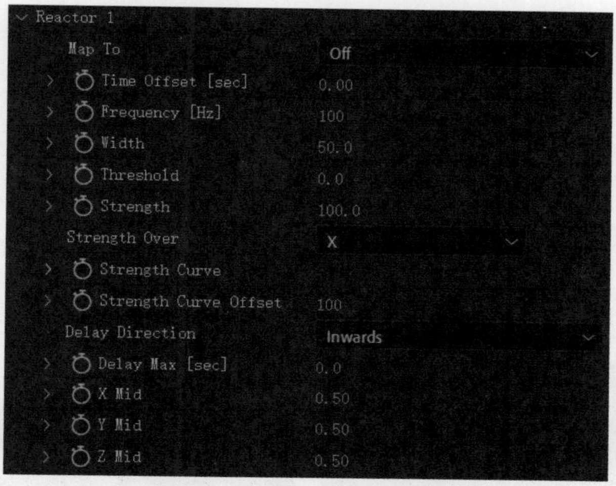

图6.3.28

➢ Map To：映射到的网格类型。

➢ Time Offset[sec]：时间偏移，用于设置在那个位置提取音频数据，默认是开始位置。

➢ Frequency[Hz]：频率，提取（采样）音频频率是100的部分。（50至500Hz为低音，500至5000Hz为中间音，5000Hz以上为高音部分。）

➢ Width：宽度，以频率100宽度是50的数据提取（采样）出来，Width宽度和Frequency一起确定提取音乐的范围。

➢ Threshold：阈值，可以有效去除声音中的噪音。

➢ Strength：指音乐驱动其他参数的强度，影响粒子反应（强度越大，粒子反应越大，反之则小）。

➢ Strength Over：强度控制方式。

➢ Strength Curve：使用曲线控制强度。

➢ Strength Curve offset：设置控制曲线的值。

➢ Delay Direction：延迟方向，控制音频可视化效果，包括从左到右，从右到左，从上到下，从下到上等。

➢ Delay Max[sec]：最大延迟，控制音乐可视化效果的停留最大时间。

➢ X&Y&Z Mid：当Delay Direction为Outwards或者Inwards时，控制音乐可视化效果开始或者结束的位置。

● Reactor 2&3&4&5：其他反应器设置。

6.3.6 Disperse and Twist

Disperse and Twist控制Form在三维空间的发散和扭曲，如图6.3.29所示。

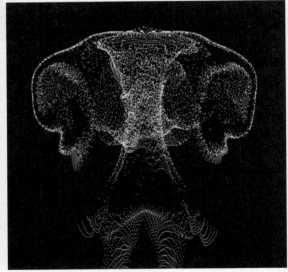

- Disperse：控制粒子分散位置的最大随机值。值越高，分散程度越高。
- Disperse Strength Over：粒子分散的强度在XYZ方向的值。
- Disperse Strength Curve：粒子分散的强度曲线。
- Disperse Strength Offset：粒子分散的强度偏移。
- Twist：控制粒子网格在X轴上的弯曲程度。

6.3.7 Fluid

Fluid（流体）模块可以使Form粒子模拟流体的动效，可选择增加Buoyancy（浮力）、Swirls（旋涡）和Vortex（涡流）等动效，如图6.3.30所示。

- Fluid Motion：激活流体模拟动效，如图6.3.31所示。

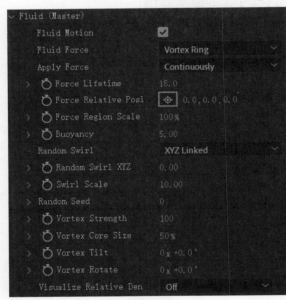

图6.3.30

图6.3.31

- Fluid Force：切换流体动效的模式，可选择增加Buoyancy（浮力）、Swirls（旋涡）和Vortex（涡流）等动效类型。
- Apply Force：设置驱动力完成模式，At Start为在起始处发射粒子，Continuously为持续发射粒子。
- Force Lifetime：设置驱动力粒子寿命。
- Force Relative Position：设置驱动力位置。
- Force Region Scale：设置驱动力区域范围。
- Buoyancy：设置浮力强度。
- Random Swirl：设置旋涡动效的随机方位。

- Random Swirl XYZ：设置旋涡动效的随机XYZ方位。
- Swirl Scale：设置旋涡动效的区域。
- Random Seed：设置动效粒子的数量。
- Vortex Strength：设置浮力强度。
- Vortex Core Size：设置浮力核心尺寸。
- Vortex Tilt：设置浮力粒子运动的倾斜程度。
- Vortex Rotate：设置浮力粒子运动的旋转程度。
- Visualize Relative Density：设置可视范围内的粒子相对密度的叠加模式，分别为Opacity（不透明度）和Brightness（明度）。

6.3.8 Fractal Field

Fractal Field（分形噪波）是一个四维的Perlin噪声分形在X、Y、Z方向上随着时间的推移产生的噪声贴图。Fractal Field的值可以影响粒子的大小、位移或不透明度。分形场用于创建流动的、有结构的、燃烧的运动粒子栅格，如图6.3.32所示。

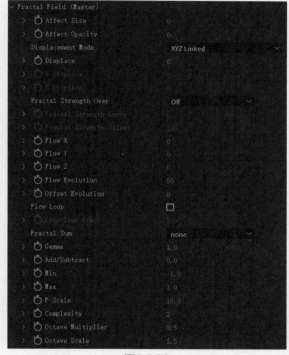

图6.3.32

- Affect Size：定义在多大程度上分形噪声映射将影响粒子的大小。该值越高，粒子越大。
- Affect Opacity：定义在多大程度上的分形影响颗粒的不透明度。
- Displacement Mode：位移模式，噪波作为置换贴图影响粒子的方式，可以同时控制XYZ3个轴，也可以单独控制每个轴，如图6.3.33所示。
  - XYZ Linked：应用于所有维度相同的位移。
  - XYZ Individual：在X、Y和Z轴分别应用位移。
  - Radial：径向位移被应用在Form上。

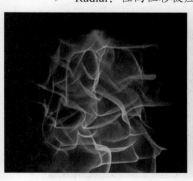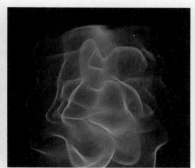

图6.3.33

- Fractal Strength：使用分形控制强度。
- X Displace/Y Displace/Z Displace：定义了XYZ3个方向的位移量，当XYZ Linked或Radial模式是激活时，有一个单一的位移控制所有方向。当XYZ Individual是激活时，也有单独控制每个方向的位移。值越高，位移更大。如果位移设置为0，在所有方向上会没有位移发生。
- Flow X/Y/Z：X/Y/Z：流动，控制各个方向运动的速度，如分形场通过粒子网格移动。
- Flow Evolution：流动演变，X、Y、Z之外控制噪波运动的第四个参数，它是一种随机值，只要数值大于0，噪波就可以运动。
- Offset Evolution：偏移演变，改变此数值可以产生不同的噪波。
- Flow Loop：循环流动，执行此命令，Form会实现噪波的无缝循环。
- Loop Time[sec]：循环时间，噪波循环的时间间隔。（5就是每5秒循环一次。）假设设定此数值为5，开始帧和第5秒的那一帧是一样的，那么在循环时，应该设置从0到4秒25帧之间循环。
- Fractal Sum：分形和，可以设定两种不同运算方法得到的Perlin噪波，相比较而言，Noise模式更为平滑，abs（noise）则显得尖锐一些，如图6.3.34所示。

图6.3.34

- Gamma：调整的伽玛的分形值，较低的值导致较大的对比度在贴图的亮部和暗部之间的位置。在分形图中，较高的值会导致平滑区域对比度较低。
- Add/Subtract：叠加/减去，偏移的分形值向上或向下。添加/减去用于给分形映射在三维空间中的变形影响较小。可以让噪波显得更亮或更暗，这一点在减少噪波的反射时特别有用。
- Min：定义分形值的最小值。任何低于最小值的值都将被截断，这通常表现为分形位移中的平坦区域（如湖泊）。
- Max：定义分形的最大值。任何超过最大值的值都会被设置为最大值，通常表现为分形位移中的高原。
- F Scale：定义了分形的尺度。低值会创建更小的缩放，从而使外观更平滑。高值将增加更多的文本细节。如图6.3.35所示。

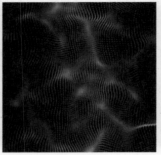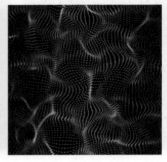

图6.3.35

- Complexity：复杂度，定义构成Perlin噪点函数的噪波层。高值生成更多的层，从而创建更详细的映射。
- Octave Multiplier：倍频程乘积，定义噪波层对最终映射的影响。高值会导致贴图上出现更多的凹凸。
- Octave Scale：倍频程区域范围，定义如何影响每个噪波层的尺度。

6.3.9　Spherical Field

Spherical Field（球形场）可以在粒子的中间形成一个球形空间，这样用户可以在粒子中间放置其他图形。值得注意的是，用户可以定义两个球形场，但两个场之间是有先后顺序的，如图6.3.36所示。

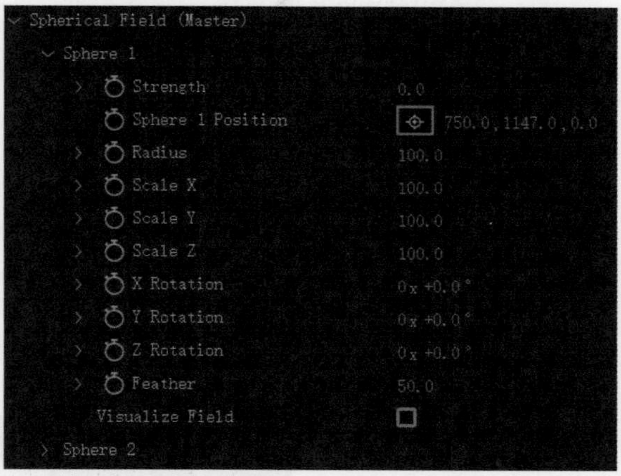

图6.3.36

- Sphere 1：球形参数设置。
  - Strength：数值为正值，则球形场会将粒子往外推，而负值则会往里吸。
  - Radius：用来定义球形场的半径。
  - Position XY：用来定义球形场XY轴的位置。
  - Position Z：用来定义球形场Z轴的位置。
  - Scale X/Y/Z：用来定义球形场XYZ轴的缩放。
  - X/Y/Z Rotation：用来定义球形场XYZ轴的旋转。
  - Feather：用来定义球形场的羽化值。
  - Visualize Field：选择视觉化Visualize Field则在图中显示场，Strength数值为正，则显示为红色，Strength数值为正，则显示为蓝色。
- Sphere 2：球形参数设置。（详细参数如上所述。）

6.3.10　Kaleidospace

Kaleidospace（卡莱多空间）可以在3D空间复制粒子，如图6.3.37所示。

图6.3.37

- Mirror Mode：定义对称轴。可以选择水平方向（Horizontal）、垂直方向（Vertical）或者两个方向上都进行复制，如图6.3.38所示。

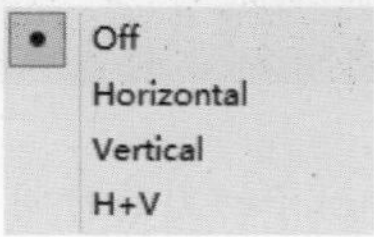

图6.3.38

- Behaviour：控制复制的方法，有两个选项，分别为Mirror and Remove和Mirror Everything，如图6.3.39所示。

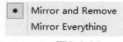

图6.3.39

- ➤ Mirror and Remove：工作方式与普通的kaleidospace类似，一半图像是镜像的，另一半是不可见的（因为它取代了反射）。
- ➤ Mirror Everything：镜像所有的粒子。
- Center XY：设定对称中心与XY坐标。

6.3.11 Transform

Transform将Form系统作为一个整体的变换属性。这些控件可以更改整个粒子系统的规模、位置和旋转。世界坐标在不移动相机的情况下改变相机角度。换句话说，不需要用After Effects相机移动粒子，就可以实现更多有趣的动画效果，如图6.3.40所示。

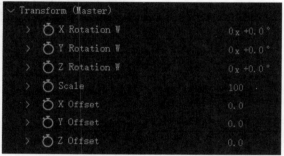

图6.3.40

- X/Y/Z Rotation：旋转整个Form粒子系统与应用的领域。这些控件的操作方式与After Effects中3D图层的角度控制很类似。XYZ分别控制3个轴向上的旋转变量。
- Scale：调整XYZ空间在整个Form的大小。较高的值，使Form更大。
- X/Y/Z Offset：重新定位整个Form粒子系统。值的范围从—1000至1000显示，但最高可以输入10000000。

6.3.12 Global Fluid Controls

Global Fluid Controls（全局流体控制系统）用于控制流体物理模式下粒子系统的特定效果。其只影响使用流体物理模型的系统，如图6.3.41所示。

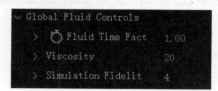

图6.3.41

- Fluid Time Factor：控制作用于流体粒子的力的时间范围。较低的数值表示施加力的时间较长，而较高的数值表示施加力的时间较短。这个数字是指数级增长的，因此，如果需要精确控制，将该值调整为1/10，调整数值时可以按住Alt键，或者手动输入数值。

● Viscosity：定义粒子彼此之间的粘度，创造半流体的效果（类似于沥青）。

● Simulation Fidelity：模拟逼真度。控制施加于流体粒子的力的范围；较高的数值等于更细粒度的、微观的力相互作用，而较低的数值则产生更广泛的、更宏观的力的相互作用。

6.3.13　Visibility

Visibility（可见性）参数可以有效控制Form粒子的景深。Visibility建立的景深范围内粒子是可见的。定义粒子到相机的距离，它可以用来淡出远处或近处的粒子。这些值的单位是由After Effects的相机设置所确定的，如图6.3.42所示。

图6.3.42

● Far Vanish：设定远处粒子消失的距离。

● Far Start Fade：设定远处粒子淡出的距离。

● Near Start Fade：设定近处粒子淡出的距离。

● Near Vanish：设定近处粒子消失的距离。

● Near and Far Curves：设定Linear（线性）或者Smooth（平滑型）插值曲线控制粒子淡出。

6.3.14　Rendering

Rendering控制粒子的渲染方式，如图6.3.43所示。

图6.3.43

● Render Mode：渲染模式决定Form最终的渲染质量，如图6.3.44所示。

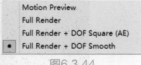

图6.3.44

➢ Motion Preview：动态预览，快速显示粒子效果，一般用来预览。

➢ Full Render：完整渲染，高质量渲染粒子，但没有景深效果。

➢ Full Render+DOF Square（AE）：完整渲染 + DOF平方（AE），高质量渲染粒子，采用和系统一样的景深设置。速度快，但景深质量一般。

➢ Full Render+DOF Smooth：完整渲染 + DOF平滑，高质量渲染粒子，对于粒子景深效果采用类似于高斯模糊的算法，效果更好，但渲染时间长。

- Acceleration Mode：切换CPU和GPU参与渲染。
- Opacity：设置整个粒子层透明度值。
- Motion Blur：为了使粒子更为真实，Form设置了此选项。Motion Blur允许添加运动模糊的粒子。当粒子高速运动时，它可以提供一个平滑的外观，类似真正的摄像机捕捉快速移动的物体的效果，如图6.3.45所示。

图6.3.45

- Motion Blur：运动模糊可以打开或者关闭，默认是【Comp Setting】合成设定。如果使用AE项目里的运动模糊设定，那么在AE时间线上图层的运动模糊开关一定要打开。
- Shutter Angle（快门角度）：激活运动模糊选项。快门角度设置虚拟相机快门保持打开多久。这控制"条纹长度"或"模糊长度"的颗粒。值为0表示无运动模糊。较低值设置短的条纹。默认值180时模拟出一个半秒的运动信息模糊效果。值为720（最大）将模拟出整整2秒的模糊。
- Shutter Phase（快门相位）：激活Motion Blur选项。快门的相位偏移虚拟相机快门打开的时间点。值为0表示快门同步到当前帧。负值会导致运动在当前帧之前发生被记录。正值会导致运动在当前帧之后发生被记录。
- Levels：运动模糊的级别设置越高，效果越好，但渲染时间也会大大增加。

6.4 Form效果实例

下面我们通过一个实例，来详细地学习Form效果的基本操作。

01 现在使用Trapcode套件中的Form效果来模拟粒子消散效果。首先，创建一个新的【合成】，命名为"FORM LOGO"，【预设】设置为【HDV/HDTV 720 25】，【持续时间】为5秒，如图6.4.1所示。

02 导入配套资源"工程文件"中对应章节的"LOGO"素材文件，从【项目】面板拖动到【时间轴】面板，缩放50%，调整到合适的位置。选中LOGO层，右击执行【预合成】命令，将LOGO层转化为一个合成层。这一步很重要，会影响到最终LOGO的尺寸比例，如图6.4.2和图6.4.3所示。

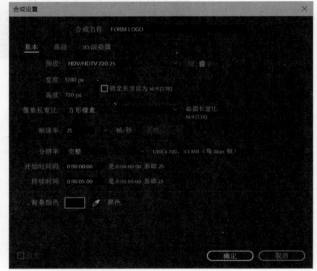

图6.4.1

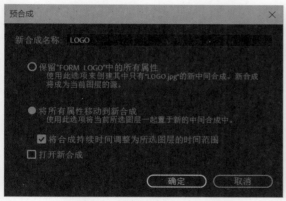

图6.4.2　　　　　　　　　　图6.4.3

03 执行【图层】>【新建】>【纯色】命令，或按快捷键Ctrl+Y，在弹出对话框中将纯色层重命名为"渐变"，设置颜色为白色。选中该层，执行【效果】>【过渡】>【线性擦除】命令，设置【过渡完成】的动画关键帧0%至100%，并将【羽化】值调整为50%，如图6.4.4和图6.4.5所示。

图6.4.4

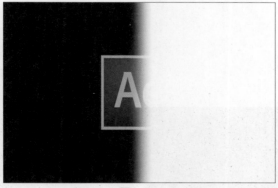

图6.4.5

04 选中"渐变"层，右击，在弹出的快捷菜单中选择【预合成】选项，将"渐变"层转化为一个合成层，命名为"渐变"，如图6.4.6所示。

05 将"渐变"层和"LOGO"层的◉眼睛图标关闭，取消显示。执行【图层】>【新建】>【纯色】命令，或按快捷键Ctrl+Y，在弹出对话框中将纯色层重命名为"Form"。在【时间轴】面板选中Form层，执行【效果】>RG Trapcode>FORM命令，画面中出现Form的网格，如图6.4.7所示。

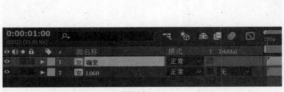

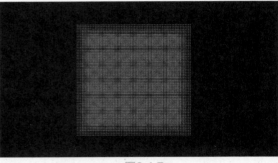

图6.4.6

图6.4.7

06 接下来需要对Form的参数进行调节，首先调节Base Form菜单栏下面的一些参数，主要是为了定义Form在控件中的具体形态。将Base Form切换为Box-Grid模式。将Size切换为XYZ Individual，调整Size X为1280，调整Size X为720，Particle in Z为1，也就是将粒子平均分散在画面，如图6.4.8和图6.4.9所示。

图6.4.8

图6.4.9

07 展开Layer Maps属性下的Color and Alpha选项组，将Layer切换为LOGO层，Functionality切换为RGB to RGB，Map Over切换为XY，可以看到粒子已经变成了LOGO的颜色，如图6.4.10和图6.4.11所示。

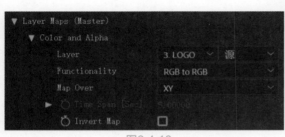

图6.4.10

图6.4.11

08 LOGO的色彩还不是很明晰，这是因为粒子数量太少了，设置Base Form>Particle in X为200，Particle in X为200，如图6.4.12所示。

图6.4.12

09 再展开Layer Maps属性，将Size、Fractal Strength、Disperse3个属性的Layer切换为"渐变"层，Map Over切换为XY，如图6.4.13和图6.4.14所示。

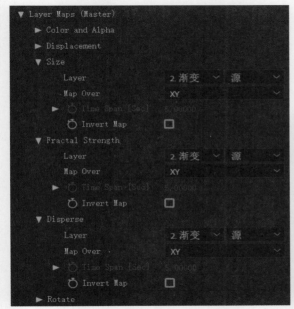

图6.4.13

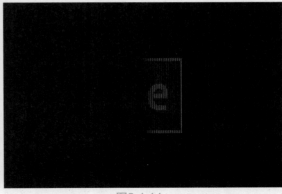

图6.4.14

10 展开Disperse and Twist属性，调整Disperse的数值为60，看到粒子已经散开了，如图6.4.15和图6.4.16所示。

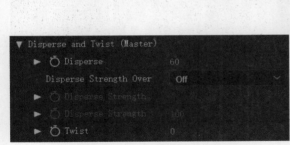

图6.4.15

图6.4.16

11 为粒子增加一些立体感，设置Base Form>Particle in Z为3，如图6.4.17所示。

12 这时选中"Form"层，按下快捷键Ctrl+]复制一个"Form"层，放置在上方，展开Base Form选项组，调整Particle in X值为1280，调整Particle in X值为720，Particle in Z值为1，展开Disperse and Twist属性，调整Disperse值为0，这样就有一个完整的LOGO呈现在粒子的上方，如图6.4.18和图6.4.19所示。

图6.4.17

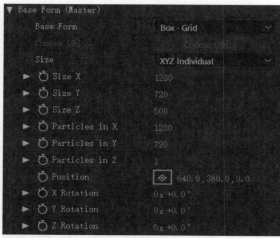

图6.4.18

图6.4.19

13 选中下方的"Form"层，调整粒子的变化，展开Fractal Field属性下的X Displace等参数，扩大扰乱粒子的外形，如图6.4.20和图6.4.21所示。

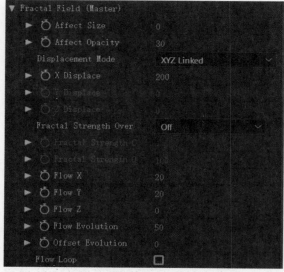

图6.4.20

图6.4.21

14 还可以为粒子添加更复杂的效果，单击蓝色图标Designer...，在面板左下角单击蓝色加号图标，执行Duplicate Form命令，复制一个Form2，这个层继承了Form的所有粒子属性，单击执行Apply命令，可以在【效果控件】面板中看到所有属性后面都有"Form2"的后缀，将Base Form切换为Box-Strings模式，可以看到粒子里多了一层线状的粒子层，如图6.4.22～图6.4.24所示。

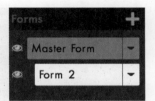

图6.4.22

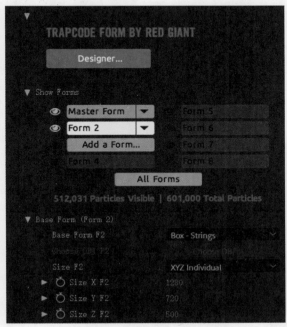

图6.4.23

图6.4.24

6.5　MIR效果插件

使用MIR能制作出具有三维效果的运动图形。MIR 能生成对象的阴影或流动的有机元素、抽象景观和星云结构，以及精美的灯光和深度。这样灵活和有趣的动作设计会让后期制作更加简单，如图6.5.1所示。

图6.5.1

01 现在使用Trapcode套件中的Mir 3效果来制作一个网格线的背景。首先，创建一个新的合成，命名为"MIR"，【预设】设置为【HDTV 1080 29.97】，【持续时间】为5秒，如图6.5.2所示。

02 执行【图层】>【新建】>【纯色】命令，或按快捷键Ctrl+Y，在弹出对话框中将纯色层重命名为"背景"。对【时间轴】面板中的背景层，执行【效果】>RG Trapcode>Mir 3命令，为其添加Mir效果，如图6.5.3所示。

图6.5.2

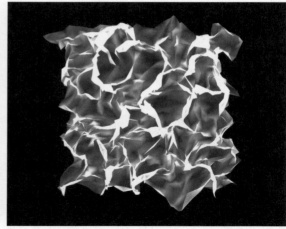

图6.5.3

03 对Mir进行设置，首先需要定义Geometry属性里面的参数，这部分参数主要用于定义Mir的基本形态和位置。展开Geometry属性，设置Position XY为1250和650，Mir在合成的右下方位置，如图6.5.4所示。

04 将Size切换到XYZ Individual模式，这样就可以单独设置XYZ的尺寸值，用同样的方式设置Size X和Size Y分别为2500和280，Mir形态大小发生变化，参数调整效果如图6.5.5所示。

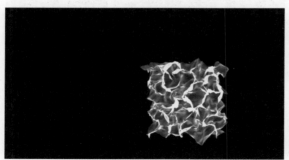

图6.5.4

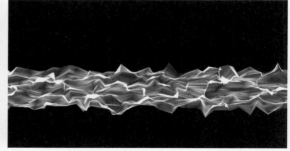

图6.5.5

05 接下来对Repeater属性进行调控。展开Repeater属性，首先设置Instances为5，完成后Mir明显亮度提高很多。然后设置R Opacity为55，降低Mir的透明度，画面保持较多的细节，参数调整效果如图，设置R Scale XYZ值为150，Mir产生类似拖影的效果，如图6.5.6和图6.5.7所示。

06 展开Material属性，对Mir设置材质。对Color进行设置，进入颜色拾取器，拾取#66FFCD，如图6.5.8所示。

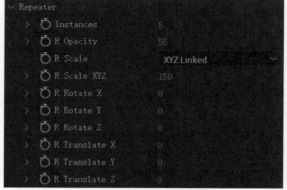

图6.5.6

图6.5.7

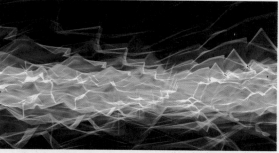
图6.5.8

07 继续调整Material属性，设置Nudge Colors值为14，画面颜色稍微变暗，如图6.5.9所示。

08 展开Shader属性，设置Shader为Flat模式，Draw为Wireframe模式，如图6.5.10所示。

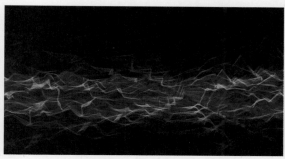
图6.5.9

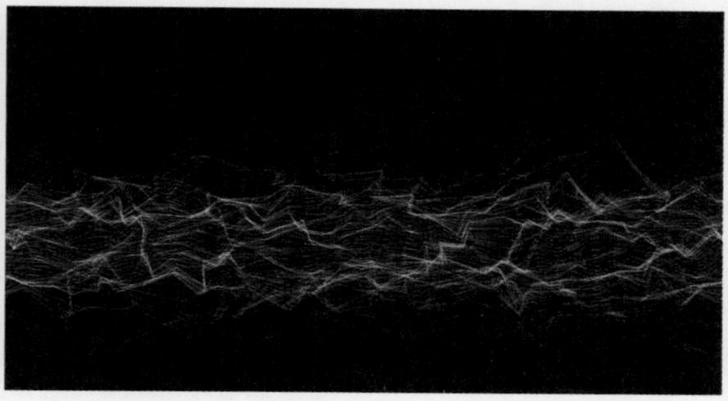

图6.5.10

09 展开Fractal属性，设置Amplitude值为500，Frequency值为118。同时设置Fractal属性的Evolution动画，设置0至10的关键帧动画，播放动画，可以看到线条随机动起来，如图6.5.11所示。

10 除了模拟动态背景，还可以设置线和点的背景动画。展开Geometry属性，将Size切换到XYZ Individual模式，设置Size X和Size Y分别为7500和5500，也就是放大局部，如图6.5.12所示。

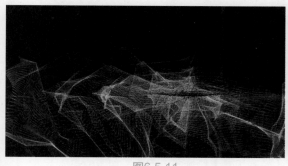
图6.5.11

图6.5.12

11 在【时间轴】面板选中该层，按下Ctrl+D快捷键复制一个同样的层在上方。选中上方的层。展开Material属性，设置Nudge Colors值为75。展开Shader属性，设置Shader为Flat模式，Draw为Point模式。设置Point Size的尺寸为10。播放动画，可以看到点随着线在移动，如图6.5.13所示。

12 使用同样的方法再复制一个层，展开Material属性，设置Color为#367C66。展开Shader属性，设置Shader为Flat模式，Draw为Front Fill，Back Wire模式，如图6.5.14所示。

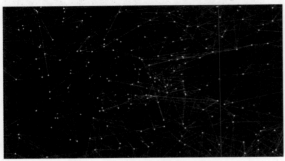
图6.5.13

图6.5.14

6.6 TAO效果插件

使用TAO能制作出复杂的三维动画，这些三维动画可以依附在路径上，并产生复杂的变化，TAO类似于MIR 3与3D Stroke的集合体，如图6.6.1所示。

01 现在使用Trapcode套件中的Tao效果来制作一个三维的背景。首先，创建一个新的合成，命名为"TAO"，【预设】设置为【HDTV 1080 29.97】，【持续时间】为5秒，如图6.6.2所示。

图6.6.1

图6.6.2

02 执行【图层】>【新建】>【纯色】命令，或按快捷键Ctrl+Y，在弹出对话框中将纯色层设置为白色，再创建一个黑色的纯色层，放在上方。使用【椭圆工具】绘制一个蒙版，如图6.6.3所示。

03 在【时间轴】面板展开【蒙版】属性，选择【反转】选项，调整【蒙版羽化】参数，并将不透明度调整为50%，如图6.6.4所示。

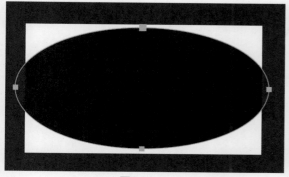

图6.6.3

图6.6.4

04 在【时间轴】面板选中两个纯色层，右击，在弹出的快捷菜单中选择【预合成】选项，命名为"背景"。这样就得到一个灰白色的背景，如图6.6.5所示。

05 执行【图层】>【新建】>【纯色】命令，或按快捷键Ctrl+Y，在弹出对话框中将纯色层重命名为"TAO"。对【时间轴】面板中背景层，执行【效果】>RG Trapcode>Tao命令，为其添加Tao效果。可以看到Tao的基本型是个环状，如图6.6.6所示。

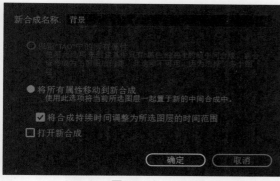

图6.6.5

图6.6.6

06 可以在Path Generator中切换不同的形态，在Shape中可以切换为Circle、Line和Fractal3种形态，如图6.6.7和图6.6.8所示。

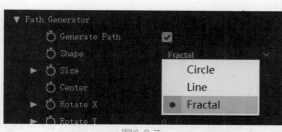

图6.6.7

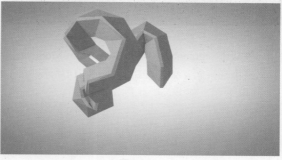

图6.6.8

07 如果将Path Generator属性中Generator Path右侧的勾选取消，可以直接使用【钢笔工具】绘制造型，如果想删除，可以在【时间轴】面板展开属性，删除蒙版即可，如图6.6.9所示。

08 我们还是使用默认的Fractal形态，执行Path Generator属性下的Taper Size命令，可以看到线条的尾部进行了缩放，这几个参数类似于形状图层的笔触动画，我们在前面的章节介绍过，如图6.6.10和图6.6.11所示。

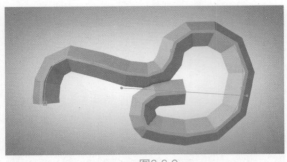

图6.6.9

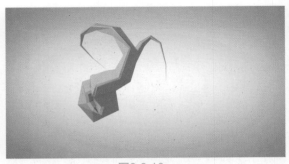

图6.6.10

09 执行【图层】>【新建】>【摄像机】命令，新建一个摄像机，使用【摄像机工具】调整镜头位置，可以看到这个线条是一个三维物体，如图6.6.12所示。

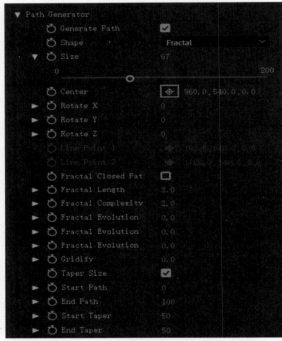

图6.6.11

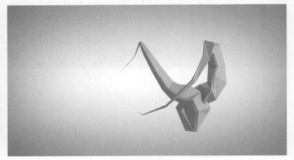

图6.6.12

10 展开【Segment】属性，将Segment Mode调整为Repeat N-gon，模型变成了一个个块面的样子，不再连接在一起，如图6.6.13和图6.6.14所示。

图6.6.13

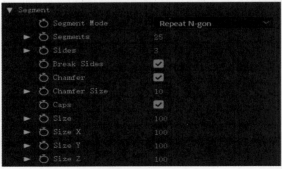

图6.6.14

⑪ 接下来调整Segments参数，可以增减分段的数量。使用这种方法可以制作出复杂的动画效果，如图6.6.15所示。

⑫ 将Segment Mode调整为Repeat Sphere，模型变成了一个个球形的样子，我们可以通过增加Sides的数值使之更加圆滑，如图6.6.16所示。

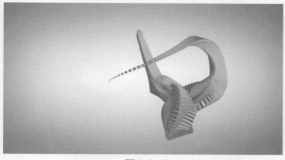
图6.6.15

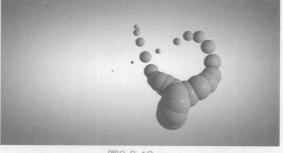
图6.6.16

⑬ 将Segment Mode调整为Repeat N-gon，将Sides值调整为3，Segments数值设置为100。展开Offset属性，设置偏移动画。设置Offset数值为100至0，可以看到三维线条从无到有的动画，如图6.6.17和图6.6.18所示。

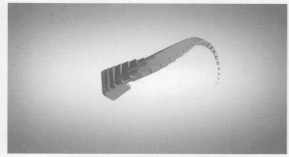
图6.6.17

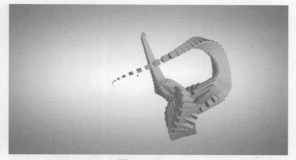
图6.6.18

⑭ 展开Repeat Paths属性下的First Repeater，将R1 Repetitions调整为2，可以看到画面中复制了4个模型，如图6.6.19和图6.6.20所示。

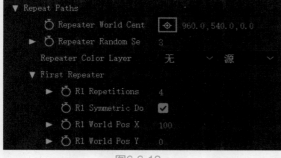
图6.6.19

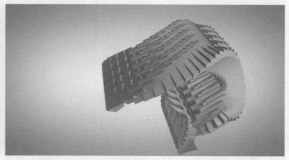
图6.6.20

⑮ 调整一下First Repeater下面的相关参数，主要用来控制复制出的模型的坐标及大小等参数，读者可以随意调整每一个参数，调节出你喜欢的画面，并播放动画观察效果，如图6.6.21和图6.6.22所示。

223

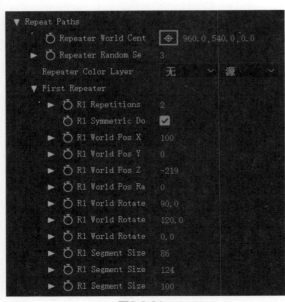

图6.6.21

图6.6.22

16 下面来调整材质，首先执行【图层】>【新建】>【灯光】命令，新建一盏灯光，将【灯光类型】设置为【点】，如图6.6.23所示。

17 使用【选择工具】直接调整灯光的位置，将灯光调整到模型的中心。如果操作不方便，可以在【时间轴】面板展开灯光的【变换】属性直接调整参数，在参数上拖动鼠标就可以移动位置，如图6.6.24所示。

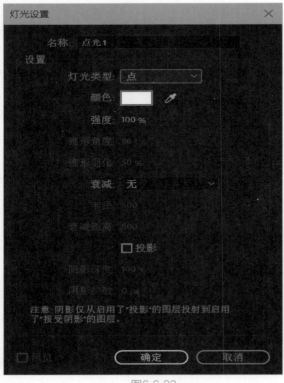

图6.6.23

图6.6.24

18 接下来调整材质，将Material&Lighting属性下的Color设置为蓝色（00FFF0），将Light Falloff切换为Smooth模式，展开Image Based lighting属性，切换Built-in Enviro为Dark Industrial模式，如图6.6.25所示。

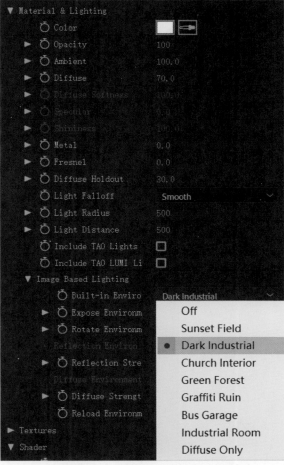

图6.6.25

19 展开Shader属性，将Shader切换为Density模式，Draw切换为Fill模式，可以看到模型已经有了很漂亮的材质，如图6.6.26所示。

20 还可以继续添加Second Pass为Wireframe模式，为模型添加线框，读者可以试一下这些参数，如图6.6.27所示。

图6.6.26

图6.6.27

21 我们也可以像在三维软件中一样，增强AO Intensity 属性，增加模型的立体感，如图6.6.28所示。

22 这些参数类似于三维软件中的参数，我们也可以使用灯光调整模型的颜色，将模型改为白色，并建立多盏灯光，这样变化会显得更加丰富，如图6.6.29所示。

图6.6.28

图6.6.29

经过前面的系统学习之后，如何将所学到的知识在实际中进行有效的运用是我们需要思考的。熟练掌握After Effects的使用，需要经过反反复复的练习以及对每一步操作的思考。本章我们来对几个案例进行整体剖析，使知识点相互贯通。

7.1 扰动文字

01 创建一个新的合成，命名为"扰动文字"，【预设】设置为【HDTV 1080 29.97】，【持续时间】为3秒。创建一段文字，可以是单词也可以是一段话，这些文字在后期还能修改。可以使用IMPACT字体，该字体为Win默认字体，笔画较粗，适于该特效，如图7.1.1所示。

02 在【时间轴】面板单击该文字层，右击，在弹出的快捷菜单中选择【预合成】选项，命名为"文字"，如图7.1.2所示。

图7.1.1

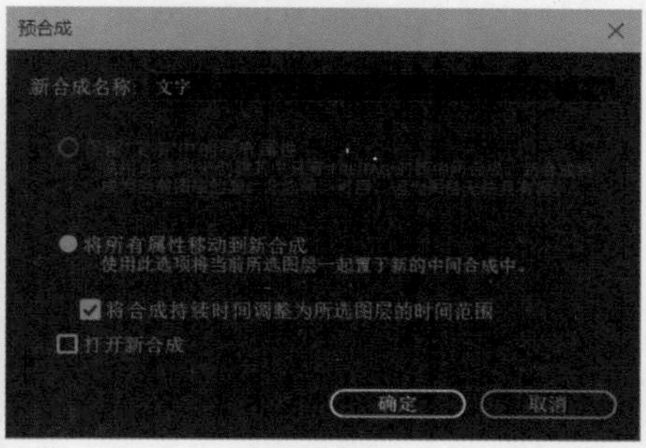

图7.1.2

03 创建一个纯色层，色彩不限，命名为"置换"。选择该层，执行【效果】>【杂色与颗粒】>【分形杂色】命令。调整【分形类型】为【动态渐进】，【杂色类型】为【块】，【对比度】调整为300。继续展开【变换】属性，将【统一缩放】选择取消，调整【缩放宽度】和【缩放高度】的数值。可以看到画面呈长方形条状，如图7.1.3和图7.1.4所示。

图7.1.3

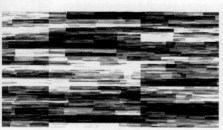

图7.1.4

04 按下Alt键，单击【演化】属性左侧的码表图标。可以看到在【时间轴】面板弹出表达式，输入表达式 "time*3000"，数值3000表示倍数，播放动画，可以看到画面在不断转换，如果觉得强度不够，可以加大数值到4000，如图7.1.5所示。

05 设置【亮度】属性的动画，时长1秒左右，关键帧参数约为−249到207，也就是画面从纯黑到纯白的过程。选中两个关键帧并右击，在弹出的快捷菜单中选择【关键帧辅助】>【缓动】选项。打开动画曲线可以发现动画被优化，如图7.1.6和图7.1.7所示。

图7.1.5

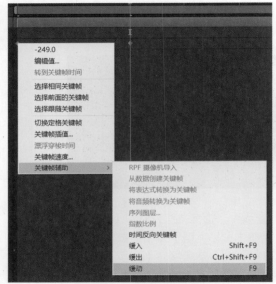

图7.1.6

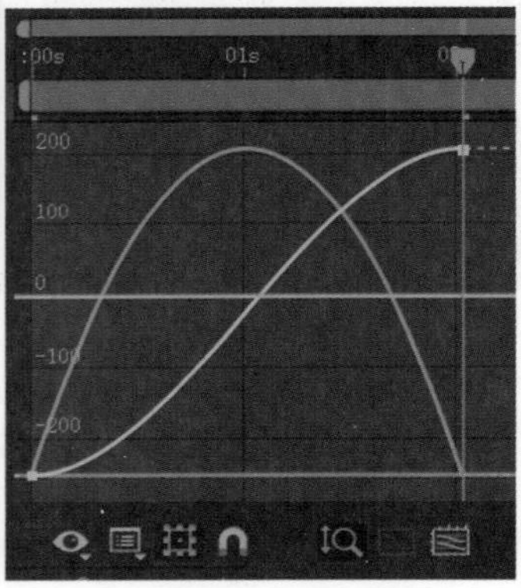

图7.1.7

06 在【时间轴】面板单击该文字层，右击，在弹出的快捷菜单中选择【预合成】选项，命名为"置换遮罩"。将置换遮罩层移动到文字层的上方，将文字层的TrkMat切换为【亮度】，播放动画，可以看到文字逐渐显现出来，如图7.1.8和图7.1.9所示。

图7.1.8

图7.1.9

07 选中"置换遮罩"层，按下快捷键Ctrl+D，复制一个层并放置在文字图层的下方，命名为"置换2"，如图7.1.10所示。

08 选中文字层，执行【效果】>【扭曲】>【置换图】命令，将【置换图层】切换为【置换2】，如图7.1.11所示。

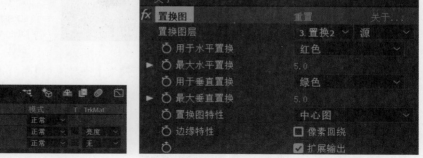

图7.1.10　　　　　　　　　　　　　图7.1.11

09 设置【最大水平置换】的动画关键帧，参数为0至150至0的一个循环，中间可以多添加几个值，播放动画，可以看到文字的图形被水平方向上扭动干扰，如图7.1.12和图7.1.13所示。

图7.1.12　　　　　　　　　　　　　图7.1.13

10 选中文字层，执行【效果】>【风格化】>【马赛克】命令，分别设置【水平块】和【垂直块】的参数动画，关键帧参数随意，但最后一帧调整为4000，也就是马赛克的密度完全忽略不计，如图7.1.14所示。

图7.1.14

11 选中3个合成，右击，在弹出的快捷菜单中选择【预合成】选项，创建一个新的预合成，命名为"红"，如图7.1.15所示。

12 选中"红"层，按下快捷键Ctrl+D，复制两个同样的层，命名为"蓝"和"绿"，如图7.1.16所示。

13 选中每个层，分别执行【效果】>【通道】>【转换通道】命令，当用户想为另一个层添加上一个效果时，可以在【效果】菜单下找到上一次添加的命令，如图7.1.17所示。

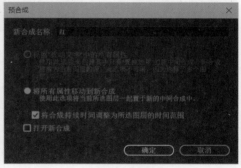

图7.1.15

图7.1.16　　　　　　　　　　　　　図7.1.17

14　将【红】层【转换通道】中【从 获取绿色】切换为【完全关闭】，【从 获取蓝色】切换为【完全关闭】，也就是红色的层关闭绿色和蓝色通道。用同样的方法将蓝色层和绿色层的其他通道关闭，如图7.1.18所示。

15　放大【时间轴】面板，将蓝色层向后移动两帧，绿色层向后移动一帧，如图7.1.19所示。

图7.1.18　　　　　　　　　　　　　图7.1.19

16　将蓝色层和绿色层的【模式】分别调整为【相加】，如果找不到该面板，请按下F4键切换。播放动画，可以看到文字带有色彩的扰动画面，如图7.1.20～图7.1.23所示。

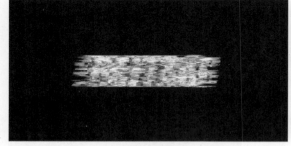

图7.1.20　　　　　　　　　　　　　图7.1.21

图7.1.22　　　　　　　　　　　　　图7.1.23

7.2　动态图形

01　首先创建一个合成，命名为【动态图形】，设置【像素长宽比】为【方形像素】、宽度为1024PX、高度为1024PX，注意将【锁定长宽比例1：1】复选框取消选择才能进行设置，【持续时间】为5秒，如图7.2.1所示。

02 创建一个纯色层，命名为【环形】。纯色色彩设置随意，选中纯色层，执行【效果】>【生成】>【无线电波】命令，在【时间轴】面板拖动【时间指示器】观察效果，可以看到由中心位置发出圆形电波，如图7.2.2所示。

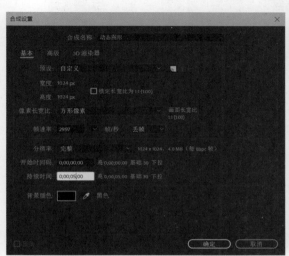

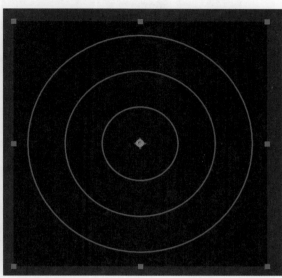

图7.2.1   图7.2.2

03 在【效果控件】面板观察【无线电波】效果的参数。首先展开【多边形】属性，将【边】的数值调整为6，可以看到电波变成了六边形，原有的数值为64，这个边设置的数值越高，圆形就会越圆，如图7.2.3所示。

04 为"环形"绘制一个蒙版，选中 ◉【多边形工具】，在画面中绘制，绘制的过程中可以使用键盘上的上下键调整多边形的边数。绘制一个六边形放在画面的中心位置。如果找不到中心位置，打开【标题/动作安全】选项，如图7.2.4所示。

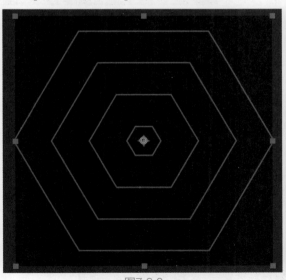

图7.2.3   图7.2.4

05 在【效果控件】面板，将【波浪类型】切换为【蒙版】，这时蒙版选项会被激活，将【蒙版】切换为【蒙版1】，重新拖动时间指示器，可以看到电波的六边形和蒙版的六边形保持一致，如图7.2.5和图7.2.6所示。

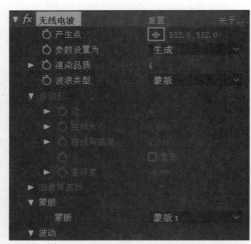

图7.2.5

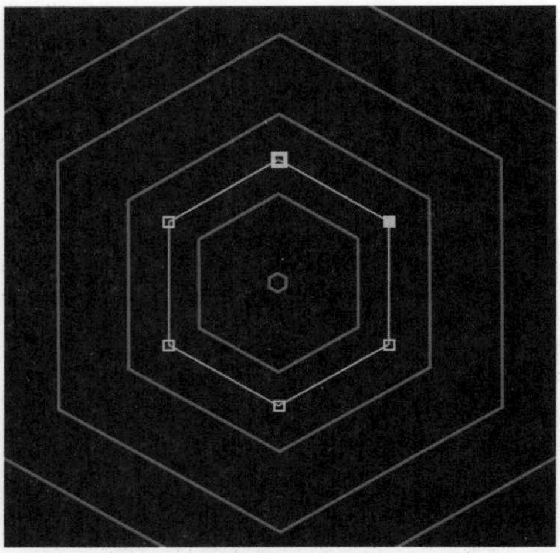

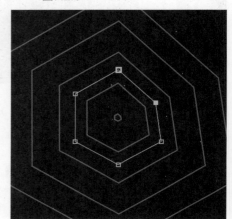

图7.2.6

06 拖动蒙版的点，可以看到发射的六边形随着蒙版而移动，为这些点设置动画也可以制作出富有变化的效果。同时蒙版也控制着电波的外形和方向，如图7.2.7所示。

07 设置【波动】属性下的参数，并调整【描边】下的【淡出时间】为0。因为设置了【寿命】为1，这样电波过了1秒后就不再向外扩展。而【淡出时间】是控制电波外边缘的消散程度，如果是0将不会有过渡，如图7.2.8和图7.2.9所示。

图7.2.7

图7.2.8

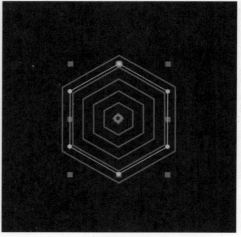

图7.2.9

08 下面调整【描边】的【颜色】和【开始宽度】，读者可以选择自己喜欢的颜色，可以看到【开始宽度】控制了线条的宽度，如图7.2.10和图7.2.11所示。

图7.2.10 图7.2.11

09 下面为【频率】和【颜色】设置动画，将【频率】设置为10至0的动画，时间长度不限，画面中电波发射出后就会消失。【颜色】设置为蓝色到白色，后发射的电波将变为白色，形成了渐变的效果。读者也可以设置更为丰富的色彩变化，如图7.2.12和图7.2.13所示。

10 也可以适当调整【描边】下【开始宽度】的参数，让中心位置的线条变得粗一点，使图形化更为明显，如图7.2.14所示。

图7.2.12

图7.2.13 图7.2.14

11 创建一个新的纯色层，命名为【渐变】。在【时间轴】面板选中纯色层，右击，在弹出的快捷菜单中选择【图层样式】>【渐变叠加】选项，展开【渐变叠加】属性，将【样式】切换为【角度】，为【角度】参数设置动画，可以看到渐变分切的线像时针一样转动，如图7.2.15和图7.2.16所示。

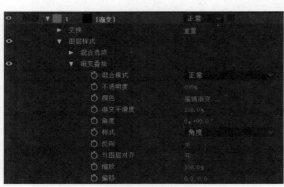

图7.2.15

图7.2.16

12 在【时间轴】面板选中"渐变"，右击，在弹出的快捷菜单中选择【预合成】选项，为图层创建一个合成。在【预合成】控制面板，切换为【将所有属性移动到新合成】选项，并选择【将合成持续时间...】复选项，如图7.2.17所示。

13 执行【合成】>【新建】>【调整图层】命令，创建一个调整层，命名为"置换"。选中"置换"图层，执行【效果】>【时间】>【时间置换】命令，将【时间置换图层】切换为"渐变"层。关闭"渐变"图层的显

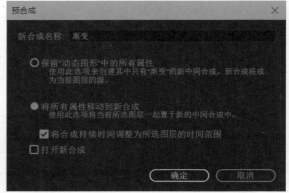

图7.2.17

示。设置【最大移位时间】为0.6，【时间分辨率】为6.0，可以看到渐变动画会直接切分"环形"的外形，同样的原理，如果添加不同的渐变效果可以得到不同的置换结果，有兴趣的读者可以试验一下，如图7.2.18和图7.2.19所示。

图7.2.18

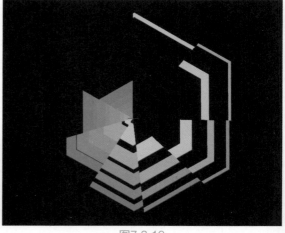

图7.2.19

14　为了丰富图形的变化，再添加一些辅助图形。不选中任何层，使用【多边形工具】绘制一个六边形的形状图层。也需要将中心与渐变层重合。在工具栏右侧，将【形状图层】填充调整为【无】，【描边】调整为紫色，如图7.2.20所示。

15　在【时间轴】面板展开【描边1】属性，在【虚线】属性右侧单击+号，为线条添加虚线。再次单击+号，添加【间隙】属性。设置【描边宽度】为24，【线段端点】为【圆头端点】，设置【虚线】为0，【间隙】为42。可以看到线条变为一个个紫色的点。我们可以使用这种方法绘制出各种类型的点，如图7.2.21所示。

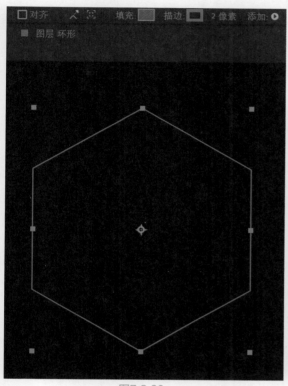

图7.2.20

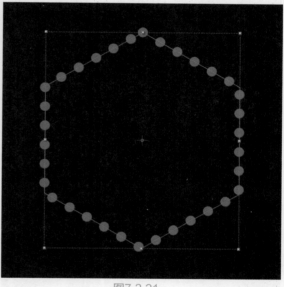

图7.2.21

16　在【时间轴】面板设置【描边宽度】的参数动画，设置动画为0至30至0的参数变化。播放动画，可以看到圆点由无到有，由小到大，然后消失。将【形状图层1】拖动到【置换】层下面，【时间线】面板的图层位置与关键帧位置大致如此，如图7.2.22所示。

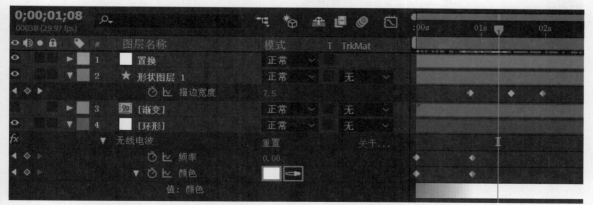

图7.2.22

After Effects 2020 完全实战技术手册

> **技巧与提示** 如果需要只显示有关键帧的属性，可以选中该层，按下快捷键U，就会在【时间轴】面板只显示带有关键帧属性，这样可以方便我们直接调整和观察关键帧。

17 可以看到圆点也随着渐变动画进行运动，我们可以将圆点的关键帧选中，向后拖动，这样图形和圆点的动画就有了时间差，如图7.2.23所示。

18 在【时间轴】面板选中所有层，右击，在弹出的快捷菜单中选择【预合成...】选项，为图层创建一个合成。在【预合成】控制面板，切换为【将所有属性移动到新合成】选项，并选择【将合成持续时间...】复选项，并命名为"图形"，如图7.2.24所示。

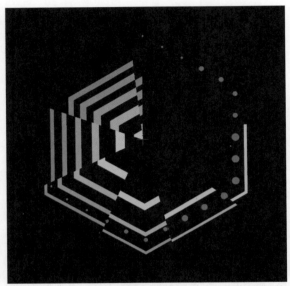

图7.2.23

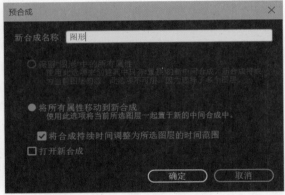

图7.2.24

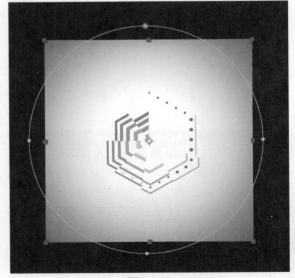

图7.2.25

19 下面为动画添加背景，首先建立一个白色的纯色层，再建立一个黑色的纯色层，黑色在白色的上面，选中黑色纯色层，绘制一个圆形蒙版，调整【蒙版羽化】为402，调整【变换】属性下【不透明度】为66%。这样我们就创建了一个富于变化的灰度背景，如图7.2.25所示。

20 下面为图形添加阴影，选中图形层，按下快捷键Ctrl+D，复制一个图形层放置在图层下方，命名为"阴影"，如图7.2.26所示。

图7.2.26

21 首先选中"阴影"层，在【效果和预设】面板中搜索【三色调】，可以看到在【颜色校正】下【三色调】效果被显示出来。（一般使用这个面板搜索需要的效果名称，相关的效果就会被模糊搜索

236

到，值得注意的是，中文版After Effects并不支持对于英文效果名称的搜索，但是支持CC系列效果）。选中搜索到的效果，拖动鼠标至图层，就可以为其添加该效果，如图7.2.27所示。

22 将阴影变为黑色，调整【三色调】的3个色彩属性为黑色，使用【三色调】效果可以调整出富于变化的阴影颜色，但如果只是黑色，也可以执行【效果】>【生成】>【填充】命令，直接将色彩转换为黑色，如图7.2.28所示。

图7.2.27　　　　　　　　　　　　　　　图7.2.28

23 现在阴影和图形重叠在一起，执行【效果】>【过度】> CC Scale Wipe命令，为阴影添加变形动画，调整Direction为50°，调整Stretch属性的参数。让阴影拉出来，在【时间轴】面板调整"阴影"层【变换】属性下的【不透明度】为36%，让阴影看起来更为真实，如图7.2.29和图7.2.30所示。

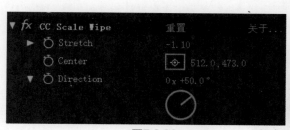

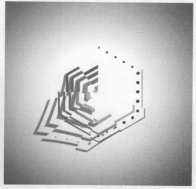

图7.2.29　　　　　　　　　　　　　　图7.2.30

24 选择阴影层，执行【效果】>【模糊和锐化】>【高斯模糊】命令，调整【模糊度】为26，让阴影更加真实，如图7.2.31所示。

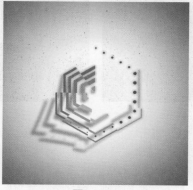

图7.2.31

25 执行【效果】>【过渡】>【线性擦除】命令，设置【过渡完成】为32%，【擦除角度】为50度，【羽化】为198。可以看到阴影渐渐虚化，较为真实，如图7.2.32和图7.2.33所示。

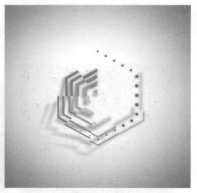

图7.2.32   图7.2.33

　　MG（Motion Graphics）动态图形是After Effects最为擅长的表现力所在，通过简单的图形可以制作出富于变化的动态图形。读者在学习的过程中，可以将实例里出现的效果中的属性进行逐一试验，看看还有什么变化的效果，往往会有意想不到的画面。

7.3　腐蚀文字

01 首先，创建一个新的合成，命名为"腐蚀字体"，【预设】设置为【HDTV 1080 29.97】，【持续时间】为10秒，如图7.3.1所示。

02 创建一段文字，可以是单词也可以是一段话，这些文字我们在后期还能修改，可以使用IMPACT字体，该字体为Win默认字体，笔画较粗，适于该特效，如图7.3.2所示。

图7.3.1   图7.3.2

03 在【时间轴】面板单击该文字层，右击，在弹出的快捷菜单上选择【预合成】选项，命名为"文字Alpha"。这一步主要为了方便日后编辑文字，同时对文字进行效果应用，如图7.3.3所示。

04 选中"文字Alpha"层，按下快捷键Ctrl+D复制一个层，并放置在文字图层的上方。选中该层，右击，在弹出的快捷菜单上选择【预合成】选项，命名为"文字Bevel"，如图7.3.4所示。

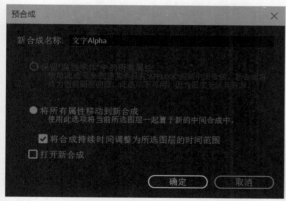

图7.3.3

图7.3.4

05 在【时间轴】面板，双击"文字Bevel"层，展开"文字Bevel"合成，"文字Alpha"显示出来，如图7.3.5所示。

图7.3.5

06 选中"文字Alpha"，执行【图层】>【图层样式】>【内发光】命令，在【时间轴】面板展开【内发光】属性，修改【混合模式】为【正常】，【不透明度】为100%，【颜色】为黑色，将【技术】切换为【精细】，【大小】设为18（这个参数需要参考字体的大小），这里需要形成一个倒角效果，如图7.3.6和图7.3.7所示。

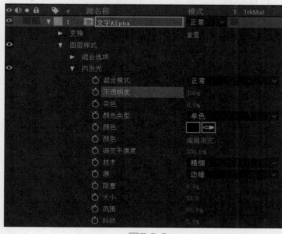

图7.3.6

图7.3.7

07 在【合成】面板中单击，执行【切换透明网格】命令，可以看到字体向内产生黑色阴影，再次单击关闭【切换透明网格】，如图7.3.8所示。

08 执行【图层】>【新建】>【调整图层】命令，创建一个调整图层位于"文字Alpha"的上方，如图7.3.9所示。

图7.3.8

图7.3.9

09 选择"调整图层1",执行【效果】>【通道】>【固态层合成】命令,在【效果控件】面板将【颜色】调整为黑色,为画面建立一个黑色背景,如图7.3.10和图7.3.11所示。

图7.3.10

图7.3.11

10 选择"调整图层1",执行【效果】>【模糊和锐化】>【快速方框模糊】命令,设置【模糊半径】为1,【迭代】为1,并选择【重复边缘像素】复选项,如图7.3.12所示。

11 在【项目】面板将配套资源"工程文件"相关章节的"石头背景"素材导入进来,切换到"腐蚀字体"合成,将"石头背景"素材导入合成,如图7.3.13和图7.3.14所示。

图7.3.12

图7.3.13

图7.3.14

12 在【时间轴】面板选中"石头背景"层，右击，在弹出的快捷菜单中选择【预合成】选项，命名为"石头"，如图7.3.15所示。

图7.3.15

13 选中"石头"合成，执行【效果】>【风格化】>CC Glass命令，展开Surface属性，将Bump Map切换为"2.文字Bevel"，将Softness调整为0，Displacement调整为0。可以看到，利用通道制作出了带有锐利倒角的字体效果，下面把字体以外的图案去掉，如图7.3.16和图7.3.17所示。

图7.3.16

图7.3.17

14 选中"石头"合成，执行【效果】>【通道】>【设置遮罩】命令，将【从图层获取遮罩】切换为"3.文字Alpha"层，可以看到背景被遮掉了，如图7.3.18和图7.3.19所示。

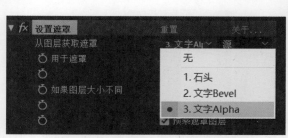

图7.3.18

图7.3.19

15 这时可以在【时间轴】面板直接关闭"文字Bevel"和"文字Alpha"层的显示。选中"石头"层，展开CC Glass效果的Light属性，将Using切换为AE Lights，使用AE的系统灯光来照明，如图7.3.20所示。

16 执行【图层】>【新建】>【灯光】命令，创建一盏平行光，如图7.3.21所示。

图7.3.20

图7.3.21

17 在【时间轴】面板展开灯光属性，将【强度】调整为300%，在【合成】面板移动灯光的位置，也可以修改【位置】参数，如图7.3.22和图7.3.23所示。

图7.3.22

图7.3.23

18 再执行【图层】>【新建】>【灯光】命令，创建一盏环境光，将强度设置为50%，如图7.3.24所示。

19 再执行【图层】>【新建】>【灯光】命令，创建一盏【点光】。将强度设置为50%，【颜色】设置为亮蓝色，将位置调整到字体的左侧，让字体的左侧被蓝色的环境光影响，如图7.3.25和图7.3.26所示。

20 我们在【时间轴】面板双击"文字Bevel"合成，切换到该合成的操作面板，执行【图层】>【新建】>【纯色】命令，创建一个新的纯色层。命名为"腐蚀"，如图7.3.27所示。

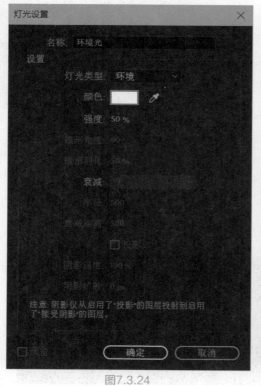

图7.3.24

图7.3.25

图7.3.26

图7.3.27

21 选中"腐蚀"层，执行【效果】>【杂色和颗粒】>【分形杂色】命令，将两个合成同时显示，可以看到对于【分形杂色】的效果调整对于字体的最终影响，如图7.3.28所示。

22 在【时间轴】面板，将"腐蚀"层的图层模式切换为【相加】，如果找不到该命令栏，按下F4键切换，可以看到字体的边沿产生了粗糙的倒角，如图7.3.29和图7.3.30所示。

图7.3.28

图7.3.30

图7.3.29

23 对字体的边沿可以进行调整，在【效果控件】面板调整【分形杂色】的参数，将【分形类型】调整为【最大值】，执行【反转】命令，将【对比度】调整为88，【亮度】调整为-20，可以看到字的边缘变得锐利，如图7.3.31和图7.3.32所示。

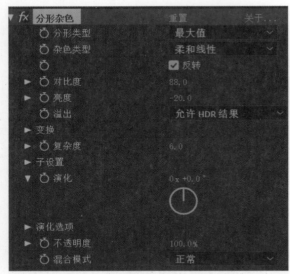

图7.3.31

图7.3.32

24 在【时间轴】面板，选中"文字Alpha"层，按下快捷键Ctrl+D，复制一个新的"文字Alpha"层放在最上方，如图7.3.33所示。

25 选中复制的"文字Alpha"层，执行【效果】>【通道】>【反转】命令，再执行【效果】>【模糊和锐化】>【快速方框模糊】命令，调整【模糊半径】为12，在【时间轴】面板展开"文字Alpha"属性，将【不透明度】调整为27%。

图7.3.33

可以看到字体的边缘更加锐利而富于变化，如图7.3.34和图7.3.35所示。

图7.3.34

图7.3.35

26 执行【图层】>【新建】>【纯色】命令，创建一个新的纯色层，命名为"痕迹"，如图7.3.36所示。

27 选择"痕迹"层，执行【效果】>【杂色和颗粒】>【分形杂色】命令，在【时间轴】面板，将"痕迹"层的图层模式切换为【相乘】，将【分形杂色】的【亮度】调整为47，将【对比度】调整为80，可以看到石头的粗糙感更加明显，如图7.3.37和图7.3.38所示。

图7.3.36

图7.3.37

图7.3.38

28 选中"痕迹"层，执行【效果】>【模糊与锐化】>【钝化蒙版】命令，参数默认，并且将"痕迹"层的【不透明度】调整为70%，弱化对比，如图7.3.39所示。

图7.3.39

29 切换到"腐蚀字体"合成，再次将"石头背景"素材导入合成，放在最后一层，如图7.3.40和图7.3.41所示。

图7.3.40

图7.3.41

30 选中"石头背景"层，执行【效果】>【颜色校正】>【曲线】命令，将背景颜色调暗，如图7.3.42和图7.3.43所示。

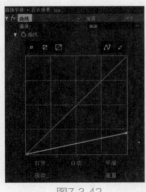

图7.3.42

图7.3.43

31 在【时间轴】面板选中"文字Alpha"层，按下快捷键Ctrl+D，复制一个新的"文字Alpha"层放在"文字Bevel"的上方，右击重命名为"阴影"，如图7.3.44所示。

32 选中"阴影"层，执行【效果】>【颜色校正】>【色调】命令，将【将白色映射到】改为黑色，如图7.3.45所示。

				图层名称	模式	T	TrkMat
		▶	1	点光 1			
		▶	2	环境光 1			
		▶	3	平行光 1			
		▶	4	【石头】	正常		
		▶	5	阴影	正常		无
		▶	6	【文字Bevel】	正常		无
		▶	7	【文字Alpha】	正常		无
		▶	8	【石头背景.jpg】	正常		无

图7.3.44

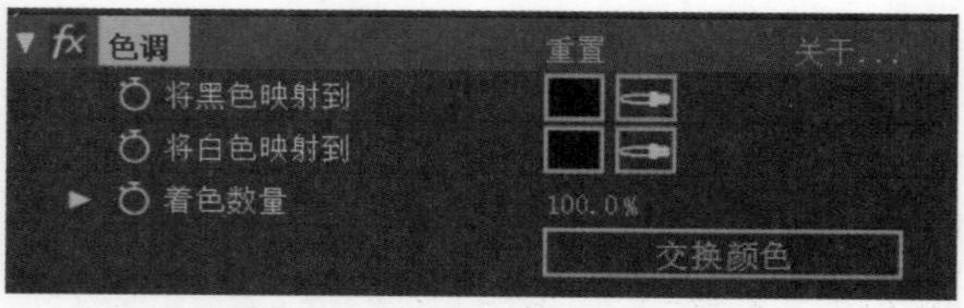

图7.3.45

33 再执行【效果】>【模糊与锐化】>CC Radial Blur命令，将Type切换到Fading Zoom模式，将Center的位置调整到画面的上方，调整Amount的参数，产生阴影效果，如图7.3.46和图7.3.47所示。

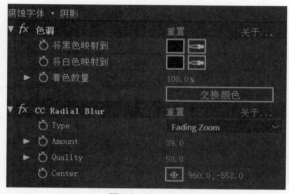

图7.3.46

图7.3.47

34 下面我们来增加字体的立体效果，选中"石头"层，按下快捷键Ctrl+D，复制一个新的"石头"层放在下方，右击，重命名为"厚度"，如图7.3.48所示。

35 选择"厚度"层，执行【效果】>【模糊与锐化】>CC Radial Blur命令，将Type切换到Fading Zoom模式，调整Amount的数值为－8，如图7.3.49和图7.3.50所示。

图7.3.48

图7.3.49

图7.3.50

36 选中"厚度"层,执行【效果】>【颜色校正】>【曲线】命令,将【通道】切换为Alpha,向上调整曲线。将【通道】切换为RGB,向下调整曲线,形成暗色的厚度。(注意对Alpha的调整,一定要把边缘调整得非常硬朗,让模糊的边缘不会形成立体效果),如图7.3.51和图7.3.52所示。

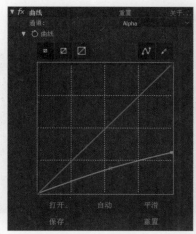

图7.3.51

图7.3.52

37 如果觉得立体感不够,可以复制一层阴影加强对比度。可以设置"腐蚀"层的分形动画产生变化的字体效果,如图7.3.53所示。

7.4 方形闪电

01 首先,创建一个新的合成,命名为"腐蚀字体",【预设】设置为【HDV/HDTV 720 25】,【持续时间】为10秒,如图7.4.1所示。

02 执行【图层】>【新建】>【纯色】命令,创建一个新的纯色层,命名为"闪电"。执行【效果】>【生成】>【高级闪电】命令,画面中默认创建了一道闪电,如图7.4.2所示。

图7.4.1

图7.3.53

图7.4.2

247

03 在【效果控件】面板调整【高级闪电】的参数，首先将【闪电类型】切换为【回弹】，展开【发光设置】，调整【发光半径】为1，【发光不透明度】为0%，再将【湍流】调整为10。展开【专家模式】，将【复杂度】调整为2，观察画面效果，闪电变成了直线型，如图7.4.3所示。

04 接下来继续调整，展开【衰减】属性，将【衰减】调整为0.07，选择【主核心衰减】选项，将【专家设置】下的【最小分叉距离】调整为8，闪电的造型基本上达到要求，如图7.4.4所示。

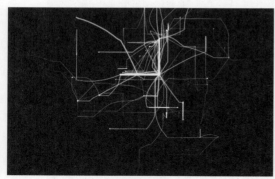

图7.4.3   图7.4.4

05 下面来设置闪电的动画，将【衰减】属性设置为关键帧从3秒至5秒的动画，实现闪电从无到有的一个过程，如图7.4.5所示。

图7.4.5

06 但可以看到闪电的动画太快了，单击【时间轴】面板上的 █【图表编辑器】按钮，将【衰减】的关键帧从直线调整为曲线，选中黄色的点，单击 █【缓动】按钮，便可转换为曲线编辑，如图7.4.6所示。

07 选中"闪电"层，右击，在弹出的快捷菜单上选择【预合成】选项，命名为"闪电"，如图7.4.7所示。

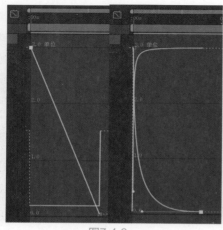

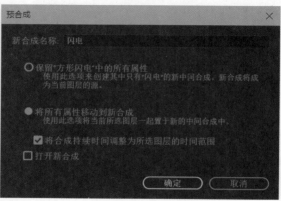

图7.4.6   图7.4.7

08 双击"闪电"层，进入闪电合成编辑面板。将"闪电"的图层融合模式调整为【屏幕】，复制3个"闪电"层，通过改变复制出来的闪电的【传导率状态】参数和【源点】位置，以及将时间轴向后推移，制作出闪电从左至右逐渐出现的动画，如图7.4.8～图7.4.11所示。

09 执行【图层】>【新建】>【纯色】命令，创建一个新的纯色层，命名为"背景"，放在最下方。执行【图层】>【新建】>【调整图层】命令，放置在最上方，将调整图层的图层模式调整为【屏幕】，如图7.4.12所示。

图7.4.8

图7.4.9

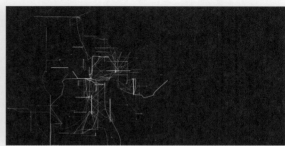

图7.4.10

图7.4.11

图7.4.12

10 选中调整图层，执行【效果】>【模拟】>CC Star Burst命令，将Scatter和Speed的参数调整为0，闪电上附着了很多圆形的点，如图7.4.13和图7.4.14所示。

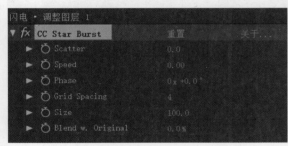

图7.4.13

图7.4.14

11 选中调整图层，执行【效果】>【通道】>【固态层合成】命令，将【颜色】调整为黑色。同时再调整一下CC Star Burst的Grid Spacing和Size的数值，可以看到圆点被单独显示出来，如图7.4.15所示。

12 再建立一个调整图层，执行【效果】>【风格化】>【发光】命令，为闪电添加发光效果，将【发光半径】参数调大。执行【效果】>【色彩校正】>【曲线】命令，单独修改RGB通道的曲线，用于调整颜色，如图7.4.16所示。

图7.4.15

图7.4.16

13 回到方形闪电的合成，创建一段文字。选中"文字"层，右击，在弹出的快捷菜单上选择【预合成】选项，命名为"LOGO"，如图7.4.17和图7.4.18所示。

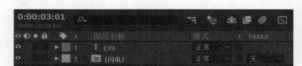
图7.4.17

图7.4.18

14 在【时间轴】面板选中"文字层"，右击，在弹出的快捷菜单中选择【创建】>【从文字创建形状】选项，可以看到参照文字的外形创建出来一个形状图层，我们也可以用这种方法创建LOGO的外形，如图7.4.19所示。

图7.4.19

15 在【工具栏】右侧调整【填充】和【描边】的参数，并且把边调整成为6像素的宽度，可以看到创建了镂空的文字，如图7.4.20和图7.4.21所示。

图7.4.20

图7.4.21

16 选中刚才任意制作的一个闪电效果，在【效果控件】面板复制该效果，选中"LOGO"层，粘贴该效果，需要注意的是把关键帧的动画删除掉。执行【主核心衰减】和【在原始图像上合成】两个命令，调整【高级闪电】的Alpha数值，可以看到闪电避开了"LOGO"的外形，如图7.4.22和图7.4.23所示。

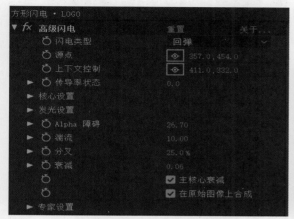

图7.4.22   图7.4.23

17 复制两个【高级闪电】效果粘贴在"LOGO"层上，移动【源点】位置，将LOGO包围，如图7.4.24所示。

18 选中"文字"层，复制该层，再切回"闪电"合成，将"文字"层粘贴进去，关闭其显示，然后创建一个新的"调整图层3"，如图7.4.25所示。

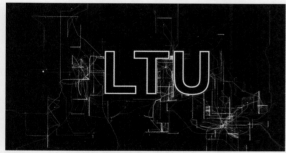

图7.4.24   图7.4.25

19 选中"调整图层3"，执行【效果】>【通道】>【设置遮罩】命令，将【从图层获取遮罩】切换为2.LTU（也就是粘贴进来的文字层），可以看到文字遮罩了画面，如图7.4.26和图7.4.27所示。

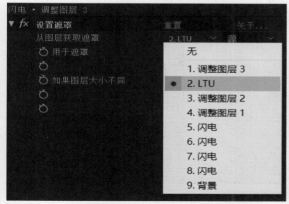

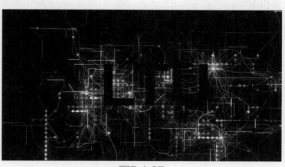

图7.4.26   图7.4.27

20 切换回 "方形闪电" 的合成，可以看到最终
的效果，如图7.4.28所示。

21 创建一个摄像机，调整摄像机的位置，复制
"LOGO" 层，单击 3D图层图标，并调整其
【不透明】属性为13，调整【位置】的Z轴位
置，如图7.4.29和图7.4.30所示。

图7.4.28

图7.4.29

图7.4.30

22 用同样的方法复制几个 "LOGO" 层，可以为每个LOGO层单独制作闪电动画，如图7.4.31和
图7.4.32所示。

图7.4.31

图7.4.32

23 创建一个新的调整图层，执行【效果】>Video Copilot>VC Color Vibrance命令，调整画面颜色。设
置摄像机动画，可以看到最终变化的闪电效果围绕着字体出现，如图7.4.33~图7.4.36所示。

图7.4.33

图7.4.34

图7.4.35

图7.4.36

7.5 网版效果

01 通过这个案例，我们来学习After Effects【效果】中FFX的动画预设效果。首先找到安装软件的盘符，在 "\Program Files\Adobe\Adobe After Effects 2020\Support Files\Presets\" 下建立一个Halftone文件夹，将配套资源中的工程文件Halftone.ffx复制到Halftone文件夹中，如图7.5.1和图7.5.2所示。

图7.5.1

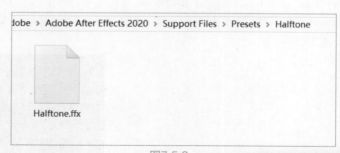
图7.5.2

02 打开软件，在【效果和预设】面板中找到【动画预设】>Halftone文件，可以看到我们添加的预设就在里面，【动画预设】的内容和Presets文件夹中的内容一一对应，如图7.5.3所示。

03 在【项目】面板的空白处双击鼠标，打开【导入文件】对话框，导入工程文件中的【人物】视频素材。因为视频素材是一个竖版视频素材，现在很多手机拍摄的视频都是竖版的，所以需要建立一个以素材尺寸为基础的合成，然后只需要将素材从【项目】面板拖至【时间轴】面板就可以了。按下Ctrl+K快捷键观察合成属性，可以看到合成的命名和时间长度都和拖进来的素材一致，如图7.5.4所示。

04 在【时间轴】面板选中素材，双击【效果和预设】面板中的【动画预设】>Halftone文件，在【效果控件】中可以看到已经为其添加了一系列效果，如图7.5.5所示。

图7.5.3

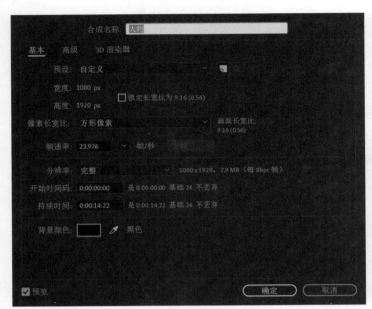

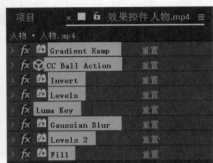

图7.5.4　　　　　　　　　　　　　　　　图7.5.5

05 我们观察画面是黑色的，这是因为背景显示的是黑色的，所以要先建立一个背景。执行【图层】>【新建】>【纯色】命令，选择黑色。创建一个新的纯色层，命名为"背景"。将其放置在人物素材的下面，如图7.5.6所示。

06 选中人物图层，在【效果控件】面板中展开Fill效果，将【颜色】改为亮色（可以是任何亮一点的色彩，这并不影响我们后续的学习），同时关闭Gradient Ramp左侧的FX图标，关闭这个效果的显示，如图7.5.7所示。

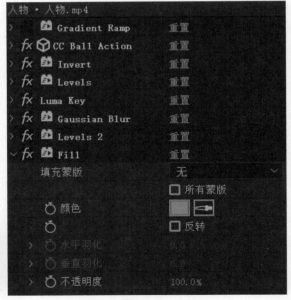

图7.5.6　　　　　　　　　　　　　　　　图7.5.7

07 可以看到画面中的人物素材变成了由大小点覆盖的网版印刷效果，如图7.5.8所示。

08 下面观察这些【效果】参数对于画面的作用，展开Luma Key效果，调整【阈值】数值为100，可以看到画面中所有的明暗关系都被反映成点阵的圆，如图7.5.9所示。

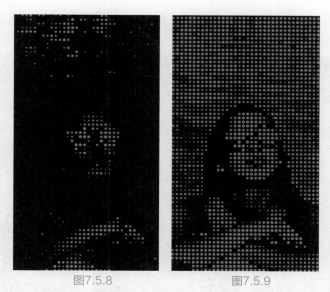

图7.5.8　　　　　　　　　　图7.5.9

09 将Luma Key效果的【阈值】数值调回0，来制作一段动画。展开CC Ball Action属性，设置Scatter属
性的关键帧动画，将【时间指示器】移动到第一帧，按下Scatter属性左侧的秒表图标。当关键帧菱
形图标显示出来，将这个关键帧移动到右侧合适的时间处，如图7.5.10所示。

图7.5.10

10 调整Scatter属性为500，可以看到又创建了一个关键帧。因为我们需要做一个散乱的粒子聚集形成
图像的效果，需要先设定画面完整效果的关键帧，再设定粒子散落的效果关键帧，这样的操作顺序
比拖动【时间指示器】创建关键帧少了一步，不要小看这一步操作，养成习惯以后可以大大加快
你的操作速度。类似于这样的操作，还有在【时间轴】面板按下属性的快捷键，如选中图层按下S
键，可以直接显示该层【缩放】属性，并且不展开其他属性，这样大大节省了操作空间和速度，选
择多个图层，也可以同时激活【缩放】属性，如图7.5.11所示。

图7.5.11

11 按下空格键可以看到散乱的粒子，逐渐形成了画面，也可以尝试制作Rotation属性的动画，得到生动的粒子动画效果，如图7.5.12～图7.5.14所示。

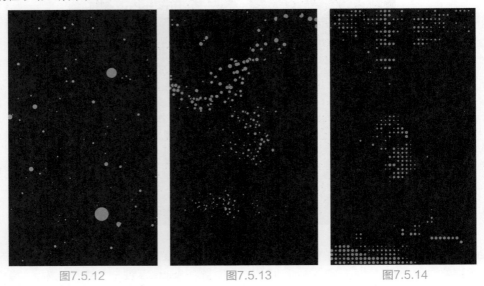

图7.5.12　　　　　　　　　　图7.5.13　　　　　　　　　　图7.5.14

7.6　电路文字

01 首先，创建一个新的合成，命名为"电路字体"，【预设】设置为【HDTV 1080 29.97】，【持续时间】为10秒，如图7.6.1所示。

02 创建一段文字，可以是单词也可以是一段话，这些文字我们在后期还能修改。可以使用IMPACT字体，该字体为Win默认字体，笔画较粗，适于该特效，如图7.6.2所示。

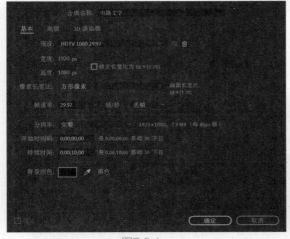

图7.6.1　　　　　　　　　　　　　　　图7.6.2

03 在【时间轴】面板单击该文字层，右击，在弹出的快捷菜单上选择【预合成】选项，命名为"文字基础"。这一步主要为了方便日后只编辑文字，同时对文字进行效果应用，如图7.6.3所示。

04 选择【文字基础】层，执行【效果】>【杂色与颗粒】>【分形杂色】命令。调整【分形类型】为【字符串】，【杂色类型】为【块】，【对比度】为18，【亮度】为−29。继续展开【变换】属性，将【统一缩放】的选择取消，分别调整【缩放宽度】和【缩放高度】的参数为15和75。可以看到画面呈长方形条状，如图7.6.4所示。

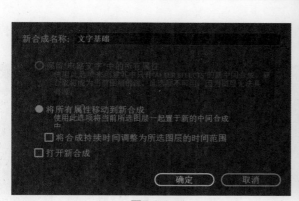

图7.6.3 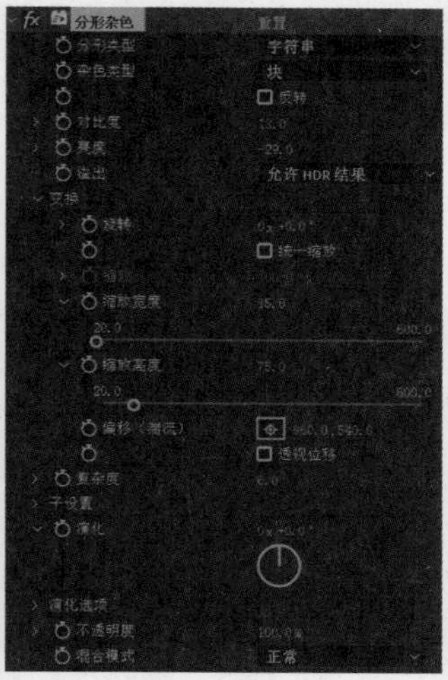　　　　　　　　　　　　　　　图7.6.4

05　分形的图案尽量匹配文字的边界，长方形或者正方形并不影响最终的学习。画面中文字的部分应用了分形效果，如图7.6.5所示。

AFTER EFFECTS

图7.6.5

06　在【项目】面板将配套资源"工程文件"相关章节的"石头背景"素材导入进来，将"石头背景"素材拖动到【时间轴】面板，放置在【文字基础】的后面，从而来制作画面背景，如图7.6.6所示。

● 🔊 ● 🔒	🏷	#	源名称	模式	
●	>	1	📺 文字基础	正常	∨
●	>	2	🖼 石头背景.jpg	正常	∨

图7.6.6

07　执行【图层】>【新建】>【纯色】命令，创建一个新的纯色层，命名为"背景"。执行【效果】>【杂色与颗粒】>【分形杂色】命令。调整【分形类型】为【湍流平滑】，【杂色类型】为【块】，将【对比度】调整为38，【亮度】为−6。继续展开【变换】属性，调整【缩放】的参数为404，如图7.6.7所示。

08　在【时间轴】面板，将【背景】图层放置在【石头背景】图层后面，将【石头背景】图层的融合模式调整为【叠加】。如果无法显示，按下F4键切换显示，如图7.6.8所示。

图7.6.7

图7.6.8

09 可以看到画面中形成带有石头纹理的方形背景，也可以通过设置背景图层中【分形杂色】中的【演化】参数，得到动起来的背景效果，如图7.6.9所示。

图7.6.9

10 执行【图层】>【新建】>【纯色】命令，创建一个新的纯色层，命名为"网格"。执行【效果】>【生成】>【网格】命令。将【大小依据】切换为【宽度滑块】模式，这样就可以将网格变成正方形，并统一调整大小。调整【宽度】参数为20，如图7.6.10和图7.6.11所示。

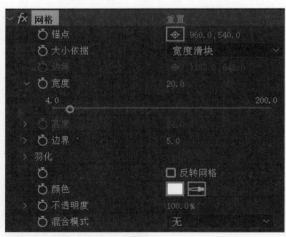

图7.6.10

图7.6.11

11 在【网格】图层中执行【效果】>【遮罩】>【简单阻塞工具】命令。将【阻塞遮罩】调整为3.60，可以看到网格的边缘被渐变遮挡，形成渐隐的点状效果，如图7.6.12和图7.6.13所示。

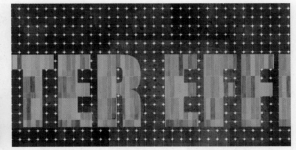

图7.6.12

图7.6.13

12 在【时间轴】面板中，将【网格】图层拖至【石头背景】前面，将图层融合模式调整为【模板 Alpha】，画面背景将显示网格，如图7.6.14所示。

13 在【时间轴】面板中选中【文字基础】图层，右击，在弹出的快捷菜单中选择【预合成】选项，命名为"文字效果"，如图7.6.15所示。

图7.6.14

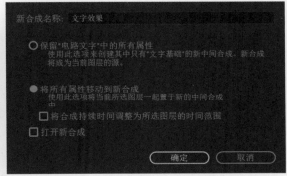
图7.6.15

14 选中【文字效果】图层，执行【效果】>【过渡】>CC Image Wipe命令。设置Completion属性的关键帧动画，分别在0秒处设置参数100%，2秒处设置参数0%。预览动画，可以看到字体逐渐显现出来，不同透明度动画，文字显示被逐渐擦出来的效果，如图7.6.16～图7.6.19所示。

图7.6.16

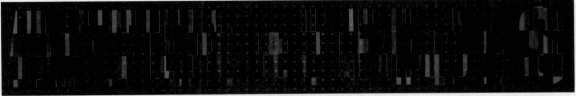
图7.6.17

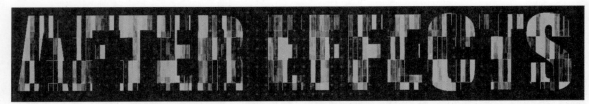

图7.6.18

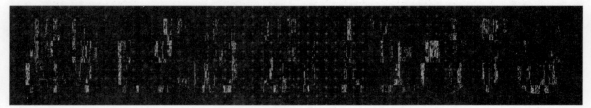

图7.6.19

15 继续为【文字效果】添加动画，执行【效果】>【扭曲】>【置换图】命令，设置【最大垂直置换】的关键帧动画，在0秒处设置参数为—2000，在5秒处设置参数为0，如图7.6.20所示。

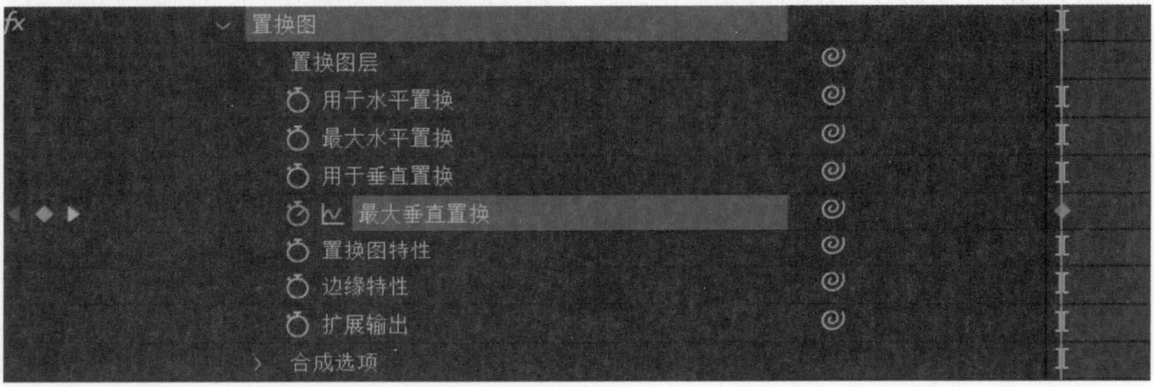

fx
∨ 置换图
置换图层
⏱ 用于水平置换
⏱ 最大水平置换
⏱ 用于垂直置换
◆ ▶ ⏱ ⌁ 最大垂直置换
⏱ 置换图特性
⏱ 边缘特性
⏱ 扩展输出
> 合成选项

图7.6.20

16 可以看到【置换图】效果，可以将文字的图案，由下自上产生流动的动画效果，如图7.6.21～图7.6.23所示。

图7.6.21

图7.6.22

图7.6.23

17 下面为文字添加颜色。执行【效果】>【色彩校正】>【色光】命令。设置【相移】属性的关键帧动画，在0秒处设置参数为0度，在10秒处设置参数为20度，如图7.6.24所示。

18 可以看到画面上的蓝绿色效果，展开【输出循环】属性，拖动黄色和绿色三角图标删除色彩，让色彩在红色和蓝色之间循环，如图7.6.25～图7.6.27所示。

图7.6.24

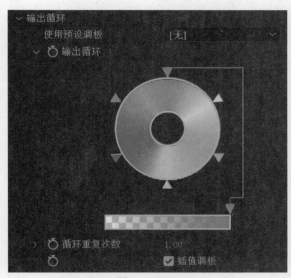

图7.6.25

图7.6.26

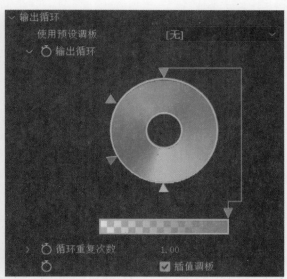

图7.6.27

19 现在画面过于犀利，执行【效果】>【风格化】>CC glass命令。调整Softness属性参数为10.0，Height属性参数为1.0，让文字形成一条锐利的边界，如图7.6.28和图7.6.29所示。

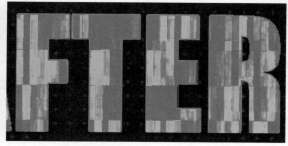

图7.6.28 　　　　　　　　　　　　　　　图7.6.29

20 下面为文字添加描边动画，在【项目】面板选中【文字效果】，双击，在【时间轴】面板可以看到【文字效果】合成已经展开，选中【文字基础】图层，按下快捷键Ctrl+C复制一个【文字基础】图层。切换到【电路文字】合成，按下快捷键Ctrl+V粘贴【文字基础】图层，将【文字基础】图层拖至【文字效果】之上，暂时关闭【文字效果】图层的眼睛图标。这样来设置【文字基础】的效果，如图7.6.30所示。

21 选择显示的【文字基础】图层，执行【效果】>【生成】>【勾画】命令。设置【片段】参数为1，【长度】为0.5，【混合模式】切换为【透明】模式，将【颜色】设置为#40F2FF，颜色为亮蓝色。可以看到文字变成了蓝色的描边线条。调整【片段】属性下【旋转】属性关键帧动画，在0秒处设置参数0×0.0度，在10秒处设置参数3×0.0度（也就是让光线转3圈），如图7.6.31和图7.6.32所示。

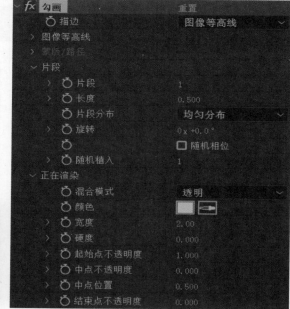

图7.6.30 　　　　　　　　　　　　图7.6.31

图7.6.32

22 选中【文字基础】图层，按下快捷键Ctrl+D复制一个【文字基础】图层。调整【片段】属性下【旋转】属性关键帧动画，在0秒处设置参数0×180.0度，在10秒处设置参数3×180.0度。将【颜色】设置为#FF3CFD。按下空格键预览动画，可以看到蓝色和紫色的线条围绕着文字转动，如图7.6.33和图7.6.34所示。

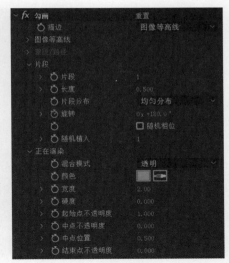

图7.6.33

图7.6.34

23 打开【文字效果】的眼睛图标，显示底层文字效果，如图7.6.35和图7.6.36所示。

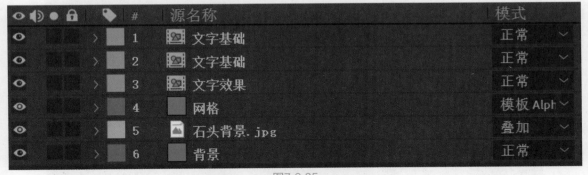

图7.6.35

图7.6.36

24 选中【文字效果】图层，按下快捷键Ctrl+D复制图层。选中下面的【文字效果】图层，执行【效果】>【模糊和锐化】>【定向模糊】命令，设置【模糊长度】参数为300.0，为文字添加发光效果，如图7.6.37所示。

图7.6.37

25 按下空格键预览动画，可以看文字动画效果，如图7.6.38～图7.6.41所示。

图7.6.38

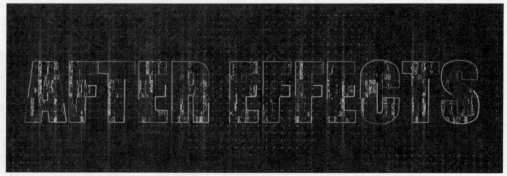

图7.6.39

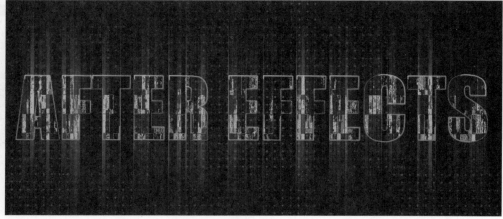

图7.6.40

图7.6.41

7.7　粒子地球

01 首先，创建一个新的合成，命名为"地球"，【预设】设置为【HDV/HDTV 720 25】，【持续时间】为10秒，如图7.7.1所示。

02 执行【图层】>【新建】>【纯色】命令，创建一个新的纯色层。或按快捷键Ctrl+Y，在弹出对话框中将纯色层重命名为"地球"。在【时间轴】面板选中"地球"层，执行【效果】>RG Trapcode>Form命令，画面中出现Form的方形网格，如图7.7.2所示。

图7.7.1

图7.7.2

03 导入配套资源"工程文件"中对应章节的"地球线框"和"地球图底"素材文件，从【项目】面板拖动到【时间轴】面板，按下快捷键Ctrl+Alt+F将画面缩放到合成的大小，在【时间轴】面板关闭两张图的眼睛图标，不在画面中显示，如图7.7.3所示。

图7.7.3

04 执行【图层】>【新建】>【摄像机】命令，新建一个摄像机，使用【摄像机工具】调整镜头位置，可以看到Form网格由3个网格的片面组成，如图7.7.4~图7.7.6所示。

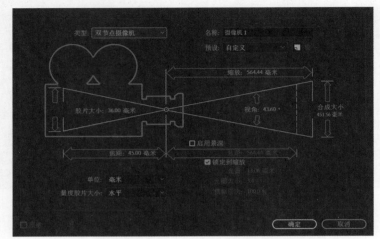

图7.7.4

图7.7.5

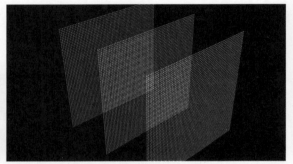

图7.7.6

05 接下来需要对Form的参数进行调节，选中"地球"图层，首先调节Base Form菜单栏下面的一些参数，主要是为了定义Form在控件中的具体形态。将Base Form切换为Sphere-Layered模式，如图7.7.7和图7.7.8所示。

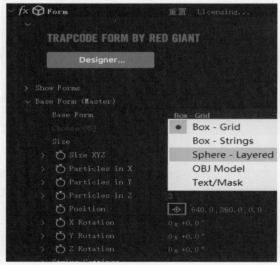

图7.7.7

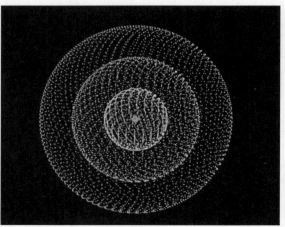

图7.7.8

06 将Sphere Layers的参数设置为1，可以看到画面中只有一个圆球，如图7.7.9所示。

07 展开Layer Maps属性，将Size属性下的Layer模式切换为"地球图底"。可以看到画面中粒子地球已经基本形成，图像白色的部分被显示出来，黑色部分的粒子则不显示，我们可以使用这种方法控制粒子的显示，如图7.7.10～图7.7.12所示。

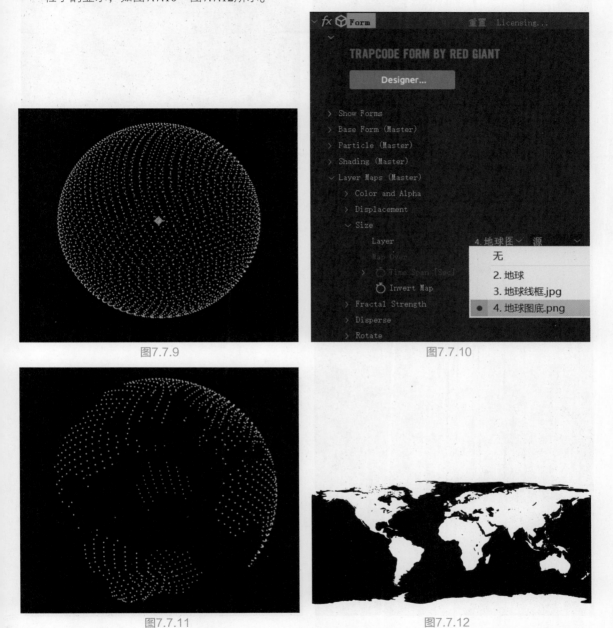

图7.7.9　　　　　　　　　　　图7.7.10

图7.7.11　　　　　　　　　　　图7.7.12

08 调整Base Form下Particle in X和Particle in Y的参数，控制粒子的数量，如图7.7.13和图7.7.14所示。

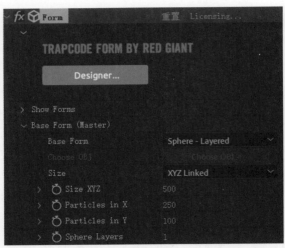

图7.7.13

图7.7.14

09 展开Particle属性,调整Size参数为0.6,缩小粒子大小,注意Size参数小于1是不显示的,但是画面中继续缩小还是有效果的,如图7.7.15和图7.7.16所示。

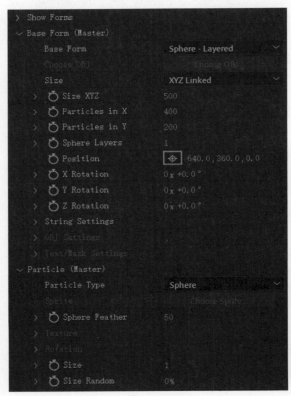

图7.7.15

图7.7.16

10 选中"地球"图层,按下Ctrl+D快捷键,复制一个图层,这是图层所应用的FORM效果都被复制了。展开Layer Maps属性,将Size属性下的Layer模式切换为"地球线框"。在【时间轴】面板将图层的融合模式调整为【相加】,可以看到画面中地图的边缘形成了明显的边界,如图7.7.17~图7.7.19所示。

图7.7.17

图7.7.18

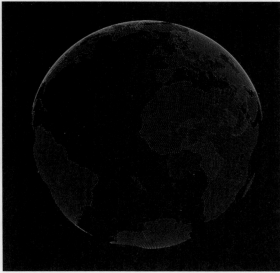

图7.7.19

11 如果觉得效果不明显，可以调整Base Form下Particle in X和Particle in Y的参数，控制粒子的数量，提高边界的粒子密度，如图7.7.20和图7.7.21所示。

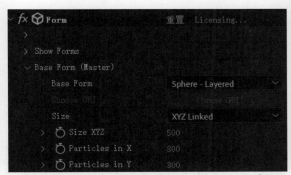

图7.7.20

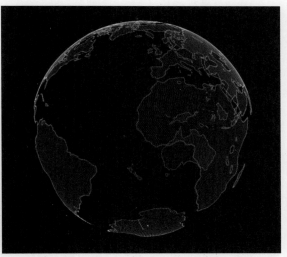

图7.7.21

12 在【时间轴】面板再次复制【地球】图层，为了区分效果，可以在图层上右击，在弹出的快捷菜单中选择【重命名】选项，给图层修改名称，从而区别图层。调整【地球外围】的Disperse and Twist属性下Disperse参数为60，可以看到地球的外围形成一圈散乱的粒子，如图7.7.22～图7.7.24所示。

图7.7.22

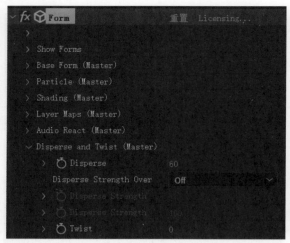

图7.7.23

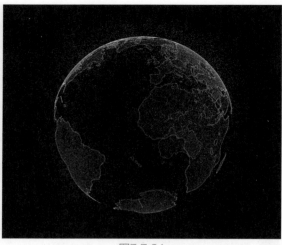

图7.7.24

13 再次复制【地球】图层，也就是最初的那个"地球图底"层，命名为【地球外环】，调整Base Form下Size XYZ的数值为660，这样就放大了地球的尺寸，通过减小Particle in Y数值，使横排的粒子数量减少，形成一条条外环，具体数值需要根据球体的大小而定，可以反复调整数值，了解这些数值对于画面的影响，如图7.7.25～图7.7.27所示。

图7.7.25

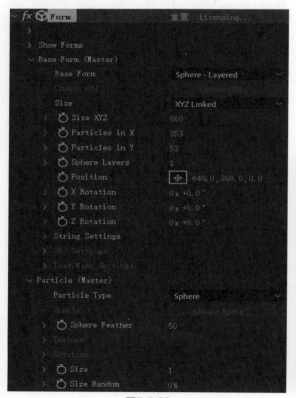

图7.7.26

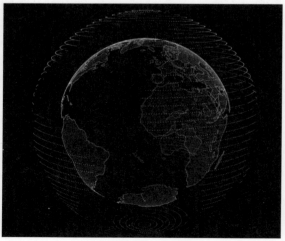

图7.7.27

14 下面调整粒子的色彩，可以通过粒子本身的色彩调整，但是这样的颜色过于单一，没有变化。执行【图层】>【新建】>【纯色】命令，创建一个新的纯色层，或按快捷键Ctrl+Y，在弹出对话框中将纯色层重命名为"色彩"。在【时间轴】面板选中"色彩"层，执行【效果】>【杂色与颗粒】>【分形杂色】命令，加强画面的【对比度】。执行【效果】>【颜色校正】>【色调】命令，将【将黑色映射到】改为紫色，【将白色映射到】改为蓝色。在【时间轴】面板关闭"色彩"图层右侧的眼睛图标，关闭显示，如图7.7.28~图7.7.30所示。

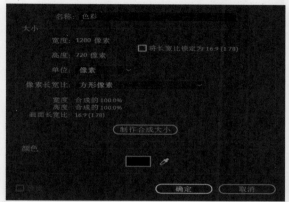

图7.7.28

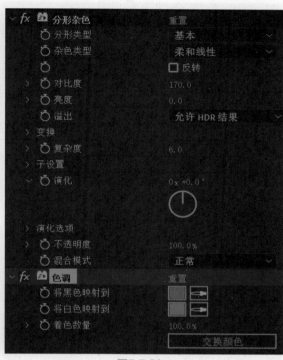

图7.7.29

图7.7.30

15 展开Later Maps→Color and Alpha→Layer模式为【6色彩】和【效果和蒙版】，可以看到画面中粒子由蓝色和紫色组成，富于变化，如图7.7.31和图7.7.32所示。

图7.7.31

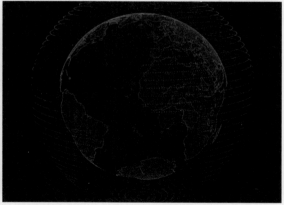

图7.7.32

16 选择"色彩"图层，调整【色调】效果的色彩，将色彩调整得对比强烈一些，蓝色可以增加更多亮色，参数为#33FFF9。可以看到画面中粒子的亮度加强了，如图7.7.33和图7.7.34所示。

图7.7.33

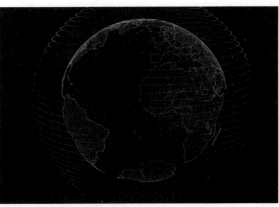

图7.7.34

17 再次复制"地球外环"图层，通过减小 Particle in Y参数值，形成第二层外环，通过加强粒子密度和外环的尺寸，调整至画面的效果，如图7.7.35～图7.7.37所示。

图7.7.35

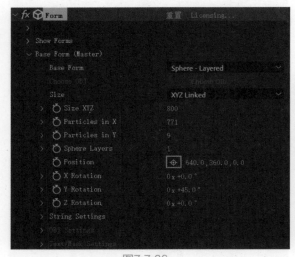

图7.7.36

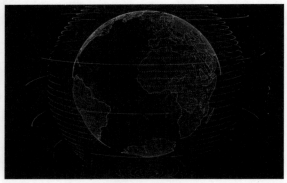

图7.7.37

18 通过设置FORM下Base Form属性中Y Rotation的关键帧动画，可以让地球转起来，如果想要"地球边缘"的粒子同时旋转，只需要选中Y Rotation属性，按下Ctrl+C快捷键复制关键帧动画，选择需要同时改变的层，按下Ctrl+V快捷键粘贴关键帧动画即可，如图7.7.38所示。

19 展开【摄像机1】的【摄像机选项】，将【景深】切换到【开】，通过调整【焦距】和【光圈】参数，形成画面中粒子的模糊效果，让画面更有层次。【焦距】和【光圈】的参数调整是相对的，需要根据实际的画面效果调整。摄像机运动也会影响两个参数的效果，如图7.7.39和图7.7.40所示。

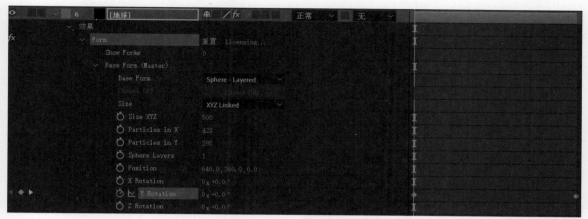

图7.7.38

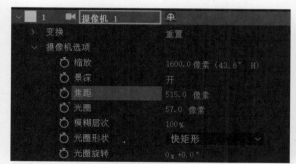

图7.7.39

图7.7.40

7.8 渐变背景

01 首先，创建一个新的合成，命名为"渐变"，【预设】设置为【HDV/HDTV 720 25】，【持续时间】为10秒，如图7.8.1所示。

02 选择【工具架】上的 ⬤ 【椭圆工具】，调整右侧的属性，将【填充】色彩设置为随意一个颜色，因为后面还要改变颜色，将【描边】设置为0像素，也就是没有描边。在画面左上角的位置绘制一个圆形。可以看到在【时间轴】面板出现了一个形状图层，如图7.8.2和图7.8.3所示。

图7.8.1

图7.8.2

图7.8.3

03 在【时间轴】面板选中形状图层,执行【效果】>【生成】>【填充】命令,将【颜色】调整为亮蓝色#14FAFF,如图7.8.4所示。

04 选中形状图层,执行【效果】>【透视】>【投影】命令。将【颜色】调整为紫色#FF00E0。调整投影的【方向】和【距离】参数值到合适的位置,如图7.8.5和图7.8.6所示。

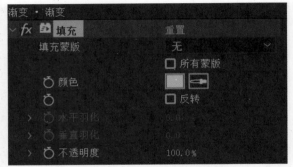

图7.8.4

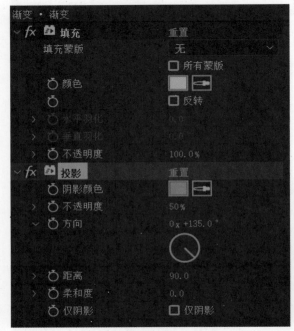

图7.8.5

图7.8.6

05 选中形状图层,按下快捷键Ctrl+D,复制多个形状图层,分别调整位置、颜色和大小,都集中在左上角的位置,如图7.8.7和图7.8.8所示。

图7.8.7

图7.8.8

06 选中多个形状图层,按下快捷键Ctrl+Shift+C,弹出【预合成】面板,将多个形状图层合并为一个合成,命名为"渐变",如图7.8.9所示。

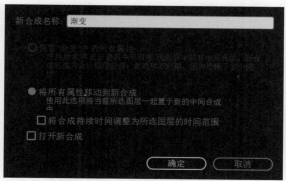

图7.8.9

07 回到上一级合成，按快捷键Ctrl+Y创建一个纯色层。【纯色】色彩设置为深红色（#2D0632），如图7.8.10和图7.8.11所示。

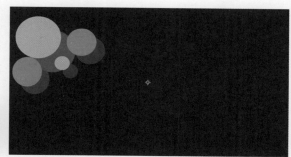

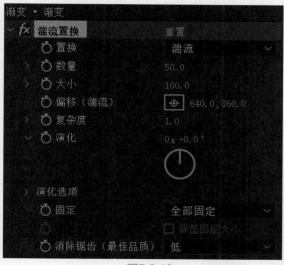

图7.8.10

图7.8.11

08 选中【渐变】合成，执行【效果】>【扭曲】>【湍流置换】命令，可以看到画面中的圆形变成了随机的不规则椭圆。我们可以为【演化】参数设置一个转3周的关键帧动画，如图7.8.12和图7.8.13所示。

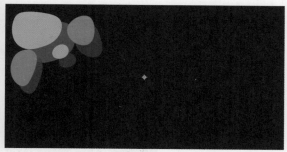

图7.8.12

图7.8.13

09 选中【渐变】合成，执行【效果】>【模糊与锐化】>【定向模糊】命令，将【模糊长度】设置为600，画面中几个圆形被拉长模糊，如图7.8.14和图7.8.15所示。

图7.8.14   图7.8.15

10 选中【渐变】合成，执行【效果】>【扭曲】>【旋转扭曲】命令，调整【角度】参数，将渐变色调整到右下角的位置，如图7.8.16和图7.8.17所示。

图7.8.16   图7.8.17

11 设置【旋转扭曲】下【角度】参数的关键帧动画，只需要轻微旋转即可，如图7.8.18所示。

图7.8.18

12 双击【渐变】属性，复制形状图形，调整颜色与大小，将其覆盖所有画面位置。可以看到最终的画面变得丰富，添加字体可以看到最终的效果，如图7.8.19～图7.8.21所示。

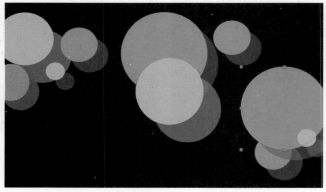

图7.8.19

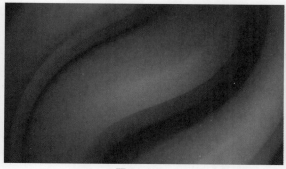

图7.8.20

图7.8.21

7.9 黄金字体

01 首先，创建一个新的合成，命名为"黄金字体"，【预设】设置为【HDV/HDTV 720 25】，【持续时间】为10秒，如图7.9.1所示。

02 创建几个文字，每个文字都是单独的层，这些文字我们在后期还能修改。可以使用较为古朴的字体样式，适于该特效，如图7.9.2和图7.9.3所示。

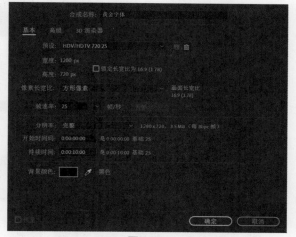

图7.9.1

图7.9.2

图7.9.3

03 调整字体的大小及位置，令其铺满画面，如图7.9.4所示。

04 选中多个文字，按下快捷键Ctrl+Shift+C，弹出【预合成】面板，将多个文字合并为一个合成，命名为"字体"，如图7.9.5所示。

图7.9.4

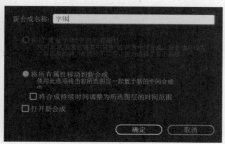

图7.9.5

05 ▶ 在【项目】面板将配套资源"工程文件"相关章节的"反射"素材导入进来，切换到"黄金字体"合成，将"反射"素材导入合成，如图7.9.6和图7.9.7所示。

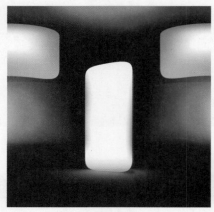

图7.9.6   图7.9.7

06 ▶ 选中"反射"素材，执行【效果】>【风格化】>【动态拼贴】命令，调整【拼贴宽度】【拼贴高度】和【输出宽度】几个参数，只要将反射图像完全覆盖画面即可，如图7.9.8和图7.9.9所示。

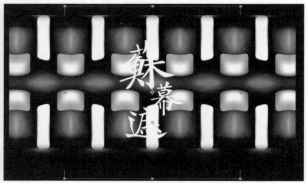

图7.9.8   图7.9.9

07 ▶ 设置【拼贴中心】的关键帧动画，使其从左至右横向移动，注意不需要太快，这将最终控制字体的发射变化，如图7.9.10所示。

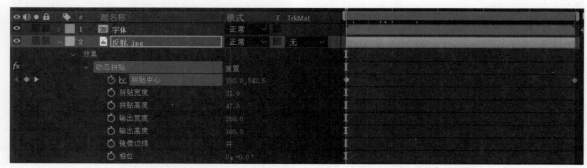

图7.9.10

08 ▶ 选中反射图片，按下快捷键Ctrl+Shift+C，弹出【预合成】面板，将图片转换为一个合成，命名为"发射合成"，这一步的作用是将所有属性固化下来，必须在【预合成】面板中执行【将所有属性移动到新合成】命令，这样【动态拼贴】的效果就不会出现在新的合成中，如图7.9.11所示。

09 ▶ 在【时间轴】面板将【反射合成】的TrkMat切换为【Alpha遮罩字体】选项，可以看到【字体】图

层眼睛图标消失，画面中文字内部显示出反
射合成的画面，如图7.9.12和图7.9.13所示。

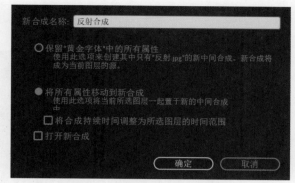

图7.9.11

图7.9.12

图7.9.13

10 选择【反射合成】图层，执行【效果】>【风格化】>CC Glass命令，将Surface属性下的Bump Map
   属性切换为【字体】，调整Height参数为－
   45，Displacement参数值为－10，如图7.9.14
   所示。

11 选择【反射合成】图层，执行【效果】>【扭
   曲】>CC Blobbylize命令，将Blobbiness属性
   下的Blob Layer属性切换为【字体】，调整
   Softness参数值为3，Cut Away参数值为3，可
   以看到字体的金属质感已经显现了。按下空
   格键预览动画，可以看到字体上的反光不断
   变化，如图7.9.15和图7.9.16所示。

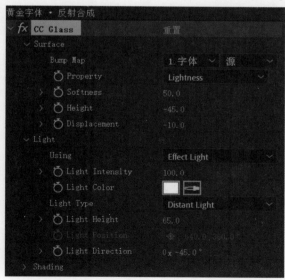

图7.9.14

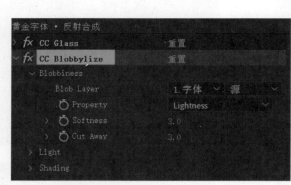

图7.9.15   图7.9.16

12 执行【图层】>【新建】>【调整图层】命令，将字体调整为黄金色，如果需要对整个合成进行调整，可以执行【调整图层】命令，这是一个经常被执行的命令，如图7.9.17所示。

图7.9.17

13 选中调整图层，执行【效果】>【颜色校正】>【曲线】命令，在【通道】属性下可以切换到不同的色彩通道，如图7.9.18所示。

14 单独调整【红色】【绿色】和【蓝色】通道的曲线，【红色】向上半部分弯曲，【绿色】也是同样的方向，但曲度小于【红色】，【蓝色】则是向下弯曲，幅度不要太大，如图7.9.19所示。

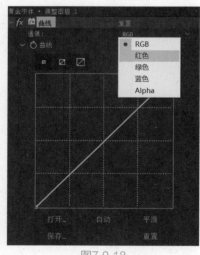

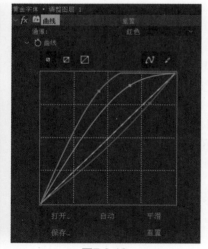

图7.9.18   图7.9.19

15 可以看到通过调整，黄金色的字体已经出现，这样调整的黄金色赋予变化，比直接覆盖调整的金色更有质感，如图7.9.20所示。

图7.9.20

16 执行【图层】>【新建】>【调整图层】命令，再建立一个调整图层。执行【效果】>【模糊和锐化】>【锐化】命令，调整【锐化量】的参数值为10，可以看到字体的边缘变得更加锐利，如图7.9.21～图7.9.23所示。

图7.9.21

图7.9.22

图7.9.23

7.10 带状文字

01 首先，创建一个新的合成，命名为"文字"，【预设】设置为【自定义】，【宽度】为2160px，
【高度】为600px，【持续时间】为10秒，如图7.10.1所示。

02 创建文字内容，可以随意设置，让其尽量充满画面，如图7.10.2所示。

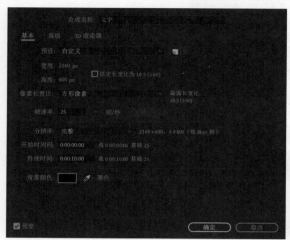

图7.10.1

图7.10.2

03 再创建一个新的合成，命名为"带状文字"，【预设】设置为【自定义】，【宽度】为1080px，
【高度】为1080px，【持续时间】为10秒，如图7.10.3所示。

04 再创建一个新的合成，命名为"竖状"，【预设】设置为【自定义】，【宽度】为600px，【高
度】为2160px，【持续时间】为10秒，如图7.10.4所示。

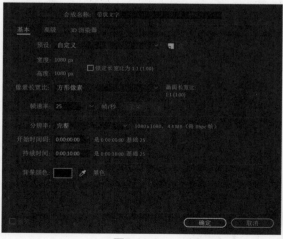

图7.10.3

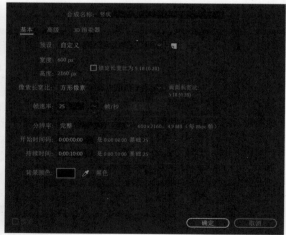

图7.10.4

05 将【文字】合成拖到【竖状】合成中，这样处理的原因是在后期调整文字时，可以以正常的角
度观察文字。选中【文字】合成，按下快捷键R，可以直接展开【旋转】属性，调整参数为
-90°。这样的快捷方法会被经常使用，按快捷键T展开【不透明度】，按快捷键S展开【缩
放】等，这样的操作只需要展开我们需要的属性，节省操作空间，加快操作速度，如图7.10.5
和图7.10.6所示。

图7.10.5

图7.10.6

06 选中【文字】合成，执行【效果】>【风格化】>【动态拼贴】命令，设置【拼贴中心】位置的动画。分别在4秒和8秒的位置设置关键帧，使文字向上滚动两圈，如图7.10.7所示。

07 在【时间轴】面板选中【文字】合成，按下快捷键U，展开关键帧属性。单击 【图表编辑器】按钮，在【时间轴】面板打开动画曲线，如图7.10.8和图7.10.9所示。

图7.10.7

图7.10.8

图7.10.9

08 在动画曲线编辑区域右击，切换到【编辑速度图表】，如图7.10.10和图7.10.11所示。

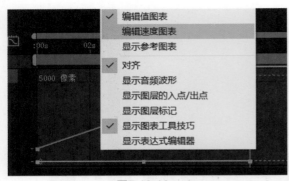
图7.10.10

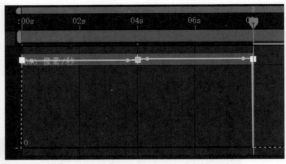
图7.10.11

09 使用【选取工具】编辑动画曲线，设置为两个弧形，选中黄色的路径节点时，面板下面的节点编辑工具都会激活，如图7.10.12所示。

10 拖动手柄将两个波峰变得更加陡。按下空格键预览动画，可以看到文字的滚动动画变得更加生动，这样的运动更符合运动原理，如果想深入学习这些曲线调整的相关知识，可以多看一些动画基本原理的书籍，如图7.10.13所示。

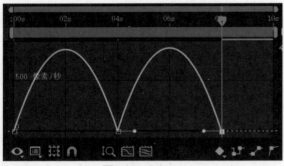
图7.10.12

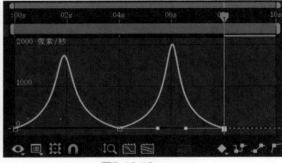
图7.10.13

11 再次按下【图表编辑器】按钮，关闭动画曲线编辑面板，可以看到关键帧的图标已经变成了不同的形态，如图7.10.14所示。

12 切换到【带状文字】合成，选择【竖状】合成，执行【效果】>【扭曲】>【网格变形】命令，如图7.10.15所示。

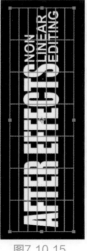

图7.10.14

图7.10.15

⑬ 设置【网格变形】的【行数】为5，【列数】为2，【品质】为10，为文字添加一个变形网格，如图7.10.16和图7.10.17所示。

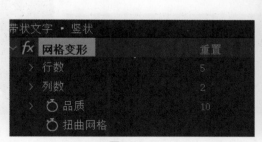

图7.10.16　　　　　　　　图7.10.17

⑭ 选择两侧的节点，将带状文字的边角向左弯曲，上下都需要处理，如图7.10.18和图7.10.19所示。

图7.10.18　　　　　　　　图7.10.19

⑮ 选择【竖状】合成，按下Ctrl+D快捷键，复制一个【竖状】合成。调整【旋转】角度为180°，如图7.10.20和图7.10.21所示。

图7.10.20　　　　　　　　图7.10.21

16 可以看到字体是透明的，双击【竖状】合成，切换到【竖状】合成编辑，执行【图层】>【新建】>【纯色】命令，创建一个深灰色的纯色层，可以看到文字有了底色，如图7.10.22和图7.10.23所示。

图7.10.22

图7.10.23

17 选中【竖状】合成，执行【效果】>【透视】>【径向阴影】命令，为文字添加阴影。通过调整【投影距离】和【柔和度】将阴影调整得更加自然，如图7.10.24和图7.10.25所示。

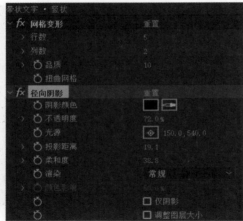

图7.10.24

图7.10.25

18 双击【竖状】合成，复制灰色的纯色层，执行【效果】>【生成】>【网格】命令，为文字添加网格背景，如图7.10.26和图7.10.27所示。

图7.10.26

图7.10.27

19 调整【边角】的参数，将网格缩放至合适的大小，如图7.10.28和图7.10.29所示。

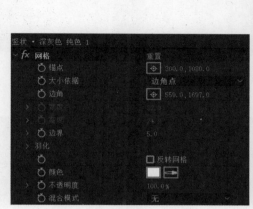

图7.10.28　　　　　　　图7.10.29

20 调整网格的【颜色】为绿色（#0CFF00），同时也调整文字本身的颜色为绿色，如图7.10.30～图7.10.32所示。

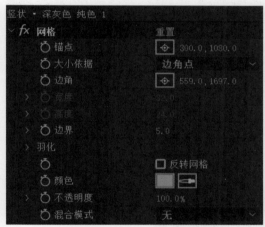

图7.10.30　　　　　　图7.10.31　　　　　　图7.10.32

21 执行【图层】>【新建】>【空对象】命令，创建一个空对象，在【时间轴】面板选中两个【竖状】合成，拖动 ◎ 【父级关联器】图标至空对象图层，可以看到【父级和链接】选项已切换为【空】，如果看不到【父级和链接】选项，可以在【时间轴】面板的【图层名称】处右击找到其显示选项，如图7.10.33和图7.10.34所示。

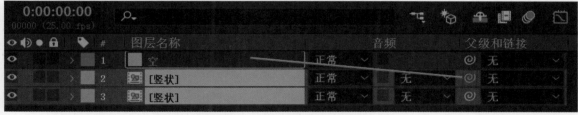

图7.10.33

图7.10.34

22 我们一般使用空对象控制多个图层的【缩放】和【旋转】参数，同样复制多个【竖状】合成，分别链接到不同的空对象上，只需要控制空对象即可控制其他图层，如图7.10.35和图7.10.36所示。

图7.10.35

图7.10.36